尚锦手工欧美经典编织系列

200费尔岛编织花样集

[英]玛丽·金·默克尔斯多◎著
李芳芳　刘　娟◎译

中国纺织出版社有限公司

原文书名：200 Fair Isle Designs
原作者名：Mary Jane Mucklestone

著作权合同登记号：图字：01-2012-5552

图书在版编目（CIP）数据

200费尔岛编织花样集／（英）玛丽·金·默克尔斯多著；李芳芳，刘娟译. -- 北京：中国纺织出版社有限公司，2024.1（2024.12重印）
（尚锦手工欧美经典编织系列）
书名原文：200 Fair Isle Designs
ISBN 978-7-5229-0988-2

Ⅰ.①2… Ⅱ.①玛… ②李… ③刘… Ⅲ.①手工编织—图集 Ⅳ.①TS935.5-64

中国国家版本馆CIP数据核字（2023）第170919号

责任编辑：刘 茸　　责任校对：王花妮　　责任印制：王艳丽

中国纺织出版社有限公司出版发行
地址：北京市朝阳区百子湾东里 A407 号楼　邮政编码：100124
销售电话：010—67004422　传真：010—87155801
http://www.c-textilep.com
中国纺织出版社天猫旗舰店
官方微博 http://weibo.com/2119887771
北京华联印刷有限公司印刷　各地新华书店经销
2024 年 1 月第 1 版　2024 年 12 月第 2 次印刷
开本：710 × 1000　1/12　印张：13
字数：175 千字　定价：88.00 元

凡购本书，如有缺页、倒页、脱页，由本社图书营销中心调换

目录

本书的使用方法 4

基础课程 7

线材 8
棒针&辅助工具 10
编织密度 12
起针 14
环形编织（圈织） 16
带线 18
渡线 19
绕线 20
加针和减针 22
纠错 24
织片的缝合 25
剪提花 26
定型 28
配色原理 29
色彩搭配 30
色彩选择 31
花样设计原理 32
服饰设计运用 34

200款花样图典 39

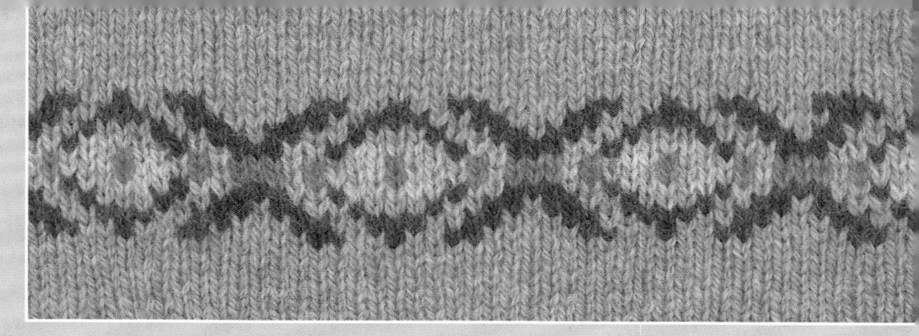

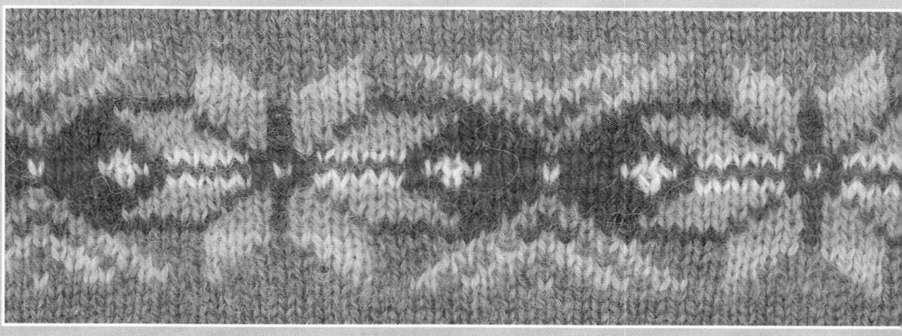

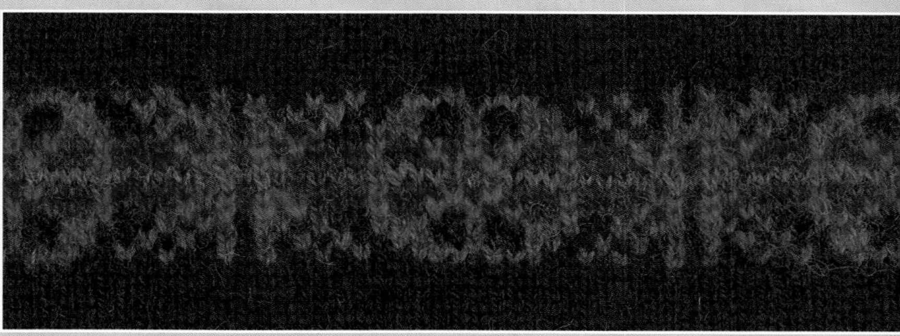

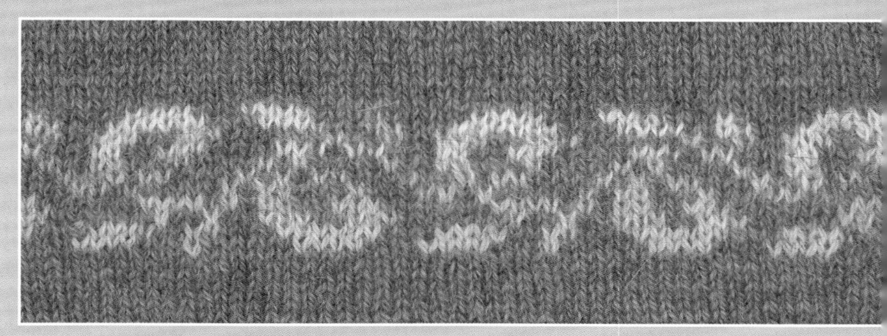

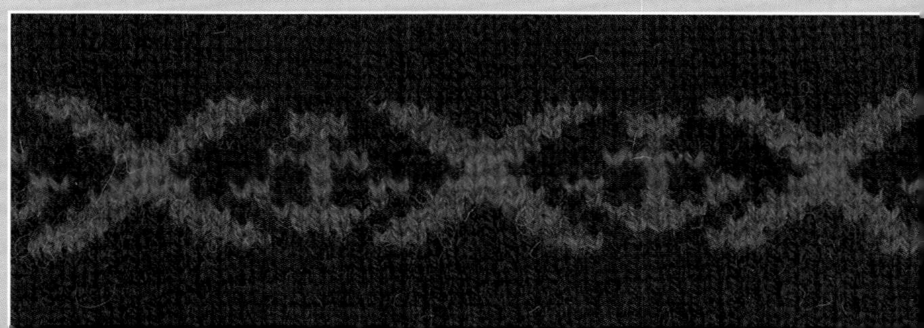

我爱棒针编织，爱配色编织，这是我一直以来对费尔岛编织乐此不疲的原因。

和大多数人一样，我在最初非常惧怕用几种不同颜色的线一起编织，觉得那需要高超的编织技巧。但当我真正走进费尔岛编织当中，才发现它并没有我想象得那么难。费尔岛的编织者们历经300多年不断改良编织技巧，使这种编织方式变得容易、有规律且省力。

费尔岛编织为棒针编织爱好者打开了一片新的炫烂的编织天地，它让人沉迷其中无法自拔，可以随时创造出独有的漂亮花样，用这样的花样编织出的毛衣、包包、毛毯或华丽，或典雅，或精致，让人过目不忘。

希望这本书能鼓励各位编织者拿起棒针，加入到这场费尔岛编织的色彩游戏中来。

玛丽·金·默克尔斯多
（Mary Jane Mucklestone）

本书的使用方法

本书收录了200种费尔岛编织花样以供编织者学习参考。每一款花样都能给编织者带来无尽的启发，通俗易懂的编织图适用于所有水平的编织者，而从整书的布局方面来看，无论是想要组合花样，还是只需要一个点亮衣服或包包等的单个花样，都可以在本书中找到多种选择。

基础课程

这部分介绍了编织费尔岛花样的基础课程，涵盖了从起针、编织到最后的整理，以及配色原理的所有内容，它将揭开这种复杂技巧的神秘面纱，给你树立立刻开始编织的信心。

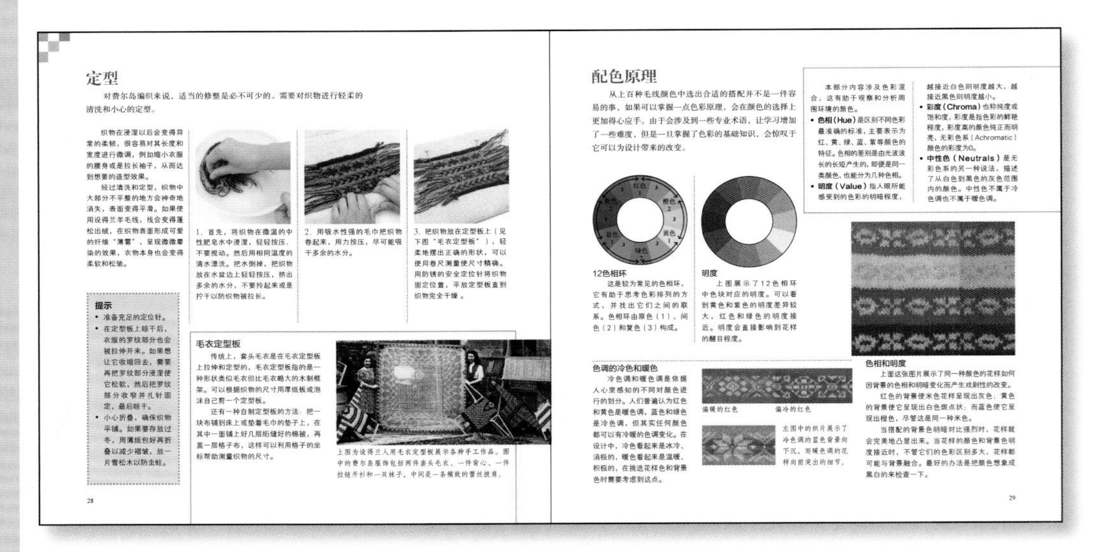

定型

对费尔岛编织来说，适当的修整是必不可少的。需要对织物进行轻柔的清洗和小心的定型。

织物在浸湿以后会变得异常的柔韧，很容易对其长度和宽度进行微调，例如缩小衣服的腰身或是拉长袖子，从而达到想要的造型效果。

经过清洗和定型，织物中大部分不平整的地方会神奇地消失，表面变得平滑。如果使用设得兰羊毛线，线会变得蓬松出绒，在织物表面形成可爱的纤维“薄雾”，呈现微微晕染的效果，衣物本身也会变得柔软和松驰。

1. 首先，将织物在微温的中性肥皂水中浸湿，轻轻按压，不要搅动。然后用相同温度的清水漂洗。把水倒掉，把织物放在水盆边上轻轻按压，挤出多余的水分，不要拎起来或是拧干以防织物被拉长。

2. 用吸水性强的毛巾把织物卷起来，用力按压，尽可能吸干多余的水分。

3. 把织物放在定型板上（见下图“毛衣定型板”），轻柔地摆出正确的形状，可以使用卷尺测量使尺寸精确。用防锈的安全定位针将织物固定位置，平放定型板直到织物完全干燥。

提示

- 准备充足的定位针。
- 在定型板上晾干后，衣服的罗纹部分也会被拉伸开来。如果想让它收缩回去，需要再把罗纹部分浸湿使它松软，然后把罗纹部分收窄并扎针固定，最后晾干。
- 小心折叠，确保织物平铺。如果要存放过冬，用薄纸包好再折叠以减少褶皱，放一片雪松木以防虫蛀。

毛衣定型板

传统上，套头毛衣是在毛衣定型板上拉伸和定型的，毛衣定型板指的是一种形状类似毛衣但比毛衣略大的木制框架。可以根据织物的尺寸用厚纸板或泡沫自己剪一个定型板。

还有一种自制定型板的方法：把一块布铺到床上或垫着毛巾的垫子上，在其中一面铺上好几层绗缝好的棉被，再盖一层格子布，这样可以利用格子的坐标帮助测量织物的尺寸。

上图为设得兰人用毛衣定型板展示各种手工作品。图中的费尔岛服饰包括两件套头毛衣、一件背心、一件拉链开衫和一双袜子，中间是一条精致的蕾丝披肩。

28

配色原理

从上百种毛线颜色中选出合适的搭配并不是一件容易的事，如果可以掌握一点色彩原理，会在颜色的选择上更加得心应手。由于会涉及到一些专业术语，让学习增加了一些难度，但是一旦掌握了色彩的基础知识，会惊叹于它可以为设计带来的改变。

本部分内容涉及色彩混合，这有助于观察和分析周围环境的颜色。

- **色相（Hue）**是区别不同色彩最准确的标准，主要表示为红、黄、绿、蓝、紫等颜色的特征。色相的差别是由光波波长的长短产生的，即便是同一类颜色，也能分为几种色相。
- **明度（Value）**指人眼所能感受到的色彩的明暗程度，越接近白色则明度越大，越接近黑色则明度越小。
- **彩度（Chroma）**也称纯度或饱和度，彩度是指色彩的鲜艳程度，彩度高的颜色纯正而明亮，无彩色系（Achromatic）颜色的彩度为0。
- **中性色（Neutrals）**是无彩色系的另一种说法，描述了从白色到黑色的灰色范围内的颜色。中性色不属于冷色调也不属于暖色调。

12色相环

这是较为常见的色相环，它有助于思考色彩排列的方式，并找出它们之间的联系。色相环由原色（1）、间色（2）和复色（3）构成。

明度

上图展示了12色相环中色块对应的明度。可以看到黄色和紫色的明度差异较大，红色和绿色的明度接近。明度会直接影响到花样的醒目程度。

色调的冷色和暖色

冷色调和暖色调是依据人心里感知的不同对颜色进行的划分。人们普遍认为红色和黄色是暖色调，蓝色和绿色是冷色调，但其实任何颜色都可以有冷暖的色调变化。在设计中，冷色看起来是冰冷、消极的，暖色看起来是温暖、积极的，在挑选花样色和背景色时需要考虑到这点。

偏暖的红色　偏冷的红色

左图中的织片展示了冷色调的蓝色背景向下沉，而暖色调的花样向前突出的细节。

色相和明度

上面这张图片展示了同一种颜色的花样如何因背景的色相和明暗变化而产生戏剧性的改变。

红色的背景使米色花样呈现出灰色；黄色的背景使它呈现出白色斑点状；而蓝色使它呈现出橙色，尽管这是同一种米色。

当搭配的背景色明暗对比强烈时，花样就会完美地凸显出来。当花样的颜色和背景色明度接近时，不管它们的色彩区别多大，花样都可能与背景融合。最好的办法是把颜色想象成黑白的来检查一下。

29

花样图典说明

每款花样教程包含一张实物大小的彩色照片、一个黑白编织图、一个彩色编织图、一个其他配色编织图和一个连续花样编织图。

编织图中标明了行数和针数，这样很容易就能知道花样的大小。

这种传统的黑白编织图可以帮助编织者轻易地挑出花样。有黑圆点的表示花样针，空格表示背景针。

数字表示行圈数，环形编织时编织图是从右向左，从下往上看的。如果想要片织，奇数行从右向左看，在织物正面，每针都织下针；偶数行从左向右看，在织物反面，每针都织上针。

花样组合设计原理的描述和说明。

编织花样织片实物大小的彩色照片。

其他配色编织图。

变换一下配线的颜色，展现不一样的效果，为编织者提供参考。

色块图代表花样针（左）和背景针（右），水平标尺代表颜色的变换。

黑白编织图展示了连续重复花样。它可以由很多不同方式创建，例如在花样之间插入一行平针，或是减去半个花样。有时，加入另外的花样可能会产生更动人的视觉效果。虽然它不是严格意义上的传统花样，但是可以通过单个花样衍生出无数的变化花样。

花样组合展示了如何把单个花样组合成大型的构图。

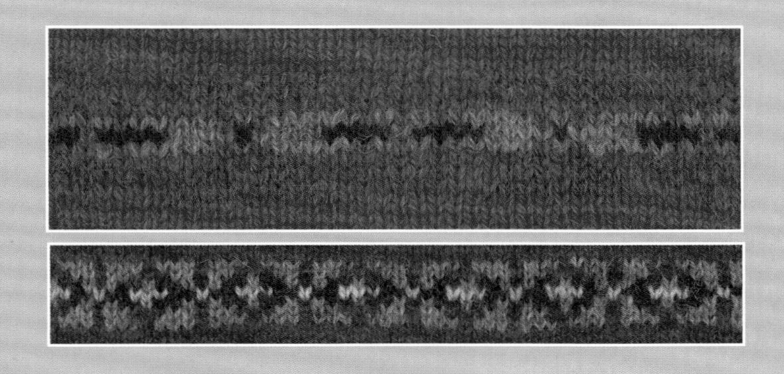

基础课程

这部分介绍编织费尔岛花样的基础课程，涵盖了从起针、编织到最后整理，以及配色原理的所有内容，它将揭开这种复杂编织技法神秘的面纱，给编织者树立立刻开始编织的信心。

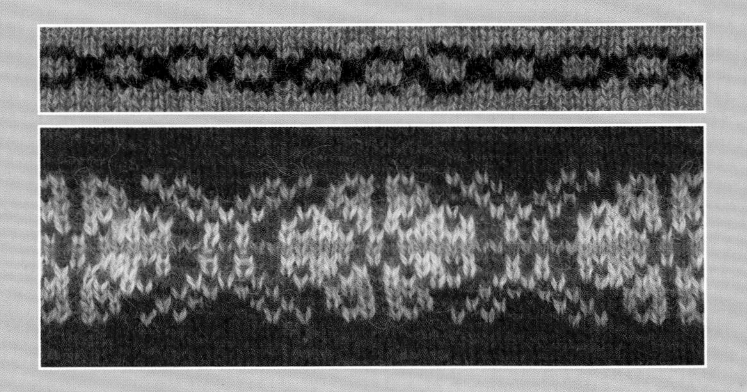

线材

设得兰羊毛线是编织传统费尔岛花样无可替代的选择。当然，也可以尝试使用其他线材。

设得兰羊毛线（SHETLAND WOOL）

古老的设得兰群岛本地绵羊是一种小型但耐寒的动物品种，它的毛既柔软又富有弹性，且具有一定卷度，是非常珍贵的毛线原材料。这种羊毛纺成的纱线非常适合编织，在剪开提花的额外加针时（见第26、27页），设得兰羊毛线自然卷曲的状态可以使浮线不易移位，让剪开的衣服边缘仍然固定在一起不松散。

设得兰羊毛轻盈且蓬松，可以自然呈现出令人惊叹的各种颜色。尽管白色和红棕色（Moorit）是在设得兰羊毛线中最常见的颜色，但其实它已有11种颜色可以进一步混合，不需要染色就可以生产出多种多样的天然颜色线材。

在传统的费尔岛编织中还使用了两种天然染料——从靛叶中提取的靛蓝以及从茜草中提取的红色染料。当地也生长一种可以提取出黄色染料的植物，这种染料能与靛蓝染料套染出绿色，但是制作工艺非常复杂，因此传统上绿色羊毛线的使用频率较低，产量也较小。

人工合成染料的出现进一步扩大了费尔岛编织者的色彩使用范围。如今，设得兰群岛当地的羊毛线公司生产出数百种颜色的设得兰染色羊毛，可以进行无限的颜色组合。

设得兰羊毛织物经过洗涤或定型后，变得更加蓬松，织物表面形成了一层毛绒绒的“薄雾”，使颜色交融统一，从而创造出传统费尔岛织物独一无二的外观。

设得兰绵羊有11种公认的颜色，其中大部分都以设得兰方言命名。白色和红棕色（Moorit）是最常见的，其他发现的颜色有浅灰色、灰色、暗蓝灰色（Emsket）、浅灰棕色（Musket）、深铁灰色（Shaela）、浅黄色、黄褐色（Mioget）、深棕色和黑色。

这件中古费尔岛套头衫诞生于19世纪90年代，采用天然染料染色。

这件羊毛衫可以追溯到20世纪30年代，是用未染色的设得兰羊毛制成的——这是一个运用羊毛线自然色彩的典例。

其他线材

费尔岛编织也可以使用除设得兰羊毛线以外的其他线。虽然这种做法摒弃了传统用线，但有时也能产生令人惊艳的效果。

1 宝宝线

经过深加工的线，可以进行机洗。这种加工方式去除了线的大部分“黏性”，使织物在需要进行“剪提花”（见第26页）这一步的时候效果不太理想。虽然也可以操作，但是需要机缝加固。

2 挪威线

拥有悠久的提花编织历史的斯堪的纳维亚半岛，有一种专用于编织提花的线——挪威线。这种挪威线通常为中粗线（DK），可以生产厚实的“滑雪衫”类型服装。由于针脚较大，浮线也较长，通常每织4~5针就需要进行绕线。

3 冰岛毛线

冰岛因其迷人的提花育克毛衣而闻名。这种毛衣由松捻、厚重的单股纱线编织而成。尽管这种又粗又重的毛线会产生长的横向渡线，但是柔软的冰岛毛天然的“黏性”使毛线相互黏附在一起，使用这种毛线时允许出现长浮线。

4 马海毛线

马海毛线由安哥拉山羊毛制作而成，是费尔岛织物的“非传统”选择。由于用马海毛制成的毛线会产生长纤维，形成厚而浓密的晕轮，从而能柔化图案的轮廓。虽然这种情况在提花编织中看起来像是一个缺点，但却能产生很棒的效果。

5 棉线和其他植物纤维线

这些种类的线在传统的费尔岛编织中甚少使用。棉线起头会比较笨重，而提花花样会让毛衣更重。线的成分致使浮线不会相互缠绕，所以建议每隔几针就要进行绕线。即便如此，勇于尝新的编织者还是可以利用它们的纤维特色进行精心的设计，把缺陷变成它们的优势。

6 花式线

用传统线合成的特殊花式线，如带有金属光泽的线和雪尼尔纱线等，在原本古板的服装上添加动感元素，产生有趣的效果。

7 夹色纱线

夹色纱线是通过将不同颜色的线拧在一起制作而成的，其颜色效果取决于合股线的颜色。选择夹色纱线时，要确保该线中的颜色与用来搭配的线有足够的反差，否则花样就可能无法显现出来。

“粗纱”——羊毛经过清洗、梳理和轻捻使纤维拢在一起，作为纺纱前的准备——呈现出设得兰羊毛的天然色泽。

线团标签的信息

线团上标签提供该线的所有信息。

- 公司标志（1）
- 线名：设得兰羊毛（2）
- 线的成分和产地（3）
- 线的长度（4）
- 线的重量（5）
- 编织密度/针号（6）
- 颜色（7）
- 缸号（8）
- 保养须知（9）

棒针&辅助工具

费尔岛编织使用的工具包括棒针、环形针以及日常使用的卷尺和剪刀等，还有一些可以提高工作效率的小工具。以下对一些常用工具进行介绍。

棒针

棒针是使用频率非常高的一件编织工具，它的使用寿命很长，倘若细心保存，可以使用很多年——但如果针头损坏或者针体变形，那就应该更换了。尽管大多数费尔岛编织使用环形针，但是还是会用到各种型号和长度的双头棒针。

环形针（环形棒针）

环形针适合环形编织，用于编织平针（下针）等针法，织面平滑无缝。环形针在编织厚重的线时非常有用。

环形针由两根坚硬的棒针针头（材质为金属、塑料、木头或竹子）用一根长塑料或尼龙绳连接而成。选择什么材质的环形针完全取决于个人的喜好，但是一个最基本的要求就是环形针的两根棒针针头和连接绳之间的过渡必须是平滑的。

环形针有各种型号（直径），可以适用于不同粗细的线。型号的选择取决于线的种类和织片的编织密度。如果想要遵循编织图织出一个一模一样的花样，那么织片密度必须与编织图的密度一致。

环形针还有不同的长度，通常在30至150厘米之间。环形针长度的选择取决于织物的针数：60至80厘米的环形针一般用来编织套头毛衣，40厘米的环形针可以编织袖口和帽子。不管怎样，环形针的长度应该比织物的周长短。

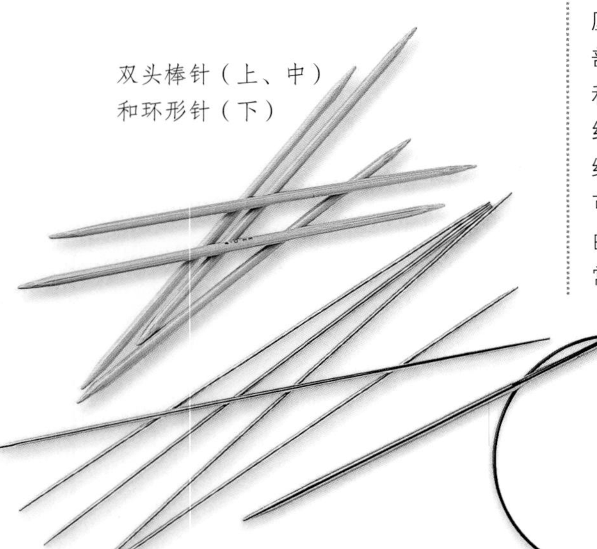

双头棒针（上、中）
和环形针（下）

双头棒针

双头棒针通常用来编织周长小于40厘米的织物，比如手套、袜子和帽子顶部等。一套双头棒针通常为4根或5根。和环形针一样，双头棒针既适合环形编织，也适合往返片织。当需要往返片织的时候，比如编织袜子的后跟部分，可以使用双头棒针。传统的双头棒针是由钢制成的，但现在铝合金的材质更为常见，部分型号还有用竹子和塑料制作的。

梅金腰带（针织带）

在费尔岛和设得兰群岛，梅金腰带（针织带）通常会与一副36厘米长的金属制双头棒针搭配使用。这是一种打着小孔、里面填充着马鬃毛的皮革制的软垫，可以围在腰上。编织时将棒针的一端插进其中一个小孔，这样可以帮助支撑住织物，类似于“第三只手”，方便编织者既能随时练习，以达到最快的速度，又不影响行动。

梅金腰带让旧时代的编织者们在做其他工作，比如运煤炭回家烧火时，也不耽误做毛线活。

辅助工具

虽然在编织时，棒针和线是必不可少的，但是另外使用一些辅助工具可以使作品完成得更顺利。选择一些可以珍藏多年的漂亮小工具吧！

针规

并不是所有棒针上都清晰标有型号，而型号接近的棒针又无法用肉眼区分，这时就需要用到针规。它由很多不同直径的小洞孔组成，使用时将棒针穿过洞孔，直到找到最接近的型号。

记号扣

记号扣有很多种类，颜色鲜艳、尺寸接近所用棒针的环形记号扣最适合区分需要重复编织的针。还有一种可以锁住的记号扣，经常用于做纵向标记，比如用于计算行数。在使用双头棒针编织时常常会用到这种可以锁住的记号扣来标记环形编织的起始位置，这时如果使用环形记号扣可能会有滑落的风险。

剪刀

小小的尖头剪刀可用于剪断线头。千万不要尝试徒手扯线，有些线的韧性很高，操作不当可能会割破手指。

皮尺

对编织者来说，最好使用可伸缩的缝纫专用皮尺。它一般印有厘米（cm）和英寸（inch）两种计量单位的刻度。

缝合针

需要准备一根钝头大眼针（类似于缝衣针）用于藏线头和收针。缝合针有不同的型号适用于不同粗细的线。

别针

这种小工具类似大的安全别针，主要用于停线留针，比如使用在提花额外加针部分的底部或是肩膀的顶部。

计数器

计数器可以帮助记录行数或圈数，记得要及时按下按钮。圆筒状的计数器适合套在双头棒针上，如果使用粗的双头棒针或是环形针，就需要咬合型的计数器。

定位针

当要计算规格或是将织片固定以便定型时，大头的定位针是最适用的工具，因为定位针彩色的大头一端不容易陷入织物的针线之间。

铅笔、笔记本、胶带

铅笔便于在编织图上做记号，在编织行上打勾和记录调整的内容；笔记本可用来记录新的点子和灵感，带方格的小本子特别适合绘制费尔岛花样；可以根据使用的顺序，用胶带把对应的毛线线头粘在编织图的旁边，方便查看。

定型工具

这些工具通常与编织没有直接联系，都是一些日常用品——气球在给帽子定型时非常有用，而直径23~28厘米的餐盘可用来给无檐宽顶帽定型。

绒球器

制作完美绒球的神奇小工具。

便于跟踪编织进度的小物

便签条、磁性尺子（或是干净的塑料尺）等，可以随着编织的进行，在编织图上移动，便于跟踪编织的进度。

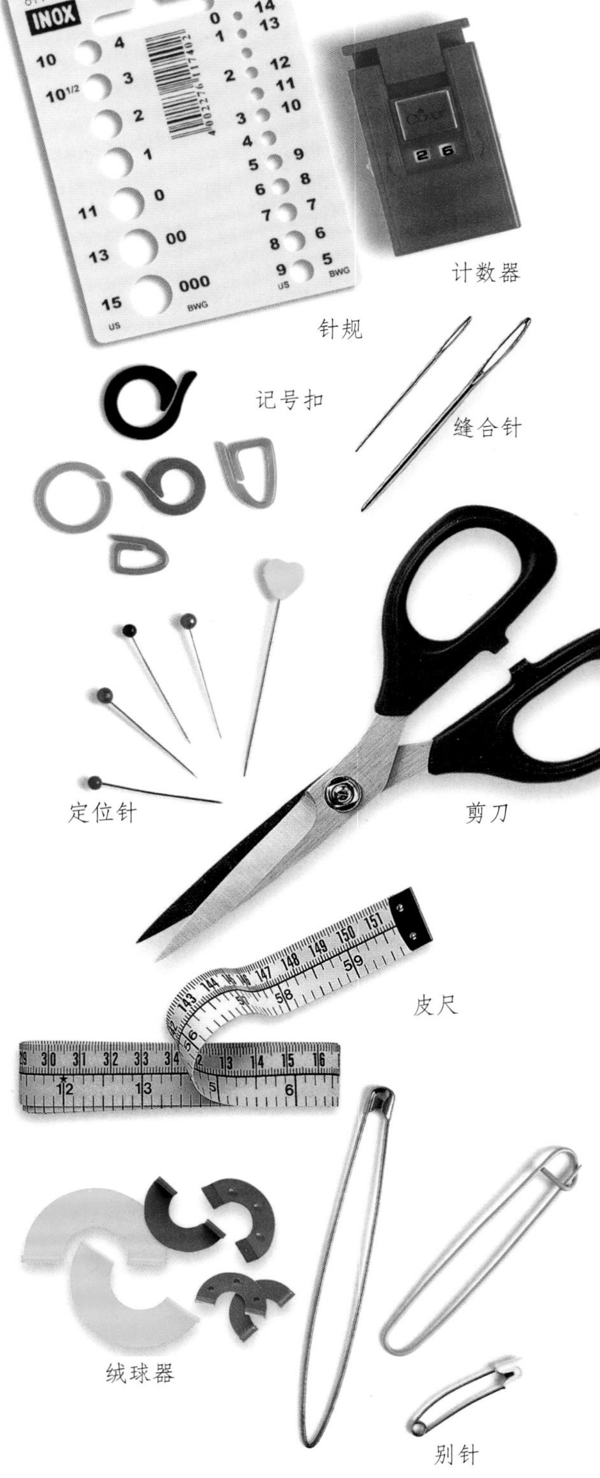

编织密度

在正式编织前，需要编织一个样片来计算编织密度。织片的编织密度指在一个规定的尺寸内（通常为边长10厘米的正方形）计算出的针数和行数。

无论是使用已有的编织图还是使用自己设计的花样，织片的编织密度是必须掌握的——首先确定想要编织的衣服尺寸，然后计算出编织这个花样所需的针数和行数。

费尔岛花样的样片通常使用环形针进行环形编织。最理想的情况是，起的针数可以轻松地用40厘米长的环形针编织。根据所用线材的不同，起的针数也不同——一个粗略的计算编织密度的方法是，将需要编织的每厘米花样所需的针数乘以40，或是直接计算起针行的实际周长，使用对应长度的环形针（用厘米计算）。按照这样的方法来编织样片可以不用剪开织片就测量出10厘米正方形的数据。环形编织费尔岛花样直到织片约13厘米长，然后收针或是将棒针上的线圈用别线穿起来。

如果不想花费那么多的时间和线来编织样片，那么也可以起少一点的针数并用双头棒针环形编织。这种方法需要将织片剪开以便能铺平进行测量，所以这也是一个练习剪提花的好机会。

提示

起针后编织罗纹边或起伏针边以避免卷曲。

快速编织样片

如果还是觉得编织样片太费时，还有另外一种“作弊”的方法。

用型号与线相符的双头棒针或环形针，起足够的针数以确保样片的尺寸够大——理论上，预计起的针数一般为13厘米左右。如果按照已有编织图编织，那么在按照密度起样片所需针数的基础上，额外多起2.5厘米宽度的针数作为加放量。

编织时要把一个花样横向连续编织。织到行末，把所有的线剪断，然后将所有线圈全部滑回棒针右端。加新线像刚才一样织完。按照这样的方法，就像环形编织一样一直织下针。

继续按照这种方法编织出边长约为13厘米的正方形织片，收针。

替代方法

也可以在样片背后拉长长的浮线来代替每行断线，然后剪断长浮线，以便进行精确的测量。

下图为使用上述方法快速编织的织片两端断线的样子。

测量样片

样片编织完成后，下水，然后定型（见第28页）。晾干后放在坚硬的平面上进行测量（见右图）。

如果发现针数和行数超出了编织图的建议数目，就说明织得太紧了，需要更换较大号的棒针。如果针数和行数太少就更换较小号的棒针。

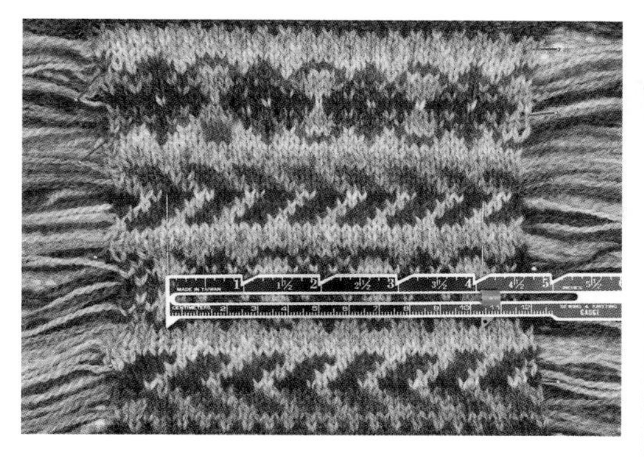

1. 用直尺或皮尺在样片中间横向量出10厘米的距离，两端用定位针做记号，数出记号之间的针数。

2. 用定位针在样片纵向相距10厘米的上下两端做记号，数出记号之间的行数。

根据需要调整密度

单位长度里的针数和行数越少，织物就越疏松；单位长度里的针数和行数越多，织物就越紧密。如果自己设计作品，使用不同针号试织样片可以有助于选出需要的密度。

样片1 使用3.5毫米（4号）棒针。密度是每厘米2.5针/2.5行，织物松散、针脚较大，且针之间有空隙。这个密度可以用于编织毯子或不需要挡风的服饰。

样片2 使用3.25毫米（3号）棒针。密度为每厘米3针/3行。这是套头毛衣的标准密度，针脚平滑匀称，几乎没有空隙。这样的织物既柔韧，又牢固。

样片3 使用2.75毫米（2号）棒针。密度为每厘米3.5针/3.5行。这个密度很适合编织手套，针脚细密，织片紧实。

起针

起针是编织的开始。这里介绍4种最常用的起针方法。

选择哪种起针方法取决于想要达到怎样的效果——有弹性的还是硬挺的，有装饰性的还是朴素的。不同的起针方式会产生不同的效果，适合不同的用途。例如，童装的边缘部分使用紧实的起针方法会更耐磨；而对于其他类型的织物，可能需要更有弹性的起针。不同的起针方法会使织物产生不同的外观及手感，但是无论哪种方式，留下的线头或用来缝合织片或隐藏到织片中（见第21页）。

这里介绍的每种起针方法都以打1个活结作为第1针的。

提示

- 为了确保起的针不会太紧，请使用比正式编织时大一号的棒针。
- 缆绳起针法起针时，在针内入针会比在针之间入针效果更好。这种方法常用于褶边的边缘。

打1个活结

把活结套在棒针上作为第1针。

按照图示方向绕1个线圈，根据需要留出足够的线头（见左下“提示”）。将棒针针尖插进线圈把线挑出来，轻轻地拉紧活结。

反向起针法

这种起针方法适用于行末和纽扣眼开口上方的加针，不常用于衣服的底边。

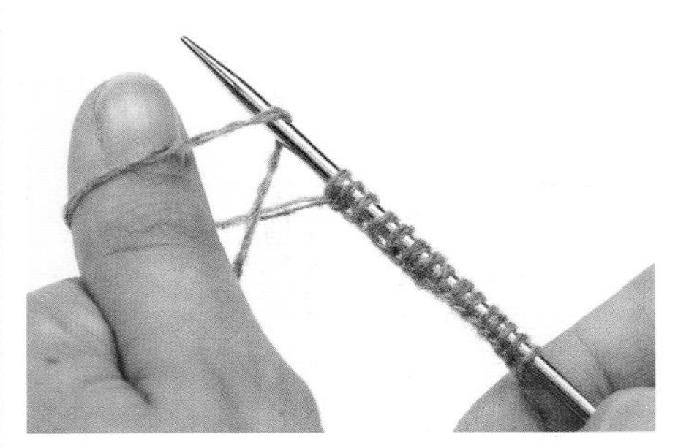

左手持线并在拇指上绕1个线圈。将棒针插进线圈，松开拇指后把线拉紧，形成1针。

缆绳起针法

先织1针，然后把这针从右棒针套回到左棒针上。这种紧密的起针方式使边缘十分强韧，形状像拧紧的绳索。

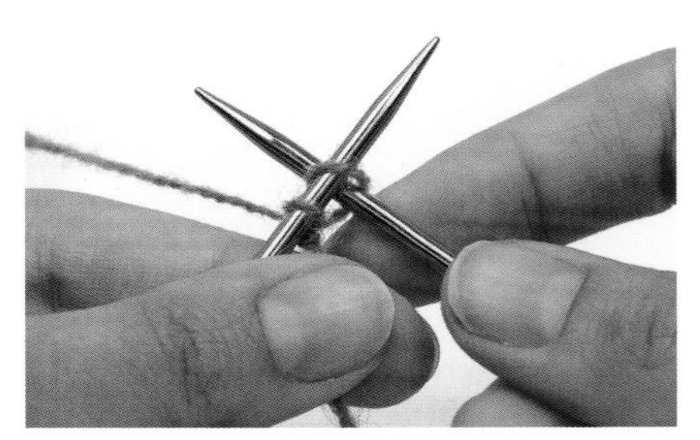

1. 将活结套在棒针上。左手持针，另一根棒针从活结的前面入针，将连着线团的那根线在右棒针上绕1圈然后拉过来形成1针，将这1针套回左棒针上。

2. 将右棒针插进两针之间，重复上一步的操作再形成1针。重复操作至完成所需针数。

长尾起针法（欧式起针）

这种方法起针后的基础行比较紧密，形似下针行。虽然这种方法看起来很复杂，手指需要非常灵活，但是熟练掌握以后可以很快速地起针。先留出一段线，长度为需要起针位置长度的3倍，打1个活结套在棒针上，保持连接线团的那股线在后，稍短的那股线在前。

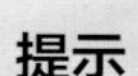

提示

按照起针的长度留出3倍长的线的方法并不一定精确。如果想计算准确的线长，可以先起10针后拆开，通过测量拆开的线的长度，计算出需要留出多长的线。还有一种替代的方法是使用2团线，把这2团线的末端合在一起打1个活结套在棒针上，然后同时使用这2个线团起针。起针的时候要多起1针。剪断其中一团线，然后把活结解开，计算线长。

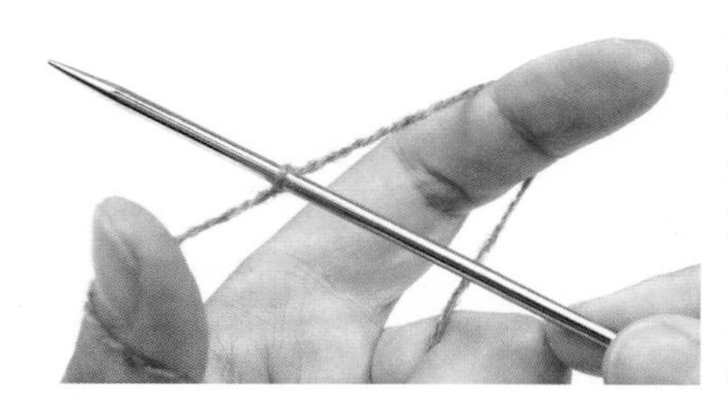

1. 右手持针，左手持线，将2根线由后至前分别绕在左手拇指和食指上，下端捏在左手中。

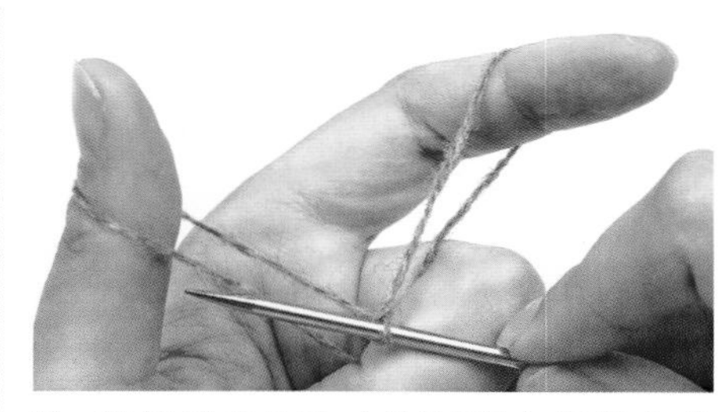

2. 将棒针从下向上穿过套在拇指上的线圈。

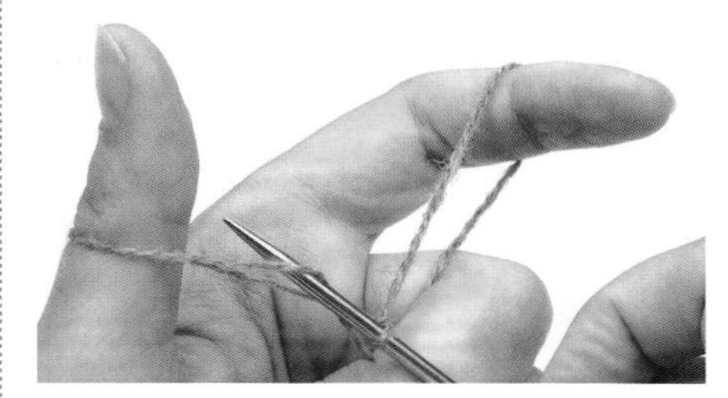

3. 将棒针绕过食指上面一股线圈，然后把这股线从拇指上的线圈里排出。

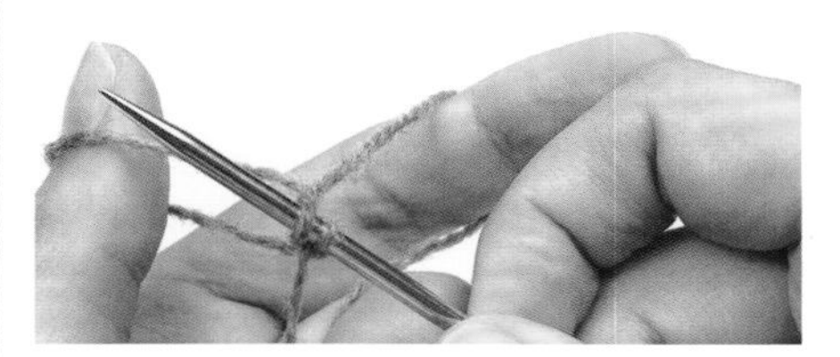

4. 松开拇指，拉紧棒针上的线圈。不断重复该步骤直到编织出你需要的针数。

拇指起针法

这种方法起针后形成的边缘效果和长尾起针法是一样的。

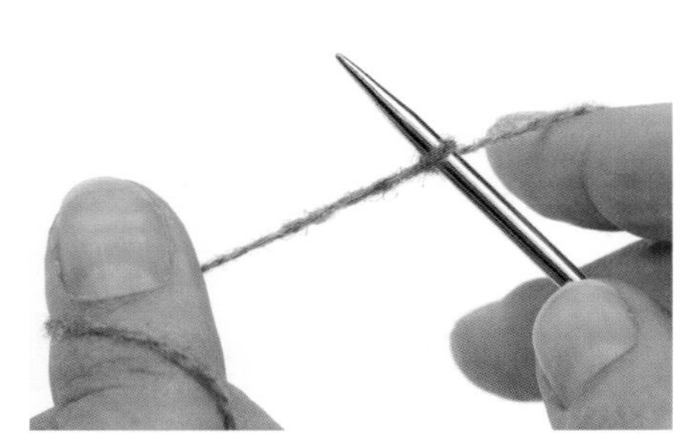

1. 根据起针行长度预留出3倍的线，然后打1个活结套在棒针上。右手持针并连接线团的那股线。

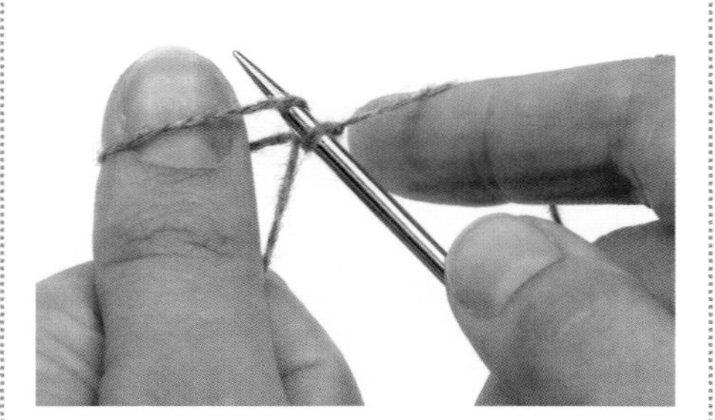

2. 左手持另一股线，在拇指绕1个线圈，然后将棒针插进线圈。

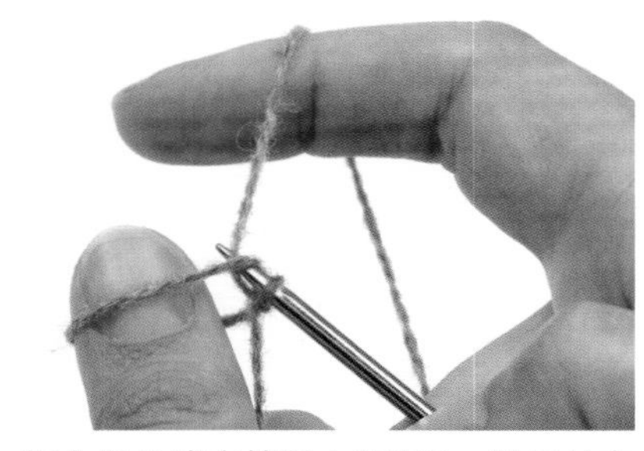

3. 将右手的线在棒针上绕1圈，然后从左手绕圈中拉出来形成1针。轻拉线使线圈挂在棒针上。一直重复直到编织出需要的针数，开头的活结也计为1针。

环形编织（圈织）

环形编织，使织片形成无缝的管状织物。传统的费尔岛编织一般使用环形编织，因为环形编织的时候，织片始终正面朝向自己，以便看清花样并控制花样编织的进程。

用4根双头棒针编织

当针数太少不适合用环形针时会使用双头棒针进行环形编织——比如织袖子、帽子顶部、袜子或其他的小东西。

双头棒针的长度要能穿上全部针数的1/3（用4根棒针编织）或1/4（用5根棒针编织）。如果棒针太短，线圈就容易从针尖脱落。

提示

使用双头棒针编织时，分配好针数，使每一根棒针上都有完整的花样，以便调整花样。

用5根双头棒针编织

有时候用一副5根的棒针更方便。把针数均匀分配到4根棒针上，然后用第5根棒针开始环形编织。

1. 在一根普通的长棒针上起好需要的针数。用上针的方式把1/3的线圈挑到一根双头棒针上。

2. 把剩下的2/3的针数分别挑到另外的2根双头棒针上。有些花样要求在每根棒针上有规定的针数；一般只要把所有针数分配到3根棒针上即可。把棒针摆成三角形，用来编织的那1根棒针位于右上方。起针边缘应该在三角形的内侧，把每组线圈都移动到每根棒针的中间位置。每根棒针的针尖应该与下1根交叠。

3. 编织线在外侧，用第4根棒针编织第1根棒针上的针圈，注意不要使起针行扭结。第1根棒针上的针圈全部编织完，用它织第2根针上的线圈。以此类推。

4. 每根棒针上的首尾2针要尽可能织紧一点，尽量靠近针尖以免线圈太松形成缺口。为了在行的首/尾做记号，在最后1根棒针上最后1针前放1个记号圈（如果把记号圈放在行末会脱落）。每行移动记号圈。

用环形针编织

衣服的身片部分一般用环形针编织。

用环形针编织的时候，环形针的长度应该至少比织物的周长短5厘米：一根环形针可以容纳的针数约为自身长度的2倍。环形针如果太长会拉伸织物，导致环形编织时难以移针，增加了编织的难度。

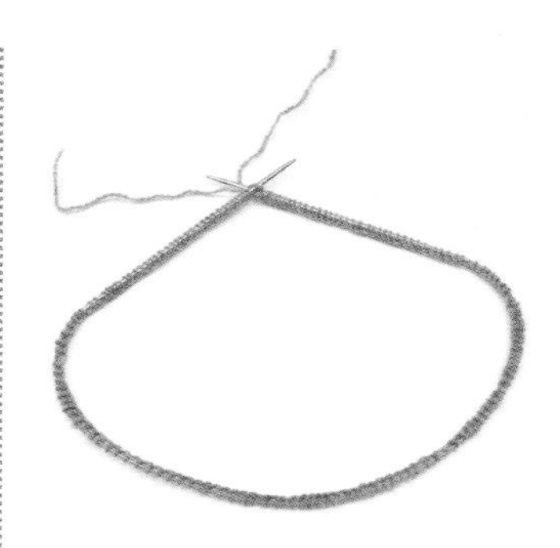

1. 起好所需针数。将环形针放平，针尖放在远离自己的位置，连着线的一侧针尖在右。将针均匀分布在环形针上，起针的边缘部分在环的内侧。确保其没有在棒针上扭曲，否则织片也会扭曲。

2. 拿起棒针，针尖靠近自己。连着线的一侧针尖在右。线自然下垂在环的外侧，不要从环中间穿过。

3. 在行首/末做记号，把一个记号圈套在右针尖上。按照需要编织，每织几针，就要把针推到左针尖，同时将新织好的针从右针尖上推开，这样所有的针就沿着环形针滑动了。再次织到记号圈处，就完成了1圈，滑过记号圈，开始织下1圈。

上针编织

传统的费尔岛编织都是正面朝外环形编织的，因此只用编织下针。这样就织出平针的管状织物，无须编织上针。但是，也存在需要织上针的情况。比如，有些编织者不喜欢在领子部分加针剪提花，取而代之的是在领子的开口两侧进行片织，这样织反面的时候就需要织上针。织规律的波纹状罗纹也要用到上针编织。

波纹状罗纹

波纹状罗纹是一种漂亮的双色复合型罗纹。常用于强调服饰的边缘如衣边、袖口、领口乃至门襟。

波纹状罗纹的编织方法非常简单，可以分别用两种颜色来织下针和上针，或者织几行就交换一下线的颜色。在传统的服饰中，一般以分配到下针还是上针为依据，把颜色分为背景色和花样色。

波纹状罗纹一般针数为偶数，通常是2×2或1×1。由于横向提花带线的原因，这种罗纹不像普通的罗纹那么有弹性。

隆起和不隆起

在换色的时候，会出现双色的上针隆起，可以把它作为一个漂亮的设计元素。但如果更喜欢平滑的过渡，那就把换色的那一行全部编织下针。这会改变罗纹织物的特性，使弹性变小。采取这种方法的话，不能每行都换色，否则就没有罗纹花样了。

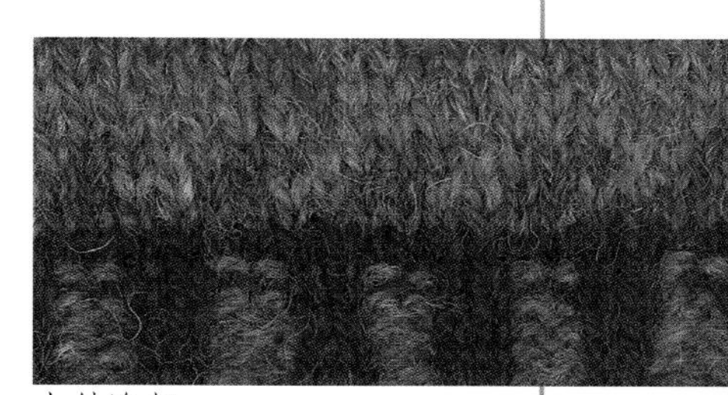

上针隆起

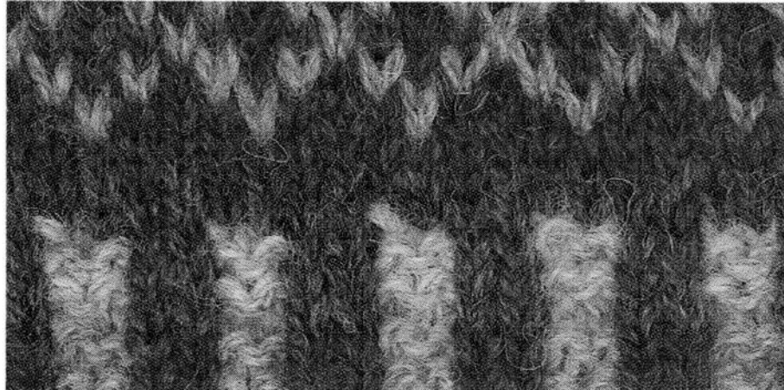

无上针隆起

带线

在传统费尔岛编织中，每一行都不会编织超过2种颜色，所以只需同时带2根线即可。试着找出自己喜欢的带线方法吧。

在费尔岛编织中有多种不同的带线方法，本页共介绍了3种。请依次尝试以便找出最适合自己的带线方法。尽可能让指尖靠近棒针以便更容易编织和控制密度。

带线时要让花样色作为主色线（见第19页“编织线的主次之分”），无论采取哪种持线方法，这根线一般都在最左侧的位置。而最重要的是，每根线在穿过织片的时候，位置要保持一致。

双手各带1根线

右手持背景线，花样线在左手和手指间绷紧。通过右手食指将背景线移动到需要的位置编织，而花样线则是用右手棒针针尖挑起后，向前穿过线圈拉出并使线圈从棒针上脱落。

右手食指和中指带线

两根线握在右手，背景线挂在食指，花样线挂在中指上。通过食指的操作来编织背景线；花样针部分，轻轻转动手掌使线从中指绕到棒针上。

左手食指带线

将线从前到后全部挂在左手食指上，花样线在背景线的左侧。织的时候，将右棒针插进下一针，用针尖选择挑出需要的那一根，向前拉动穿过线圈并使线圈从棒针上脱落。

提示

试着在同一个织物上不断练习8针或更少针的简单双色连续花样，直到能够轻松带线编织。

渡线

在编织中，不用的线常被松松地拉在织物的背面。这种松松的拉线称为“浮线”。为了织物正面的整洁，一种颜色的浮线总是位于下方，而另一种颜色的浮线在上方，每行如此。对于不超过9针就换色的花样来说，单根的线实际上作为浮线并不算长，更长的浮线可以通过绕线技巧来处理（见第20、21页）。

简单的渡线

1. 从花样线换成背景线，先编织背景线，把背景线拉到花样线上方，编织需要的针数。保持先前的花样部分的针并将其松散地穿在右针上，这样背景线在后面就不会拉得太紧。为使表面平坦，在织物的背面，这些浮线应该是平行的，不要相互扭在一起，最好是将每根线的浮线始终位于另一根线的上方或下方。

2. 从背景线换成花样线，开始编织花样线，把它拉到背景线下方，然后编织需要的针数。

控制浮线

渡线的时候，注意不能让浮线太短，否则会使织物隆起形成褶皱。编织的时候注意把右棒针上的织物抻开，这样不用的线被拉在刚织过的针的背面，长度刚刚好。通过练习，让抻开刚织的线圈成为习惯，浮线太长会使针圈太长，让织物看起来不平整。

编织线的主次之分

在进行渡线编织的时候，一个颜色会看起来比另一个颜色更明显。这种情况的出现是因为一个颜色的线渡线的距离比另个颜色的线略长，使其略微紧一点，变得稍有些收缩，从而使它看起来没那么明显。拉线距离最短的那根线就是主色线。还有一个找出主色线的方法是拉线时在下方的那根线就是主色线，而从上方拉线会使针脚稍稍变小。

带线时通常花样线在背景线的左侧，使花样线变成主色线，但是因个人手法不同会有略微的差别。

最重要的是在带线时要保持一贯性。把一股线作为花样线，另一股作为背景线，在编织的时候要保持它们的定位不改变。

这个织片的下半部分，深绿色的针圈较大；而上半部分，浅绿色的针圈更大一点。

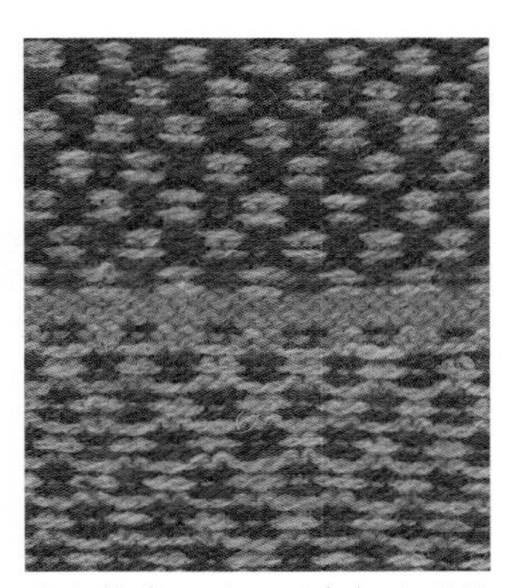

从织物背面看，下半部分深绿色的渡线在浅绿色的渡线下面。上半部分浅绿色的渡线在下面。

绕线

当一个颜色编织超过8针，需要在织片背后渡线时，需要在其中的一针或更多针上绕一下以避免形成长而松的浮线在穿戴时挂到手指或首饰。

不织的这根线在背面渡线长度超过8针的时候，一般会用到绕线。也可能会有其他情况需要绕线：比如可水洗宝宝线不具有100%设得兰羊毛这样的黏性；使用粗线编织，针脚大，浮线也长，这种情况就需要进行固定以免被手指钩住。在编织儿童手套等孩子的衣物时建议使用绕线技法，这样孩子的小手就不会挂到长浮线里去。

经过绕线处理的织物比简单渡线的织物密度更大、浮线更短。如果每针都绕线，那么织物最终会像机织品一样工整、紧密。

有时候绕过的浮线会从服饰的正面露出来，在使用颜色对比强烈的线时这种现象尤为明显。

在绕线时，注意要把拉浮线的位置错开。如果拉的一根正好在另一根的上面，可能会不小心弄出一条垂直的线来。

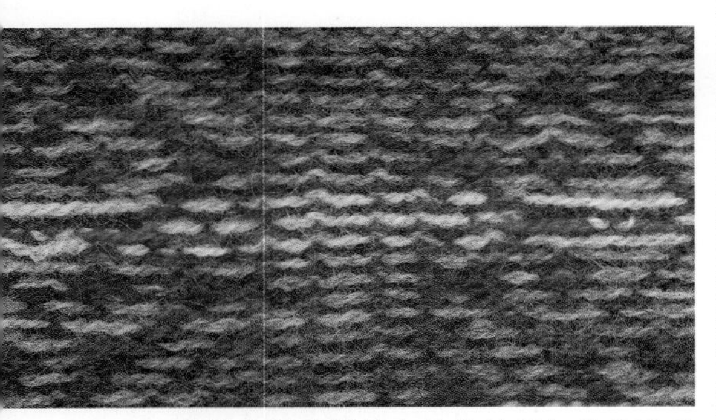

花样中间那根橘色的线被仔细地绕进了织片的反面。

用双手绕线

绕背景线

1. 编织到需要绕背景线的地方。

2. 把背景线和花样线交错。

3. 在下一针里入针，越过背景线，挑起花样线，拉过线圈并使其从棒针上脱落。

4. 把背景线挂回原来的地方。

绕花样线

编织到需要绕花样线的地方，从下一针入针，在花样线的下方把背景线绕在棒针上，拉过线圈并使其从棒针上脱落。继续正常编织背景线。

用左手绕线

绕背景线

编织到需要绕背景线的地方，右棒针从下一针入针，左手拇指把背景线向前拉。把右针针尖放在花样线后面，从右往左向前挑出来，穿过线圈并使线圈从棒针上脱落。把背景线从拇指上松开，继续编织。

绕花样线

编织到需要绕花样线的地方。右棒针从下一针入针，然后用针尖在花样线的下方从右往左把背景线拉过线圈并使线圈从棒针上脱落。继续编织。

用右手绕线

绕背景线

编织到需要绕背景线的地方，把背景线和花样线交错，编织花样线。把背景线移回原来的位置。

绕花样线

编织到需要绕花样线的地方。把花样线和背景线交错，编织背景线。把花样线移回原来的位置。

藏线头

藏线头是个很琐碎，但却必须要掌握的技法。一种藏线的方法是在接线的时候把线头藏进原来的那根线里。在接线的时候留出15厘米长的线头，穿到缝合针上，沿着这一行的反面，来回穿过大概10针。完成后，轻轻拉紧线，然后剪掉多余的线头。

也可以沿着它们来时的方向，试着把线头藏进同一行的背面。可以把它们藏在织物背面上针的“隆起”部分，尽量沿着针迹进行。

在设得兰群岛，编织者有时候根本就不藏线头，只是打个结，然后由着它们变得毛躁后与织物融为一体。

也可以考虑通过用水把旧色和新色线弄湿后拧绞在一起的方法来消除线头。

在同一行里挑起上针的隆起部分来藏线头。

沿着针迹将线头嵌入浮线下面来藏线头。

加针和减针

虽然传统的费尔岛编织很少用到加针和减针（而且由于大部分费尔岛花样的提花图案较为复杂，加针和减针视觉上并不明显），但是这些是学习编织必须要掌握的编织基础技巧。

加针

一般传统的费尔岛服装只在边缘部分加针，例如，在一圈的开头、中点、“缝合线”或正好在剪提花额外加针的前面或后面。如果把它们放在行（圈）中的花样设计上，就需要对随后的花样进行总体的调整，这种情况比较少见。如果是单色的平针，也可以在行（圈）的中间加针。注意，采用这种方式加针会导致后面几行花样位置的改变，因此要根据花样进行相应的测算。

在编织袖口上面部分的时候也要用到加针，加针的位置在腋下中间“缝合线”的两侧。加针也可以作为装饰，比如在编织手套拇指的三角状部分时。

加针有很多方法，可以选择自己喜欢的方式进行加针。花样里一般不会详细说明如何加针，只是说明加针的针数。

这里介绍了3种实用的加针方法。

在2针之间的渡线上加针

这种加针方式是加在2针之间的。

1. 编织到要加针的地方。用右棒针从前到后挑起2针之间的那条横渡线，然后挂到左棒针上。

2. 把挑起的线当做1针，从后方入针编织下针，然后将线圈从左棒针上脱落。

在下面一行的针上加针

这种加针方式是通过将下面一行的线圈挑起编织来加针的。

1. 编织到要加针的位置，将右棒针在下面一行的1针右侧顶部入针。

2. 把这1针挑起挂到左棒针上，从前方入针直接编织。

在同一针里织下针再织扭针

这种加针方式用于织片的开头或末尾，因为这种加针方式没有那么整齐，多用于边缘或是边缘向内1针的地方，这样当织片缝合的时候加针位置就看不到了。

1. 编织到需要加针的地方。编织左针上的下一针，但是线圈不要从左棒针上脱落。

2. 保持这针还留在左棒针上，把线拉到后面，从后方线圈入针纺织下针，然后再将线圈从左棒针上脱落。

减针

减针一般用于领圈、袖口和袖子处。搞清楚加针或是减针后针圈的位置非常重要。例如，在领口进行减针的时候，最好是让针朝着减针的方向，换句话说，就是领口右侧的针圈朝右倾斜，左侧的针圈朝左倾斜。事实上，费尔岛的编织者编织的时候为了使他们挑选的颜色在上方，而常让针圈朝着减针相反的方向。

因为费尔岛编织一般都是环形环形编织，正面朝外，所以下面展示的所有方法都是在正面行进行减针的。

向右倾斜减针（下针左上2针并1针）

把2针或2针以上朝右并织，针圈向右倾斜。

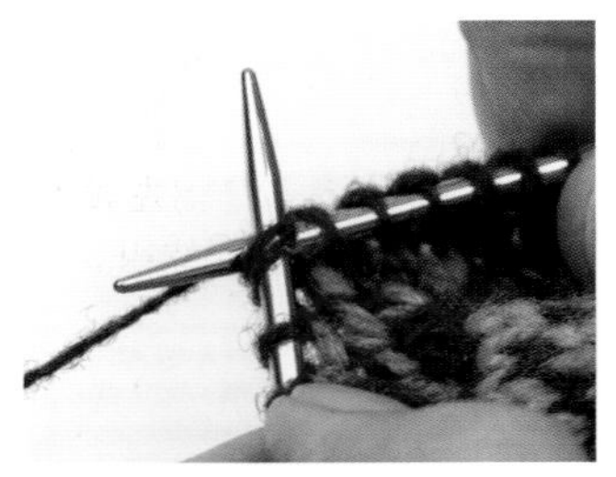

1. 将棒针以下针的方式先穿过左棒针上的第2针，再穿过第1针。

2. 把2针并在一起编织并从左棒针上脱落。

用什么颜色来表示?

不管使用哪种颜色来代表加针和减针，花样必须是连贯的。举个例子，在下方的编织图中，第4行加了1针，用花样色表示，这样看起来加的这一针就好像是连续花样的一部分。第8行减了1针，用背景色表示，否则就会有额外的1针多出来。

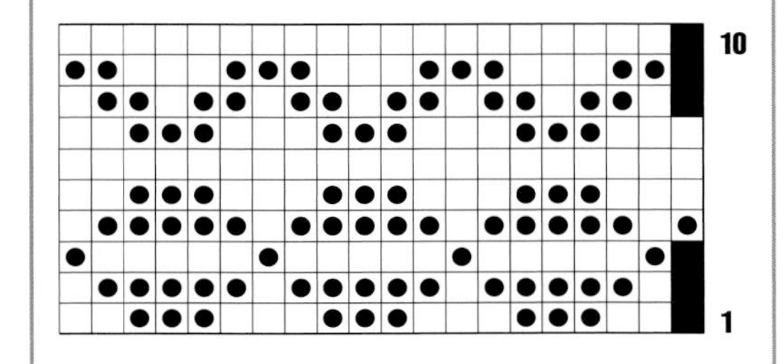

向左倾斜减针（下针右上2针并1针）

针圈向左倾斜，方向正好与下针左上2针并1针相反。

1. 下针方式将第1针和第2针分别挑过不织（每次只能挑1针）。

2. 将左针同时从这2针的前方线圈入针，如图把线绕在右棒针上。

3. 把这2针直接从棒针上挑下，留下新的1针在右棒针上。

提示

如果想织一件有曲线的费尔岛花样毛衣，可以试着更换棒针的型号：换小1号或小2号的棒针来织腰部。还有一个方法是在花样之间的平针行上进行均匀的分散加针或减针。使用这种方法的唯一缺点是可能会使花样的排列不再垂直对应。

纠错

编织的时候必须能够及时发现并纠正错误，最好可以隔一段时间就检查一下编织的花样是否有错。记住，发现错误的时间越晚，为纠正它而费的功夫就越多。

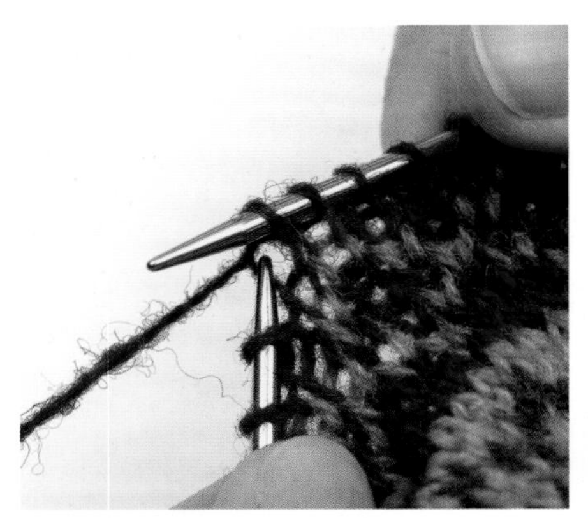

逐针拆

在发现问题时，有时需要一针一针地拆到错误的地方去改正它。

将织片正面朝自己，线拉到背面，左棒针从前往后插入右棒针上挂着的线圈下方的1行，然后把线从针上拉出拆掉这针。再把每种颜色织回去。

整行拆

有时需要把织好的整行都拆掉，然后再把线圈重新穿回棒针上。

拔出棒针，把织片放在平面上，然后把线轻柔地拆下来。需要记住一共拆掉了几行，还有曾织过的加针、减针、花样设计特点等。最后把线圈重新穿回棒针上，确保线圈的朝向正确。

复制针法

复制针法是一种在平针织物的表面模仿下针，在错误针脚的上面进行刺绣的方法，可以用它来遮盖小的错误。

也可以进行连续的横向复制针，将线头藏在背面，不断线地沿着花样行进行刺绣。

1. 将正确颜色的线穿过缝针。从织物背面将线沿着要绣的这一针底部拉出来。将针由右至左穿过要修改的这一针的上方一针。

2. 再把针穿回刚才入针的地方1针复制针就完成了。

织片的缝合

织片的缝合方法有很多，这里介绍的是一种缝在织物正面的隐形缝合法。

无缝缝合法

无缝缝合，或称为基奇纳缝合（Kitchener Stitch），常用于将两片未收针的织片进行隐形缝合。

这种方法需要编织1行，所以不管选择哪种线必须与要缝合的织片相适应。如果需要缝合的这一行正好在花样的中间，那么选择这个花样中针数最多的颜色，然后再把另一种颜色进行复制针操作。在右图中，下方棒针上的线圈全是蓝色，但是却用了米黄色的线缝合。

1. 将缝合部分3倍以上长度的线穿到缝针上。如彩图所示将要缝合的织片放在一起。从右向左，将缝针像织上针一样穿过下方棒针上的第1针，然后像织下针一样穿过上方棒针上的第1针。

2. 将缝针拉回前面，像织下针一样穿过第1针并将线圈从棒针上脱落。然后再将缝针像织上针一样穿过下一针，但是线圈继续留在棒针上。

3. 将缝合针像织上针一样穿过上方棒针的第1针，然后将线圈从棒针上脱落。再将缝针像织下针一样穿过下一针，但是线圈继续留在棒针上。重复第2和第3个步骤直到所有线圈全部缝合完毕。

3根棒针收针法

3根棒针收针法是一种无须缝合便可以合并织片的好方法，常用于缝合织片的顶部边缘，例如肩线。这种方法取代了每片收针再缝合的方法（这样会有一条明显的缝合线），用第3根棒针将两片织片并织在一起收针。如彩图所示在反面收针，可以将针脚完全隐形，或者在正面收针呈现特别的效果。

1. 肩部针不收，将其留在棒针上。两片织片正面相对，针尖朝同一个方向握在一只手中。另一只手持第3根棒针进行收针。

2. 将右棒针同时穿过2根棒针上的第1针并织，这样右棒针上就有1针了。重复并织第2针。

3. 将第1针套过第2针收针，不断重复直到所有线圈全部收完。

剪提花

剪提花是编织费尔岛花样需要掌握的一种技巧，这种技巧让编织者在编织费尔岛花样时可以一直环形编织，无须在袖窿、领口等开口位置停止。

环形编织可以用来编织很多衣物的主体部分，比如披肩、手套、帽子、袜子、裙子和包袋等。但是毛衣的身体部分需要对领口、袖窿、前襟等地方进行开口。剪提花是指先在需要开口的地方进行额外加针的处理，当编织完成后，再用剪刀沿着这些额外编织的针的中心剪开，形成用于挑针织袖子、领子或门襟的“暗口”。

在剪提花的位置额外增加的针数可以只有3针，也可以多至12针，通常情况是8至10针。中心的1针或2针可以用另外一种颜色来编织，使要剪开的地方易于分辨。当编织至剪提花的位置时，首要规则是同时使用花样线和背景线进行编织，编织时相互间隔1针，形成浮线很短的密集织片。

暗口的针脚应贴近背景线的衣物主体，形成向里的“折边”，这点非常重要。

如果使用传统毛线，比如设得兰羊毛线这种自身就有较强附着力的线，无须进行特别收尾便可直接剪开，针脚也不容易散开。但是如果使用的是没有附着力的线，那么请按照右边的方法对织物两边进行修整。

机缝或手缝针脚

使用机器或手工在剪提花的位置缝合针脚。推荐使用这种方法处理“滑溜溜的线”，例如水洗线、合成线或是用植物纤维或合成纤维制成的线，也适用于附着力不如细线的粗线。机缝针脚可以牢牢锁住毛线。

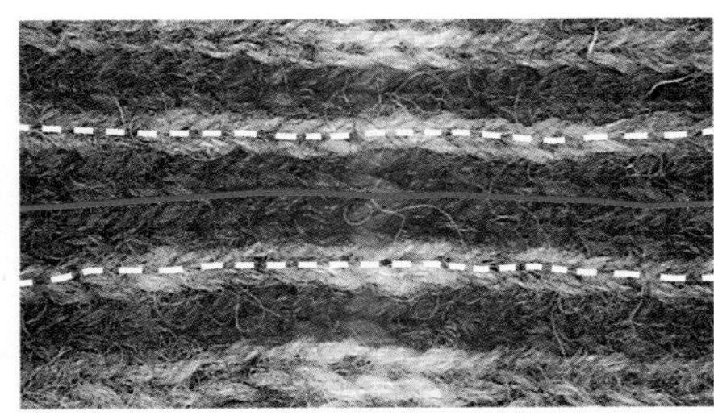

沿着靠近中间的两行针的中间缝线（白色线），剪开中间的针脚（红色线）。

1. 使用缝纫机，在靠近两行中心针脚的地方缝出1行针脚。如果没有缝纫机，可以使用普通缝衣针，用回针法手缝暗口。建议缝两遍以确保针脚牢固。然后在靠近两行中心针脚的上方位置缝出第2行缝线。

2. 小心地沿着中间线剪开，建议在反面操作，这样更容易一些，因为缝线不会隐藏在下针的凹陷里，所以不易与其他线混淆。将剪开的边缘折到反面盖过机缝线，也可以粗缝固定。将靠近身片部分的针脚挑起编织门襟或领子。

固定暗口

虽然这种方法比较费时，但是形成的边缘非常可爱。使用的钩针型号比棒针略小一些。

1. 翻转织片，让暗口的左侧靠近自己。通过将中间针圈的其中1针外侧半针和相邻的1针的半针用短针连接在一起的方式，钩1行短针。

2. 将最靠近中心针（加针针脚底部的针）的线圈以及下面的线圈挑起，然后挂在钩针上。

3. 钩针绕线，然后带线穿过挂在针上的2个线圈。重复1次形成1针短针。

4. 继续向左挑起一对对的线圈钩好。当钩至暗口一端的时候，断线收针。将织片180度翻转使右侧朝自己，重复步骤1~4直到钩至暗口的另一端，断线收针。

5. 仔细地沿着暗口位置剪开，也就是中间2针之间。剪开的边缘会沿着钩针的针脚自然卷向反面，形成整洁的边缘。也可以粗缝固定。将靠近身片的针挑起编织门襟或领子。

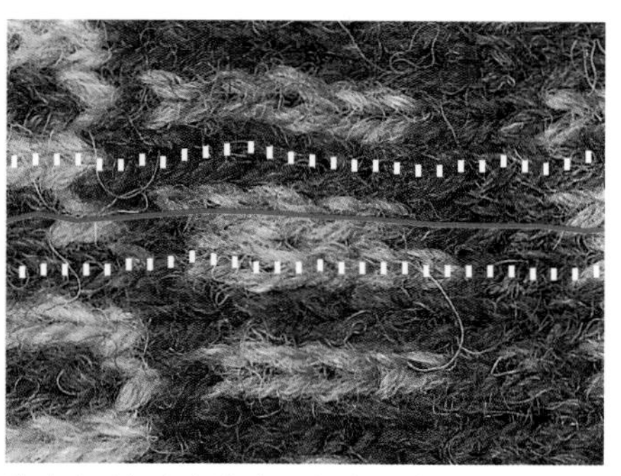

将中间针圈的其中1针外侧半针和相邻的半针钩在一起（白色线）。沿中间2针的中心线剪开（红色线）。

定型

对费尔岛编织来说，适当的修整是必不可少的。需要对织物进行轻柔的清洗和小心的定型。

织物在浸湿以后会变得异常的柔韧，很容易对其长度和宽度进行微调，例如缩小衣服的腰身或是拉长袖子，从而达到想要的造型效果。

经过清洗和定型，织物中大部分不平整的地方会神奇地消失，表面变得平滑。如果使用设得兰羊毛线，线会变得蓬松出绒，在织物表面形成可爱的纤维“薄雾”，呈现微微晕染的效果，衣物本身也会变得柔软和松驰。

1. 首先，将织物在微温的中性肥皂水中浸湿，轻轻按压，不要搅动。然后用相同温度的清水漂洗。把水倒掉，把织物放在水盆边上轻轻按压，挤出多余的水分，不要拎起来或是拧干以防织物被拉长。

2. 用吸水性强的毛巾把织物卷起来，用力按压，尽可能吸干多余的水分。

3. 把织物放在定型板上（见下图“毛衣定型板”），轻柔地摆出正确的形状，可以使用卷尺测量使尺寸精确。用防锈的安全定位针将织物固定位置，平放定型板直到织物完全干燥 。

提示

- 准备充足的定位针。
- 在定型板上晾干后，衣服的罗纹部分也会被拉伸开来。如果想让它收缩回去，需要再把罗纹部分浸湿使它松软，然后把罗纹部分收窄并扎针固定，最后晾干。
- 小心折叠，确保织物平铺。如果要存放过冬，用薄纸包好再折叠以减少褶皱，放一片雪松木以防虫蛀。

毛衣定型板

传统上，套头毛衣是在毛衣定型板上拉伸和定型的，毛衣定型板指的是一种形状类似毛衣但比毛衣略大的木制框架。可以根据织物的尺寸用厚纸板或泡沫自己剪一个定型板。

还有一种自制定型板的方法：把一块布铺到床上或垫着毛巾的垫子上，在其中一面铺上好几层绗缝好的棉被，再盖一层格子布，这样可以利用格子的坐标帮助测量织物的尺寸。

上图为设得兰人用毛衣定型板展示各种手工作品。图中的费尔岛服饰包括两件套头毛衣、一件背心、一件拉链开衫和一双袜子，中间是一条精致的蕾丝披肩。

配色原理

从上百种毛线颜色中选出合适的搭配并不是一件容易的事，如果可以掌握一点色彩原理，会在颜色的选择上更加得心应手。由于会涉及到一些专业术语，让学习增加了一些难度，但是一旦掌握了色彩的基础知识，会惊叹于它可以为设计带来的改变。

色彩专业术语

本部分内容涉及色彩混合，这有助于观察和分析周围环境的颜色。

- **色相（Hue）**是区别不同色彩最准确的标准，主要表示为红、黄、绿、蓝、紫等颜色的特征。色相的差别是由光波波长的长短产生的，即便是同一类颜色，也能分为几种色相。
- **明度（Value）**指人眼所能感受到的色彩的明暗程度，越接近白色则明度越大，越接近黑色则明度越小。
- **彩度（Chroma）**也称纯度或饱和度，彩度是指色彩的鲜艳程度，彩度高的颜色纯正而明亮，无彩色系（Achromatic）颜色的彩度为0。
- **中性色（Neutrals）**是无彩色系的另一种说法，描述了从白色到黑色的灰色范围内的颜色。中性色不属于冷色调也不属于暖色调。

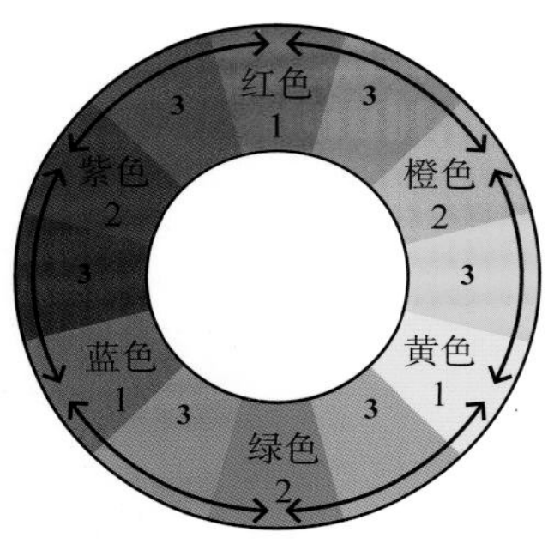

12色相环

这是较为常见的色相环，它有助于思考色彩排列的方式，并找出它们之间的联系。色相环由原色（1）、间色（2）和复色（3）构成。

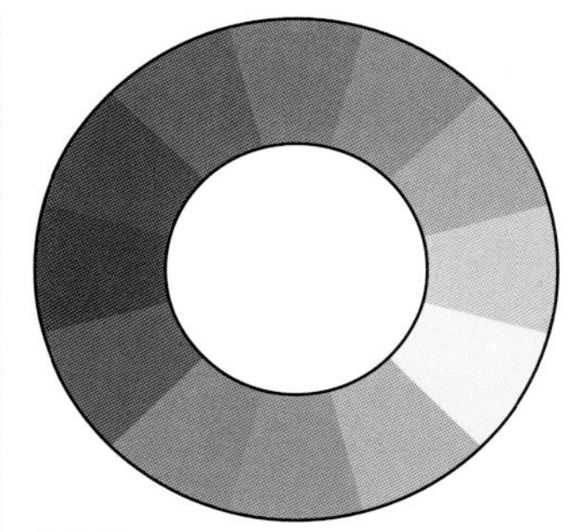

明度

上图展示了12色相环中色块对应的明度。可以看到黄色和紫色的明度差异较大，红色和绿色的明度接近。明度会直接影响到花样的醒目程度。

色相和明度

上面这张图片展示了同一种颜色的花样如何因背景的色相和明暗变化而产生戏剧性的改变。

红色的背景使米色花样呈现出灰色；黄色的背景使它呈现出白色斑点状；而蓝色使它呈现出橙色，尽管这是同一种米色。

当搭配的背景色明暗对比强烈时，花样就会完美地凸显出来。当花样的颜色和背景色明度接近时，不管它们的色彩区别多大，花样都可能与背景融合。最好的办法是把颜色想象成黑白的来检查一下。

色调的冷色和暖色

冷色调和暖色调是依据人心里感知的不同对颜色进行的划分。人们普遍认为红色和黄色是暖色调，蓝色和绿色是冷色调，但其实任何颜色都可以有冷暖的色调变化。在设计中，冷色看起来是冰冷、消极的，暖色看起来是温暖、积极的，在挑选花样色和背景色时需要考虑到这点。

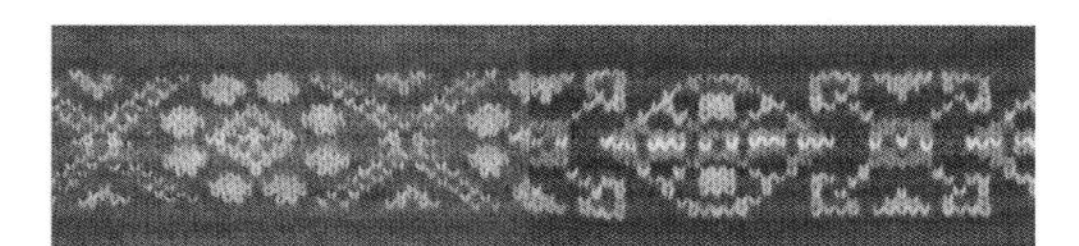

偏暖的红色　　　　偏冷的红色

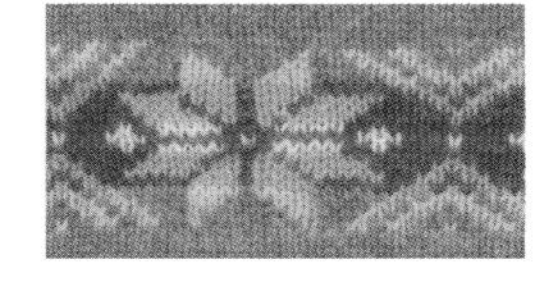

左图中的织片展示了冷色调的蓝色背景向下沉，而暖色调的花样向前突出的细节。

色彩搭配

色相环上有很多种公认的色彩搭配，这些可以作为费尔岛服饰色彩搭配的基础。

三原色

在本书中，三原色（红色、黄色和蓝色）是继羊毛本色之后最先介绍的搭配。使用三原色可以搭配出鲜艳、活泼的视觉效果。

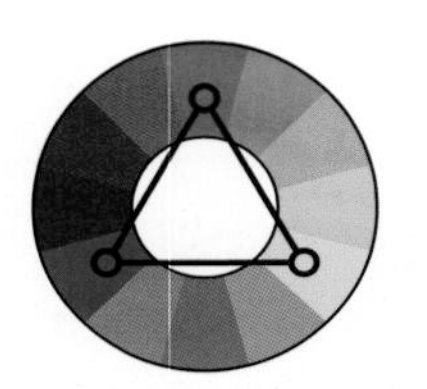

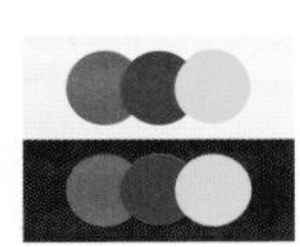

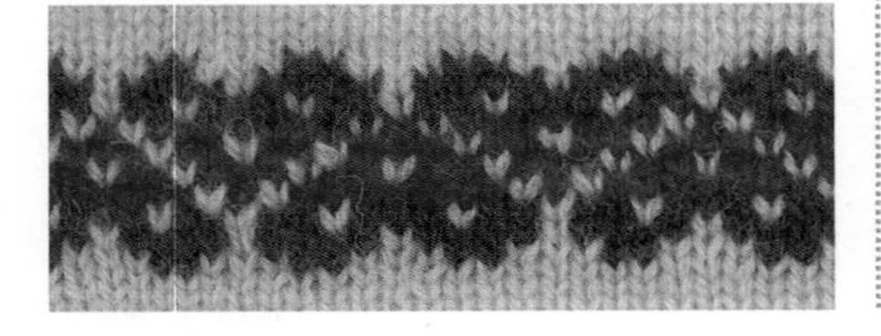

邻近色

邻近色指色相环上相邻的颜色，例如绿色和蓝色，或者红色和橘色。使用邻近色搭配的效果看着和谐又舒服，很容易达到微微交融的效果。

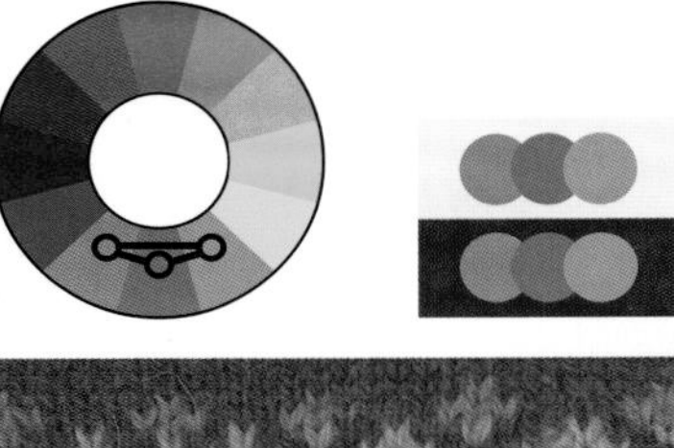

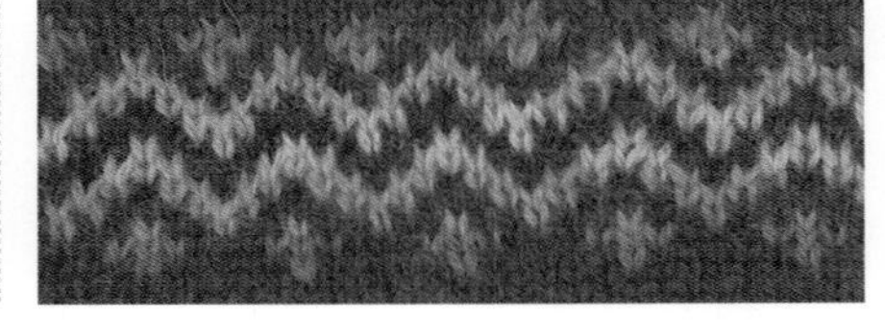

对比色

对比色指色相环上处于相对位置的两个颜色，搭配在一起会形成强烈的反差。这种急剧的反差效果一般仅用于点缀费尔岛花样的中间行，图中的红色和绿色就是一个例子。

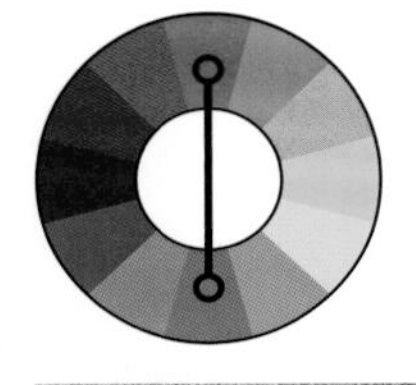

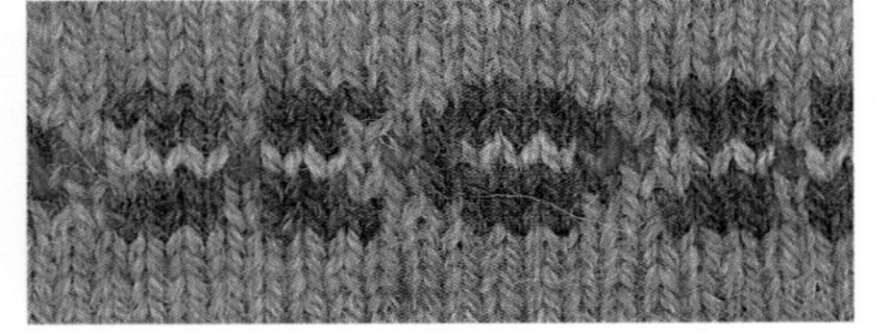

分裂互补色

如果在色相环上画一个等腰三角形，其中一个角在色相环的一侧，而另外两个角在对面，并且对面的两个角正好在对比色的两侧。这样的组合往往既平衡又协调，是值得尝试的色彩搭配。

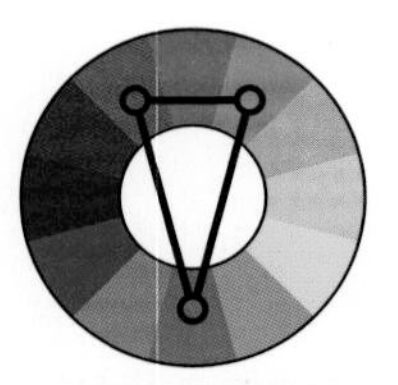

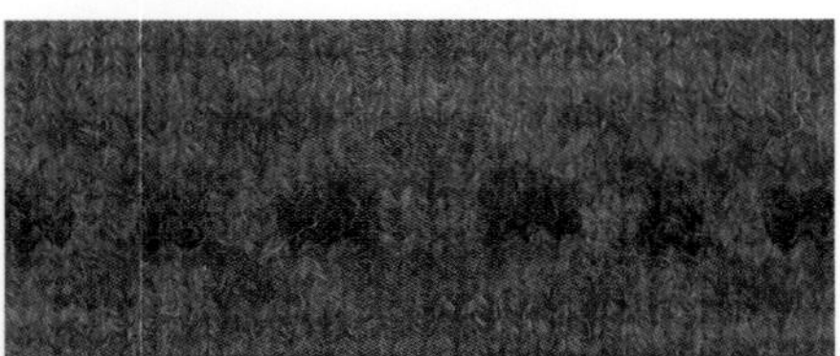

三角形配色

在色相环内以任意角度画一个等边三角形，三个角对应的颜色即是和谐的三角形配色。这也是一组最实用的对比强烈的颜色，使用时一般把其中一种颜色作为主色，另外两种作为配色。

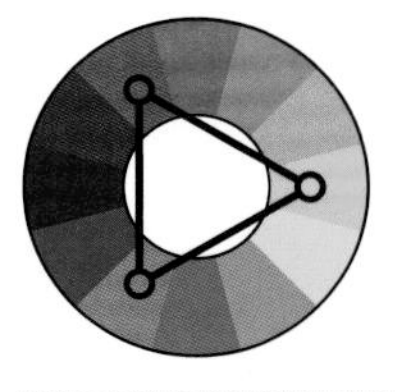

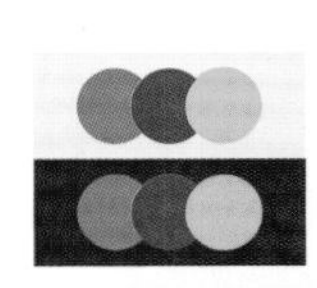

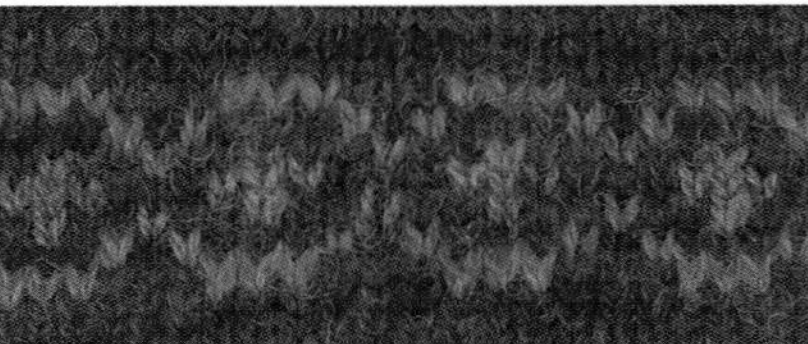

四角形配色

如果在色相环里画一个正方形或是矩形，四个角就会分别对应两种冷色和两种暖色。花样设计的时候可以把这两组冷色和暖色分别作为背景色和花样色。

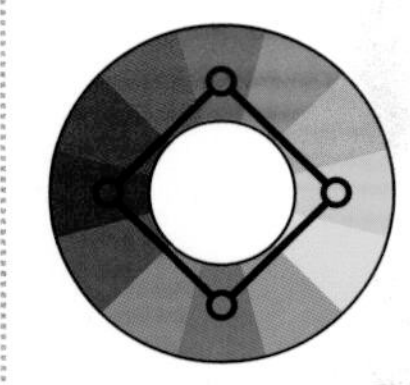

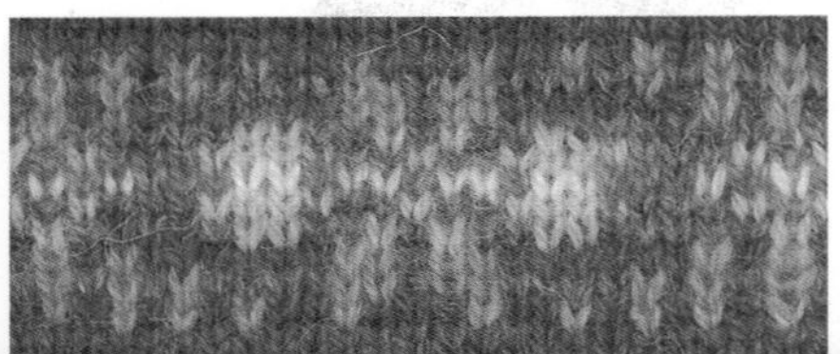

色彩选择

费尔岛花样的配色看上去非常复杂，这让挑选颜色成为一件困难的事情。然而，这种复杂的配色实际上在每行只使用了两种颜色。一种经典的费尔岛花样的设计是：花样环绕中心行对称排列，这种排列方式让费尔岛花样和色彩的选择变得简单。

选择颜色

1. 使用上一页介绍的方法挑选喜欢的颜色。挑选费尔岛花样的毛线颜色最重要的标准是毛线的明度（参考第29页的介绍）。请在自然光线下挑选一组亮色毛线和一组暗色毛线。

编辑颜色

2. 分别从亮色组和暗色组中选出三种颜色：最暗色、中间色的和最亮色。把选好的颜色依次排列，确保这两组颜色之间的对比足够强烈，亮色组的最暗色比暗色组的最亮色还要亮一点。确定哪一组做背景色，哪一组做花样色。

添加高光色

3. 在织物上增加一丝张扬的色彩可以产生画龙点睛的效果。花样的中心行是费尔岛编织的重点，在中心行点缀一点点华丽的色彩可以使暗淡的设计活泼起来。高光色一般会使用互补色或饱和度高的颜色。

提示

在费尔岛花样中，色彩的明度比实际上的色彩更重要。有一些小窍门可以帮助我们分辨色彩的明度：

- 把样品线扫描成黑白图片，或是拍照后转换成黑白色。
- 取一张红色或绿色的透明纸放在线的上面过滤掉线的色彩。
- 把眼睛眯起来看，使视野变成灰色。

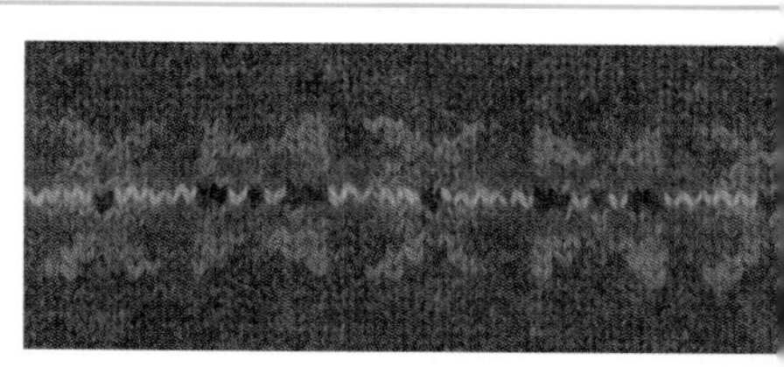

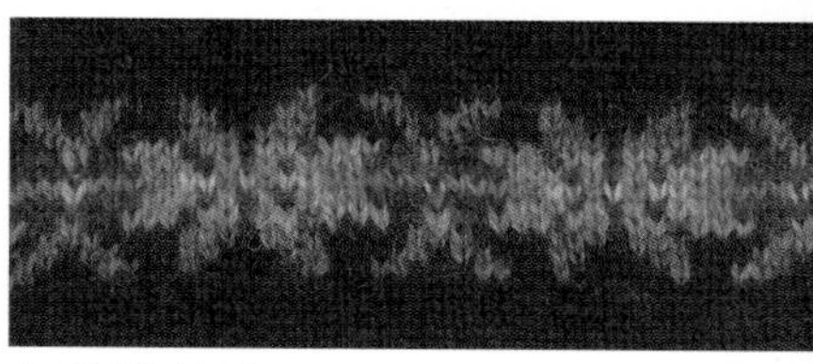

色彩的位置

要注意，色彩给人的感觉取决于它们摆放的位置。使用同样的颜色编织同样的花样（上图），但是不同的排列产生了明显不同的两种效果。

色彩的连接

使一件花样复杂的服饰总体上协调的窍门是，从镶边花样或者大花样中选取一种以上的颜色用于小花样中。下面的织片使用了120号花样和197号花样，但是更换为同一组配色，可以用这种方式把本书中的花样结合起来使用。

花样设计原理

传统的费尔岛服饰看起来很复杂。虽然花样设计需要技巧，但是拆解后发现它们都是由三种不同类型的费尔岛花样组合起来的。

1～7行的小花样

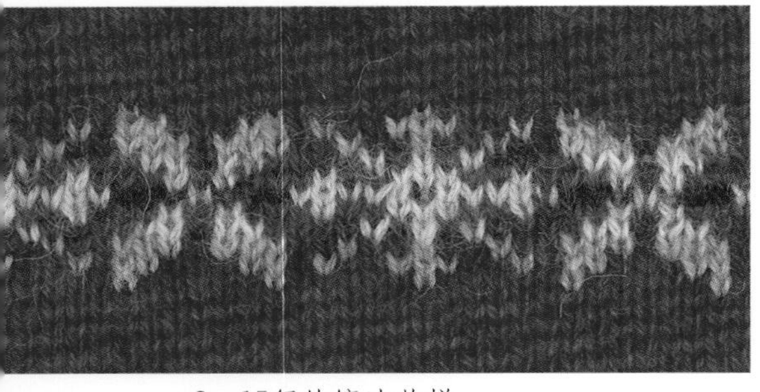

8～15行的镶边花样

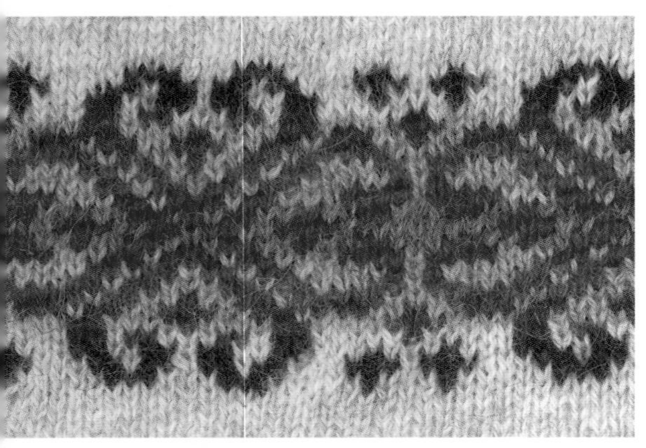

15行以上的大花样

花样的不同类型

小花样

小花样指行数为1～7行的花样。它们常用来间隔大花样，但是单独的小花样用在小的配件和宝宝服饰上也很可爱。偶尔它们也会像“种子花样”一样，一个叠一个地组合在一起——用于手套的手掌部分或是服装衣片的大面积处。

镶边花样

镶边花样在8～15行之间。这些花样有时候在服饰的边缘部分单独使用。但是更多时候，它们和小花样一起交替使用，形成我们熟悉的传统费尔岛套头毛衣的“条纹状”视觉效果。

大花样

大的费尔岛花样行数在15行以上，可与小花样和镶边花样组合使用于毛衣上，也可以单独使用于手套的背面。

传统的排列方式

我们从费尔岛博物馆选择了一些经典的作品来说明费尔岛设计的原理（参见下一页的图片）。传统的费尔岛服饰是由横条纹组成的，由连续的大花样和小花样重复交替组合而成。那些传统的颜色：绵羊黑、靛蓝、茜红和黄色在这里已经运用得相当成熟。大花样中使用的色彩使菱形块状花样显得活泼跳跃，而“条纹状”的视觉效果其实只是由大花样和小花样的交替产生的。

这种设计原理可以运用到很多例子中。通常在其他的服饰上只要加一点点费尔岛花样就能使服饰变得华丽起来。

提示

- 织毛衣的时候从肩部开始向下编织袖子的方法十分实用。袖口是最容易磨损的地方，用这种方法织袖子更便于修补：只需要把磨损的部分剪掉，然后重新加新线织到需要的长度即可。
- 很多费尔岛花样都是基于OXO花样设计的。OXO花样是一种菱形花样组合，是根据英国一种浓缩固体汤料的品牌而取的名称。一开始O比较宽而X比较窄，而到了折返的中点后，就变成O窄而X宽了。

A.大的OXO花样： 这种菱形块状花样可以交叉排列在其他任何条纹上。注意这件漂亮的衣服上的每个菱形块状花样里面都采用了不同的花样，而X形都是一样的，这使其显得细腻而精致。

B.小花样： 小花样组成的条纹与大花样条纹交替排列。在这件衣服中，同一种小花样贯穿在整件衣服中，甚至还用于领口。一般来说，整件衣服不会使用同一种小花样，尽管为了保持花样的连续性选择的小花样都十分类似。

C.波纹状条纹： 常用于身片的下摆和袖口的收针部分。也常用于收紧领口。下针部分和上针部分使用不同的颜色，一种颜色作为背景色，而另一种颜色作为花样色。在这件衣服中，始终使用了靛蓝和绵羊白。用多种颜色来编织波纹状条纹也可以成为惹人喜爱的设计元素之一。

D.剪提花： 袖窿和V领部分是连接剪提花的暗口编织而成的，这样可以使编织者连续进行环形编织。袖子是从剪开的边缘挑针然后向下编织至袖口部分。

E.肩线： 是将小花样条纹在中间对接在一起，优雅地完成整个设计。

F.花样的位置： 这需要经过仔细的设计和测算。这里OXO花样正好在衣身前片的中间交错排列，重复小花样的中点正好在衣身前片的中间针脚上。尽管小花样并没有精密计算到刚好与大花样对齐，但这并不重要，因为视觉上只会注意到衣服正中间的地方，所以这件衣服看上去是非常是完美的。

服饰设计运用

这本书最重要的部分就是对设计花样的收集。虽说教一些费尔岛服饰设计的知识好像超出了本书的范围，但是能为编织者在服饰中运用这些花样提供一些参考。

从简单的花样开始

费尔岛编织是一种需要不断学习和练习的技能。可以通过翻阅本书的花样，感受它们是怎样构成的来学习费尔岛编织，但是没有什么可以像亲自动手编织一样。学习费尔岛编织必须经过实践，而不是仅凭兴趣。

对于新手或是熟手学习新技巧来说，围巾通常是编织的入门项目。因为费尔岛编织最常见和最容易的就是环形编织，所以编织筒状物也是一个较好的起点。

编织的筒状物极其柔韧且适用范围广泛。如果只织了一些连续花样，那么可以把这个筒状物织成帽子；也可以改变原来的方案，织成一个小靠垫或是暖手筒；如果热衷于尝试不同花样，可以一直编织到1米长，那样就拥有了一条暖和舒适的围巾了。无论最后的成品是什么样子，都会拥有一个密度样片和试织花样样片，方便用来设计其他服饰。

从购买多种颜色合适的线开始，起足够的针数以适应40厘米长的环形针，织几行波浪状罗纹边，然后选择感兴趣的花样和线织进管状织物中。如果花样的针数和挂在棒针上的针数不匹配，请参考第36页的说明对针数稍作调整。

现有花样调整

这对有些编织者来说是一个很好的起点，胜于自己画图来设计整件服饰。通过替换花样、选定自己的色彩搭配，可以创造出独一无二的服饰，同时也是对费尔岛花样设计指导思想的一些实践。

编织的时候要按照花样说明先织一个样片。如果换了线，那么就用计划使用的线和原定的花样组合来织样片。这样会对怎样结合服饰要求调整花样有所启发。

如果需要替换线和花样，有以下三点需要考虑：

密度： 用其他线编织的密度应该与编织说明相符合。

花样的连续重复： 为了使编织更容易，挑选的花样针数必须和服饰的总针数相符合。

行数： 挑选的花样行数组合后应该与服饰的长度相符合。

通过编织筒状物来练习费尔岛编织。可以织成暖手筒、围巾或帽子。

提示

运用费尔岛编织最简单的方法就是沿着底边到领口按照色谱来排列颜色。在手套中可以织一个简单的小花样来点缀，在服饰的胸口部分可以织一个大花样来提亮。

套头毛衣设计

在编织前进行精细的设计，并按照事先设计的工序一步步进行可以让编织更为顺利。如果计划编织一副简单的手套，那么最好事先测量一下尺寸，编织一个密度样片并计算出合适的针数和行数。

1 初步的构思

在计划编织一件衣服（如套头毛衣）之前，你应该已经编织过一些小的织物或样片，结合这些实践的经验和本书所带来的灵感，使用存线或一些特别颜色的线，这促使你形成初步的构思，并进行草图的绘制。

利用草图来排列选定的图案。小花样和镶边花样是要横向交替排列、纵向排列，还是铺满整件衣服呢？这时需要注意考虑好把哪个花样放在衣服中间。想要织圆领还是V领？这时注意肩线的缝合处，花样是否刚好符合还是需要在肩线位置加一组小花样？当反复思考并开始设计的时候，可以在草图上做一些笔记。

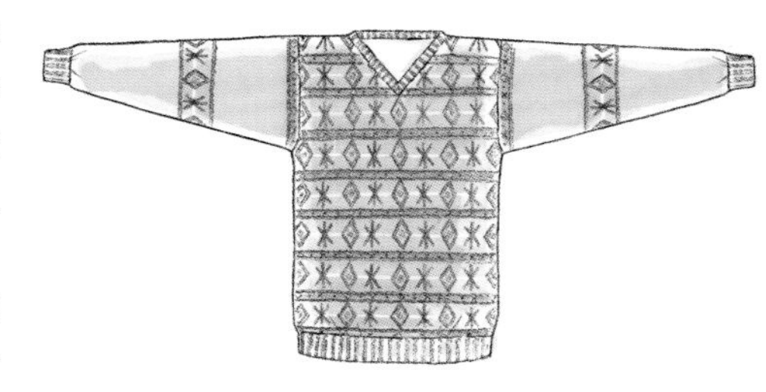

通过完成一定数量的草图来构思——考虑花样的排列，领口、肩部的合拢和色彩等。

提示

要想对花样的位置进行编排，可以试着复印本书上的花样，把它们剪成条状，挨个排列在一起。尝试不同的排列方式，可能需要额外加进一个花样以使衣服看起来平衡，也可能会对哪些花样放在一起比较好、一组花样重复排列几次、中间位置要放哪个花样等产生一些灵感。

提示

对你最喜欢的毛衣进行测量并记录下这些尺寸与直接在身体上测量的结果有何不同。传统上，费尔岛编织的衣服有很大松量，男士的服装一般是净胸围加12.5厘米；女士的服装是净胸围加10厘米；儿童的服装是胸围加10厘米，或者是加胸围尺寸的1/10。如果你的测量数据来自一件成品衣服，那么尺寸就已经计算好了。

2 测量尺寸

准确的尺寸是通往成功的钥匙，所以要在草图上记下所有重要的尺寸：

- 胸围（1）
- 背长——后颈到腰部或臀部（2）
- 袖下线——手腕到腋下（3）
- 袖山高（4）
- 领宽（5）
- 手腕围（6）
- 臀围（7）

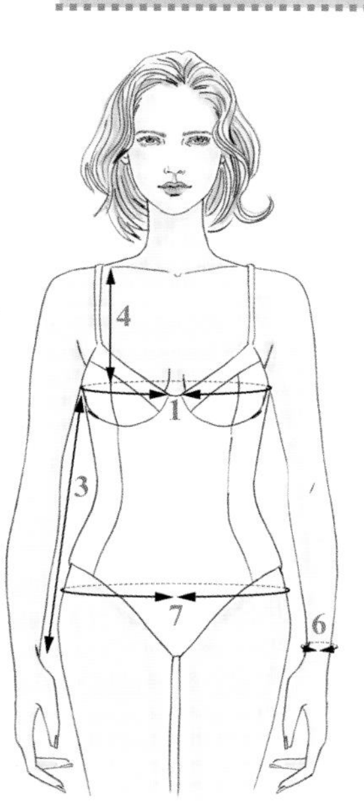

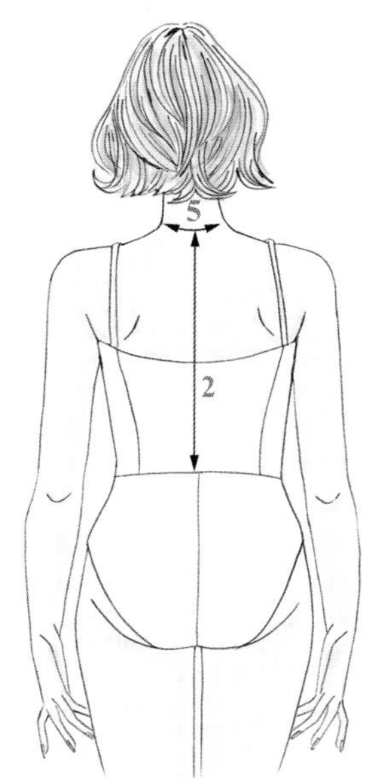

3 确定编织密度

用打算编织成衣的线、花样和规定型号的棒针织一个足够大的编织密度样片（见第12、13页）。

尤其要注意织片中平针编织的行数。平针编织形成的行的密度大于针的密度，所以要确保样片的平针行和提花行的比例与计划的比例相同。这个密度样片将决定所有的最终数据。

4 根据宽度确定针数

要计算需要起多少针，就把衣服的宽度×2（因为衣服是环形编织的，需要同时起足前片和后片的针数）。然后把这个数字×标准样片中1厘米内的针数。

举个例子，如果样片针数是10厘米=32针，而衣服的胸围是90厘米，那就是90厘米×3.2。

5 根据长度确定行数

要获取总行数，将要织的衣长×密度样片中1厘米内的行数。例如，如果密度算出来是10厘米=32行，而想织的衣长为50厘米，那么就是50厘米×3.2。

然后，按照这个方法计算出其他各部分的数据并标注在草图上。

密度样片针数	32针=10厘米
针数密度	3.2针=1厘米
毛衣尺寸	45厘米×2（前片和后片）=90厘米周长
宽度总针数	3.2针×90=288针

规格样片行数	32行=10厘米
行数密度	3.2行=1厘米
毛衣尺寸	50厘米
长度总行数	3.2行×50=160行

6 核对设计数据

选定花样的重复次数必须与总的针数相吻合。所以如果总针数为140，那么可以将花样重复2、4、5、7、10、14或20次。花样的行数也要与总长度相吻合。

如果花样重复无法与需求吻合，还有一些小窍门：可以调整一下重复针（见左侧方框），另选一个相似的花样，或是调整衣服的总针数——前提是这种调整不会给成衣尺寸造成较大的影响。

调整衣服的行数较为容易的方法是，增加小花样的行数，或是在花样之间增加平针行，或是加一条波浪罗纹边（见第17页）。

本书中的花样是按照行数来分类的，然后是针数，这样可以快速而方便地找到符合要求的花样。

调整重复针

有时想要的花样针数并不能很好地适应衣服的需要，可以通过调整重复针数来使花样变得合适。

例如，177号花样是一个13行×16针的连续重复花样，可以很容易地通过将○X○花样的X部分放大或缩小来调整（见右图）。

在格子纸上练习一下放大和缩小其他花样吧。

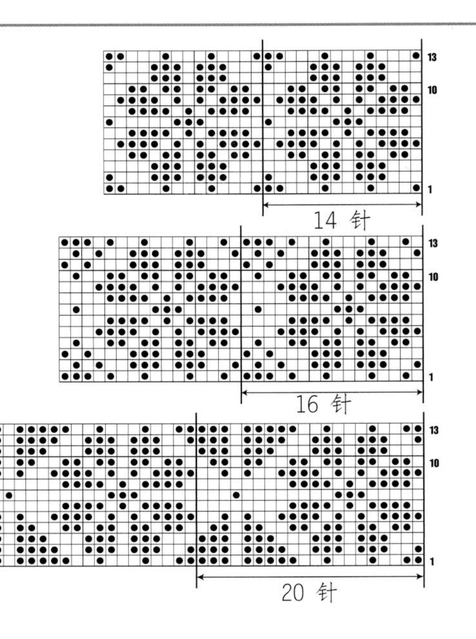

7 花样的排列

要使花样居中，必须要让花样的X部分或是O部分的中点位于毛衣前片的正中间。如果花样重复的次数为偶数，后片和前片的花样就不会全部是完整的，这意味着行首需要稍作调整。如果花样重复的次数是奇数，虽然后片和前片的花样全部是完整的，但是肩膀上的花样就没办法对应了，可以在肩部合拢的地方织一个小花样来弥补。

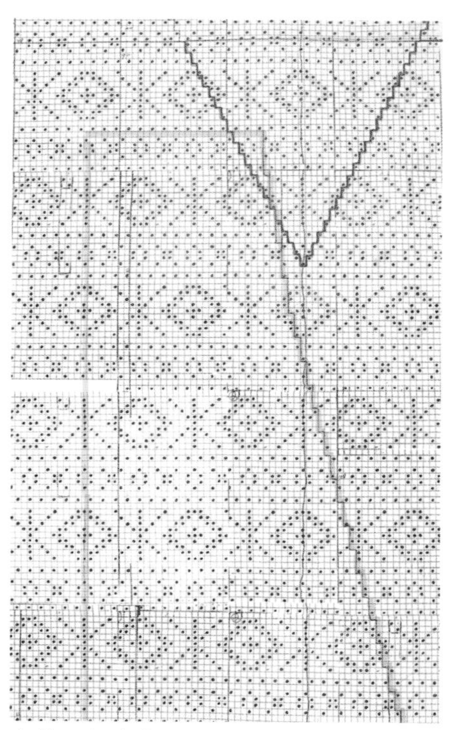

在格子纸上按照最终方案画出编织图。红色线（上方）表示领口位置，黄色线画的是袖子的编织设计。

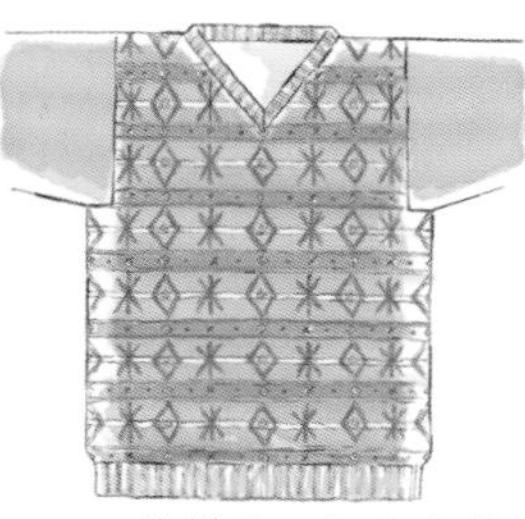

花样的X部分或是○部分的中点应该位于衣服的正中。

垂直的花样设计的边缘部分应该是一个完整的X或○，或是它们的一半。

设计开衫

开衫的设计与套头毛衣相比非常简单，区别是开衫的前片有开口。花样也许依然在前片居中位置，而后将会被门襟分割开来，或者花样直接从计划开门襟的其中一侧开始。需要特别考虑的是花样变化后纽扣和扣眼的位置。

设计育克毛衣

育克毛衣不管从上往下织还是从下往上织都可以。

如果从下往上织，身体的下面部分和袖子部分到袖窿开口处为止都是分开织的，然后在袖窿的地方将它们连起，再对育克部分进行一片式圆肩编织，按照固定的间隔减针，在没有花样的行上均匀减针直到领口。

如果从上往下织，从领口开始起针，然后按照固定的间隔进行加针直到育克部分织到腋下开口，然后从这里开始把针数分成3部分——分别用来编织左袖、右袖和身片。

“树”形花样（例如177号花样）尤为适合编织育克毛衣。

8 最终方案

最后，把所有的调整和数据写下来。重新画一张有准确尺寸的草图，并标注好剪提花的位置和增加的针数。在格子纸上画好最终定好的花样设计编织图，花样的位置也要准确到位。在编织图旁边用胶带粘上要使用的各种毛线，并注上线的色号，这个做法非常实用，可以快速的知道在什么时候使用哪种线。

这件运用了灰色、绿色和蓝色系毛线的毛衫，就是按照本书所列出的步骤设计的。

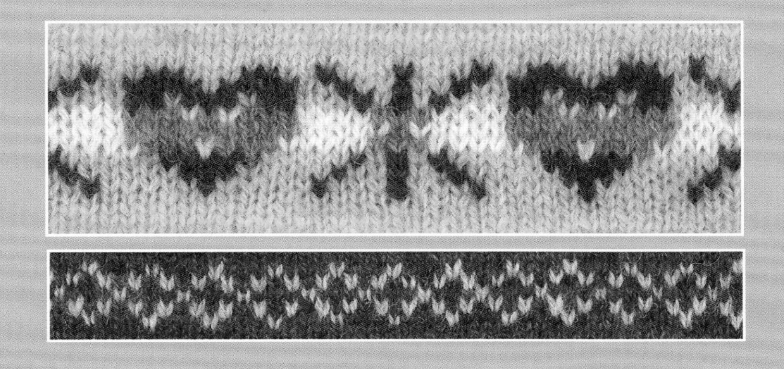

200款花样图典

图典中用彩图罗列了所有的可选花样。这些花样本身是以行数和针数来排序的。这200款编织花样中，每个花样都配有一张实物等大彩图、一个黑白编织图、一个彩色编织图、一个其他配色编织图和一个连续花样编织图。

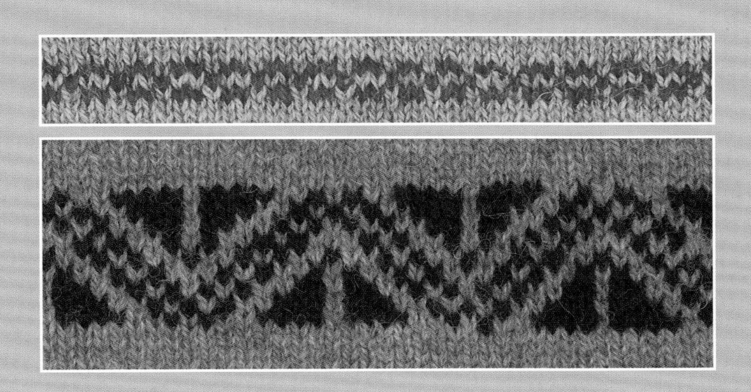

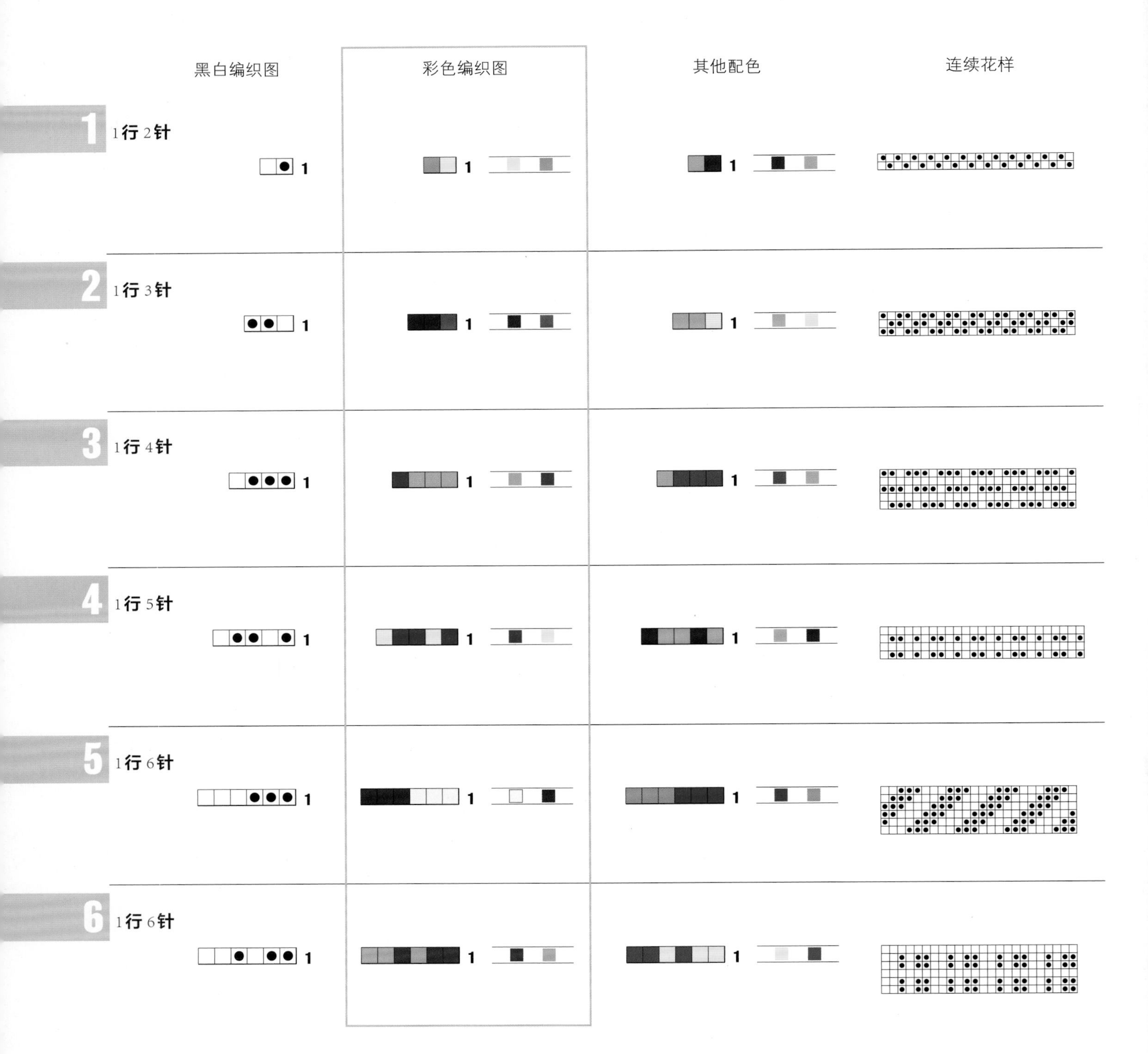
黑白编织图
彩色编织图
其他配色
连续花样
1
1行2针
1
2
1行3针
1
3
1行4针
1
4
1行5针
1
5
1行6针
1
6
1行6针
1

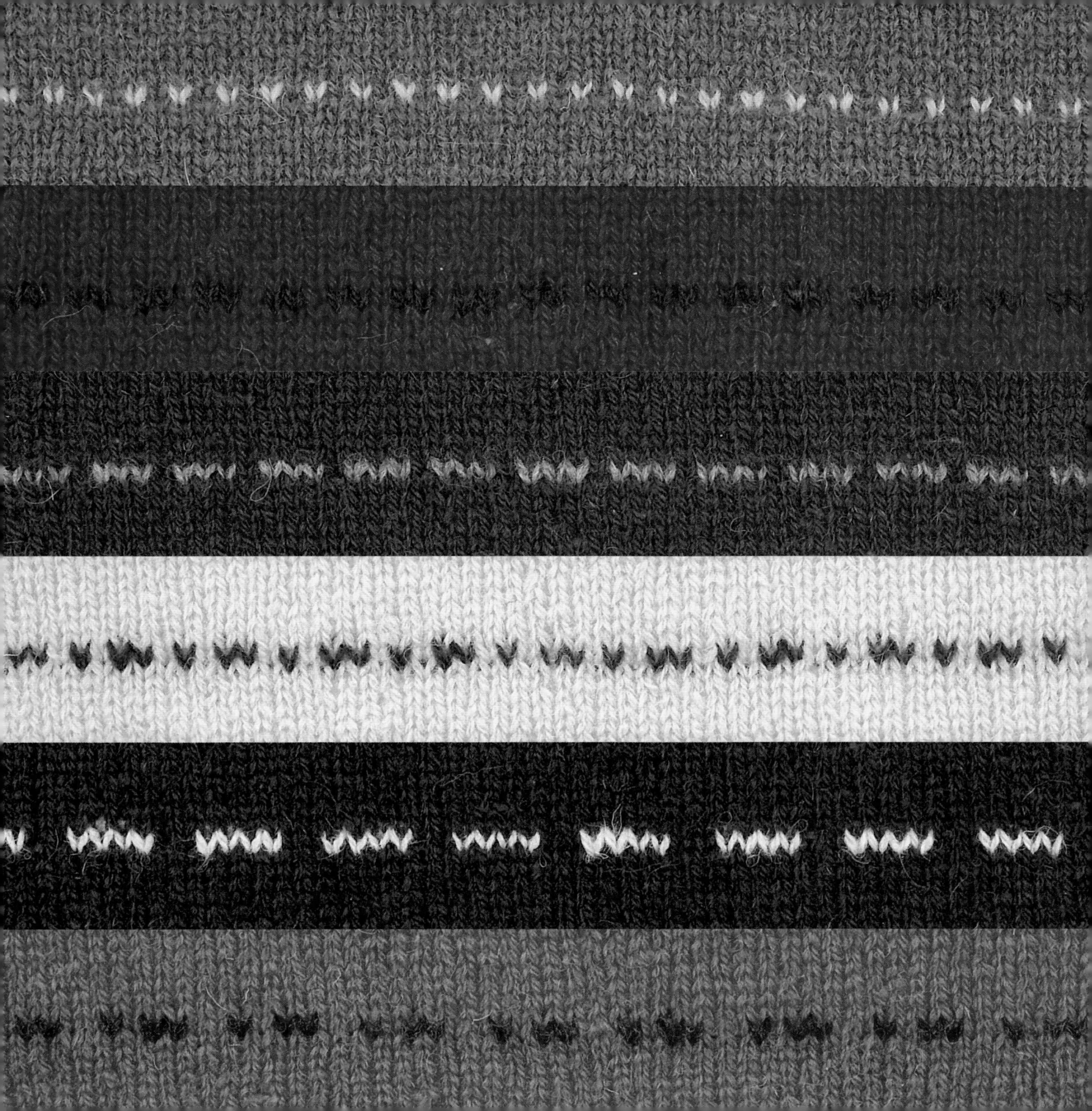

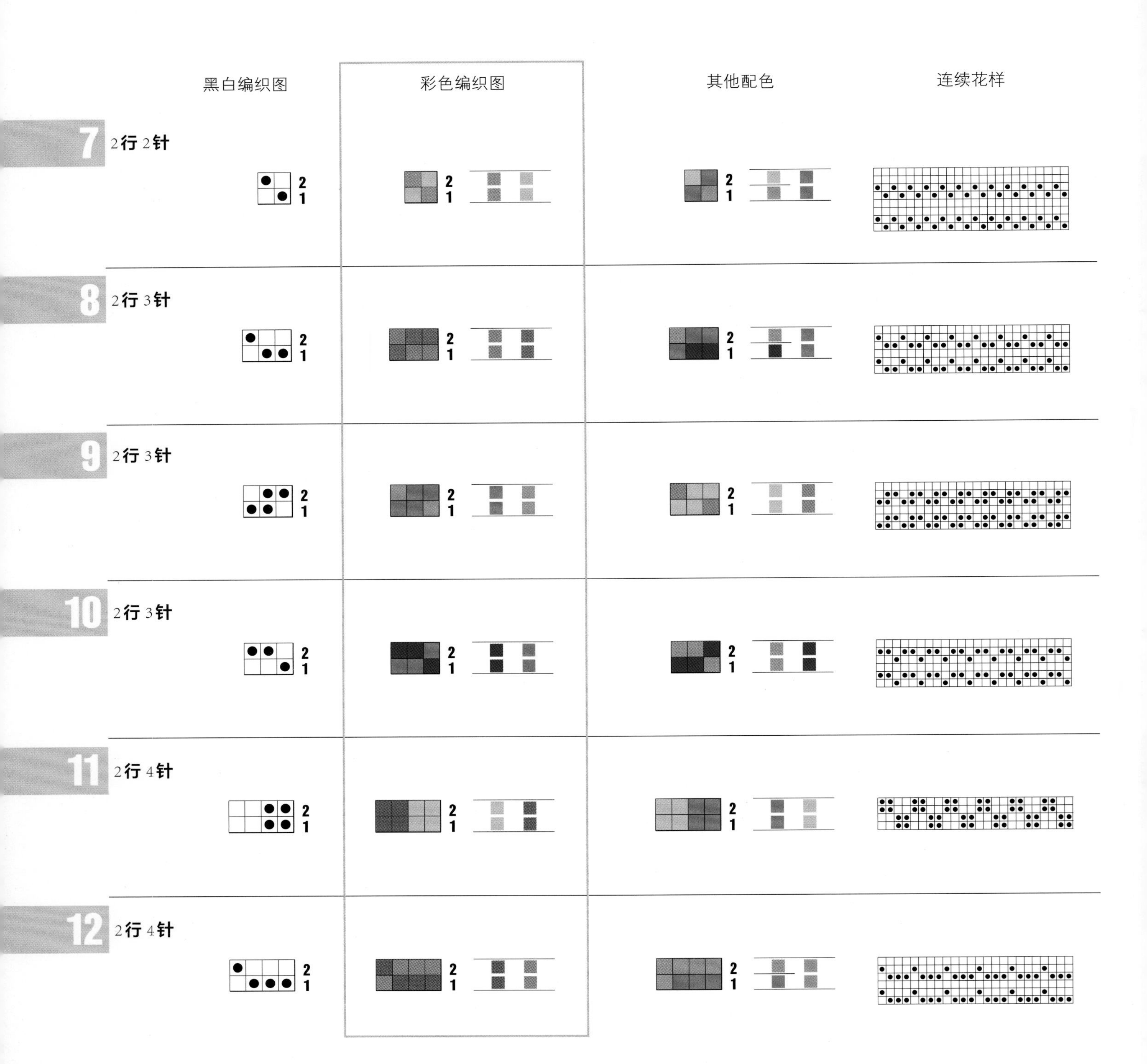
黑白编织图
彩色编织图
其他配色
连续花样
7
2行2针
8
2行3针
9
2行3针
10
2行3针
11
2行4针
12
2行4针

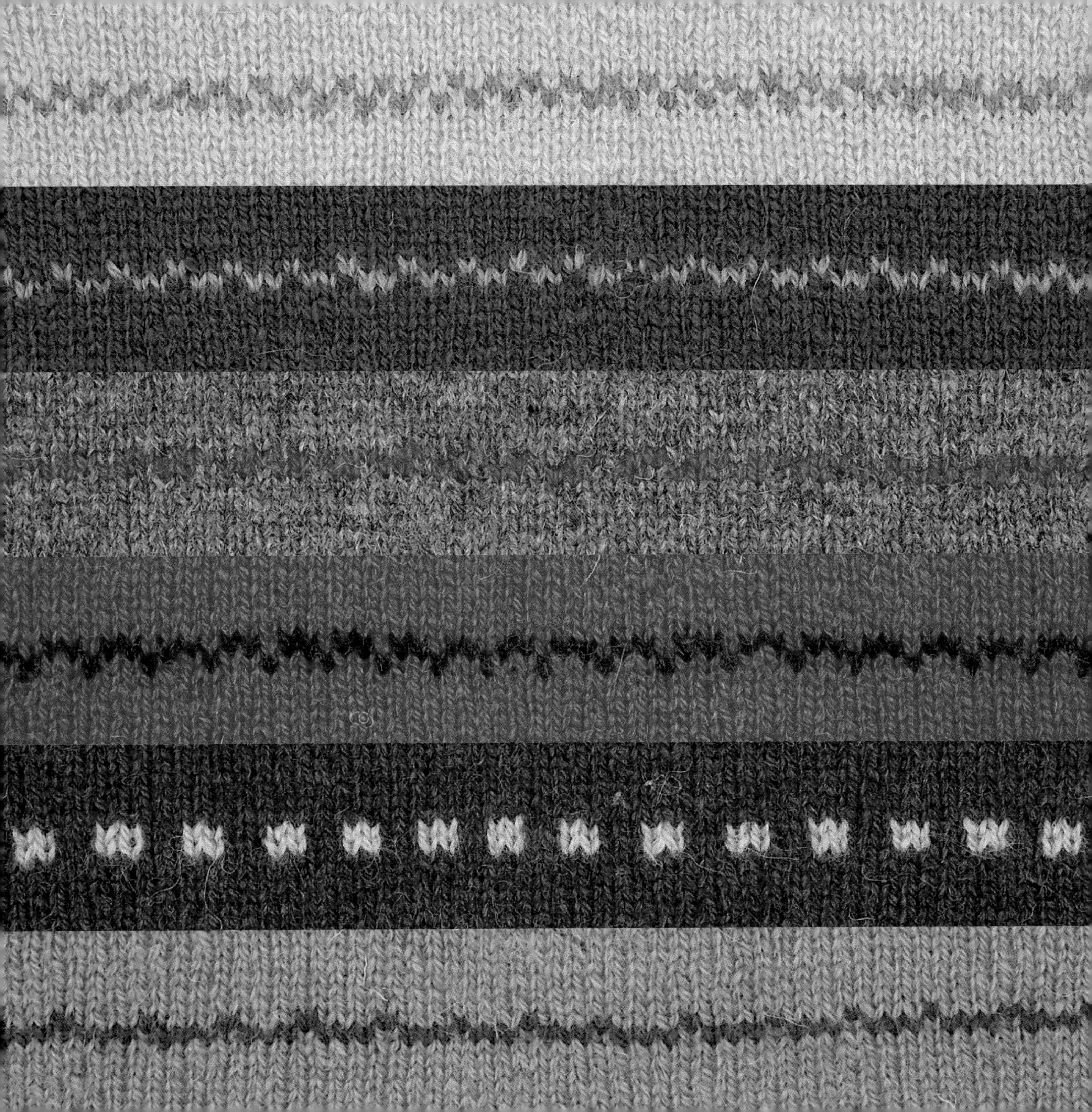

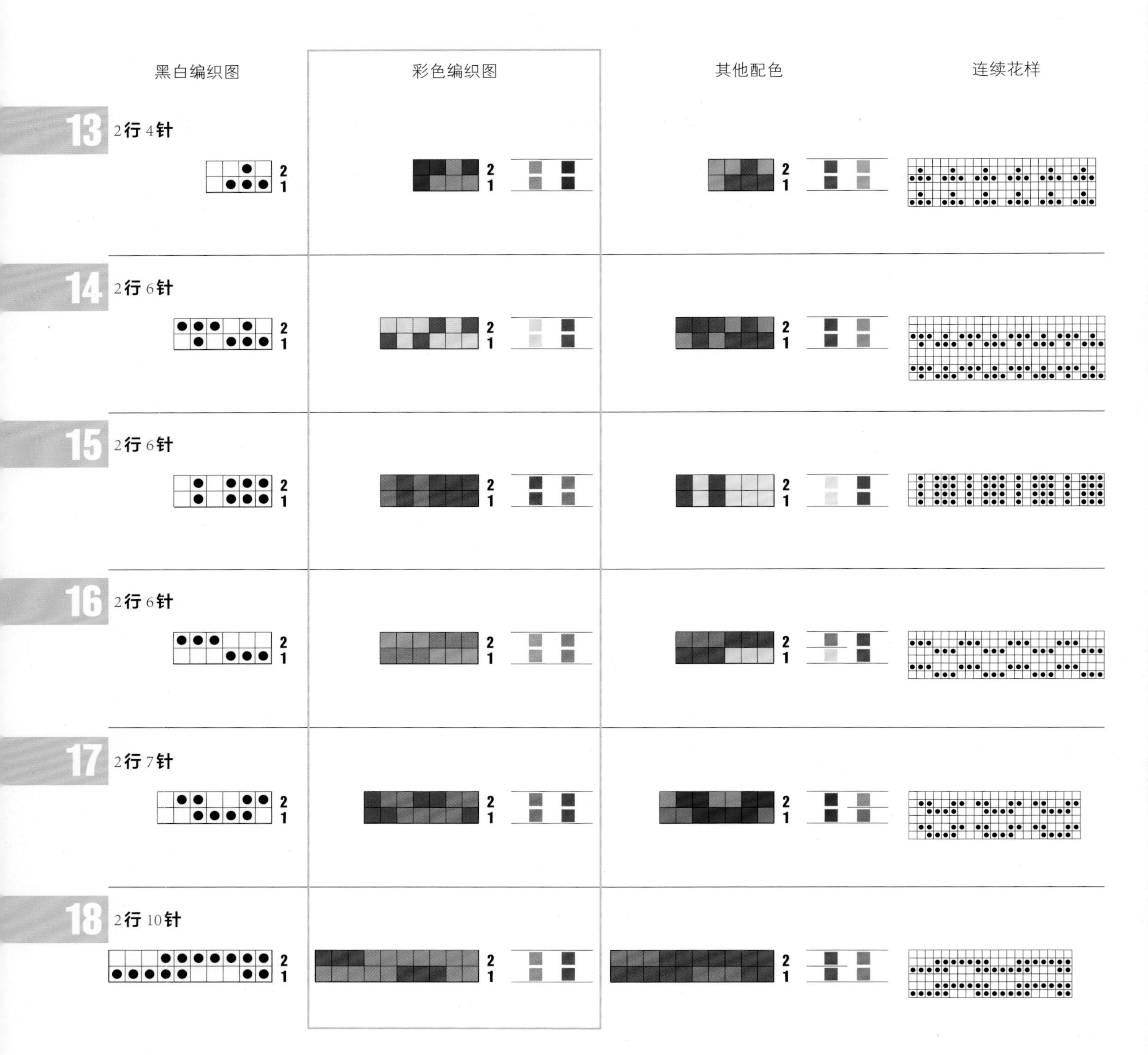
黑白编织图
彩色编织图
其他配色
连续花样
13
2行 4针
14
2行 6针
15
2行 6针
16
2行 6针
17
2行 7针
18
2行 10针

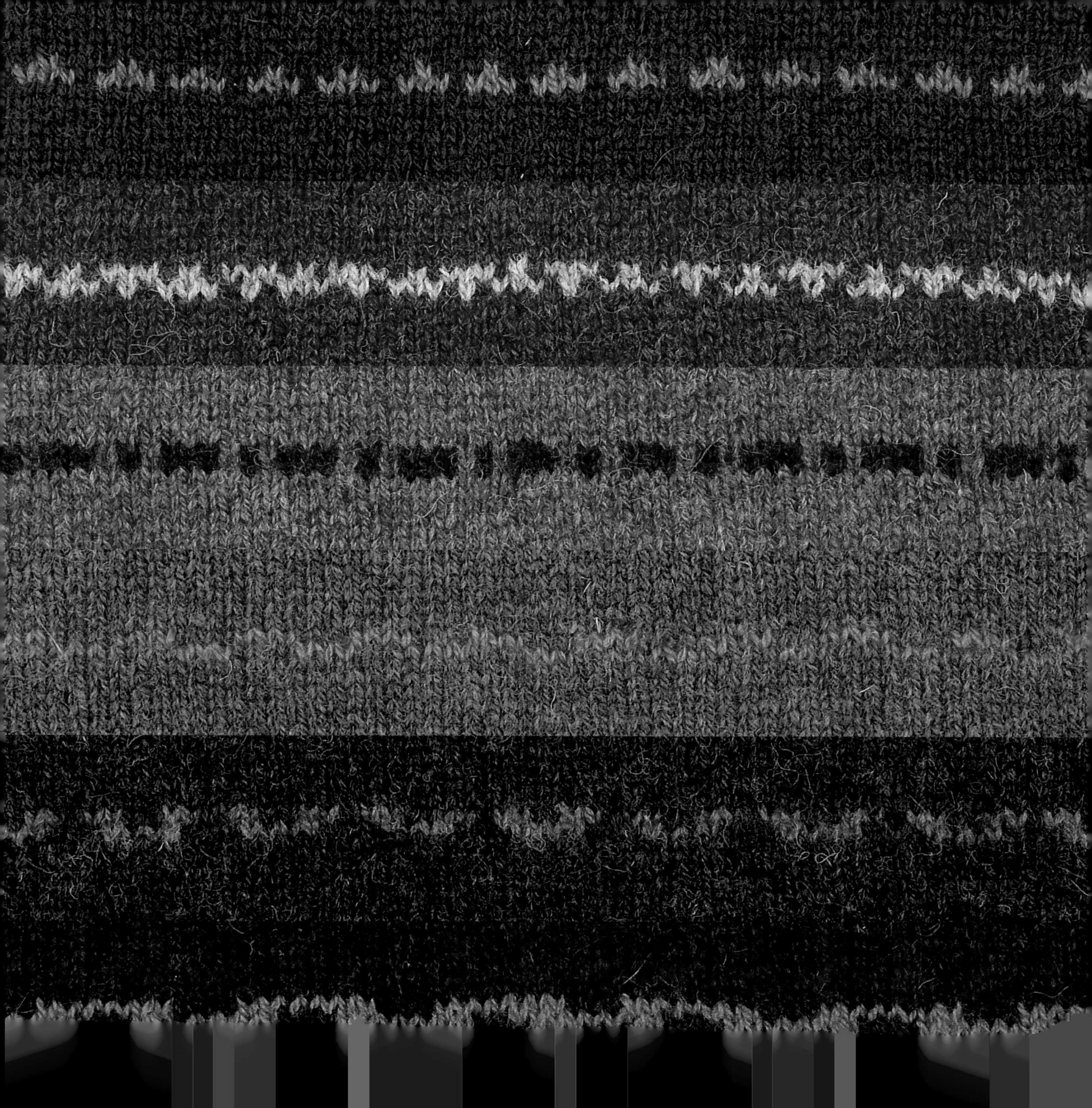

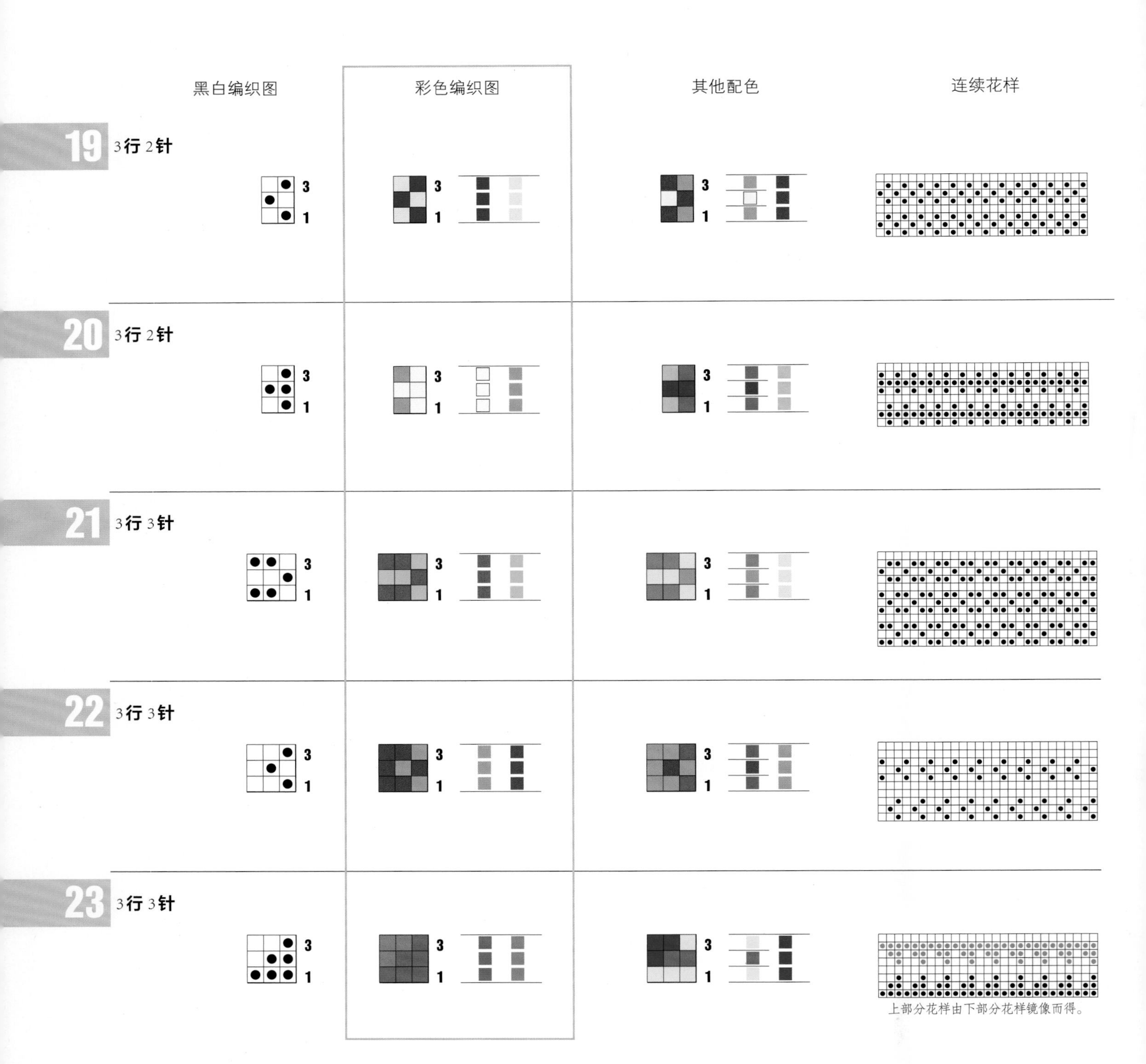
黑白编织图
彩色编织图
其他配色
连续花样
19
3行2针
20
3行2针
21
3行3针
22
3行3针
23
3行3针
3
1
上部分花样由下部分花样镜像而得。

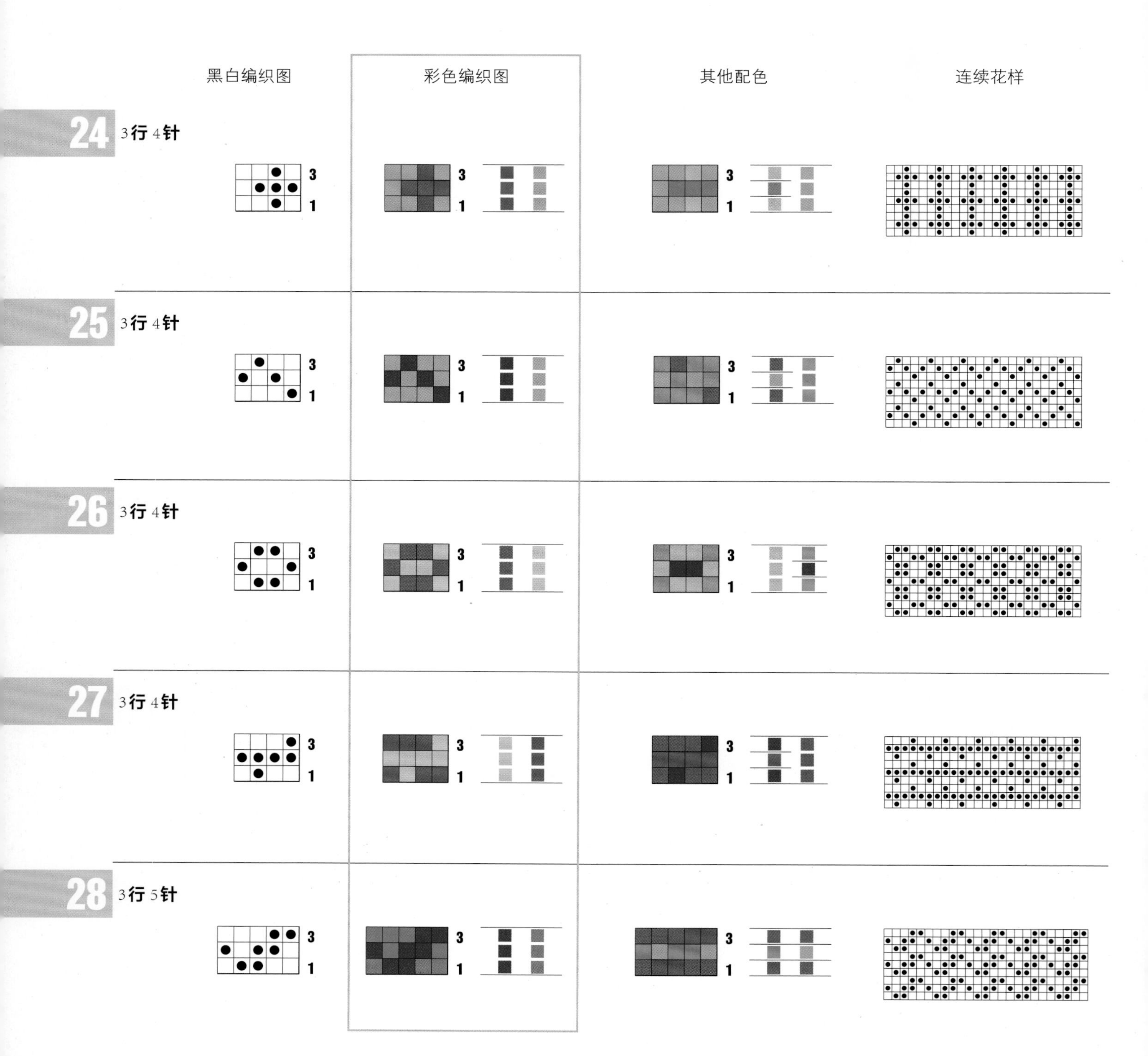

黑白编织图
彩色编织图
其他配色
连续花样
24
3行 4针
25
3行 4针
26
3行 4针
27
3行 4针
28
3行 5针

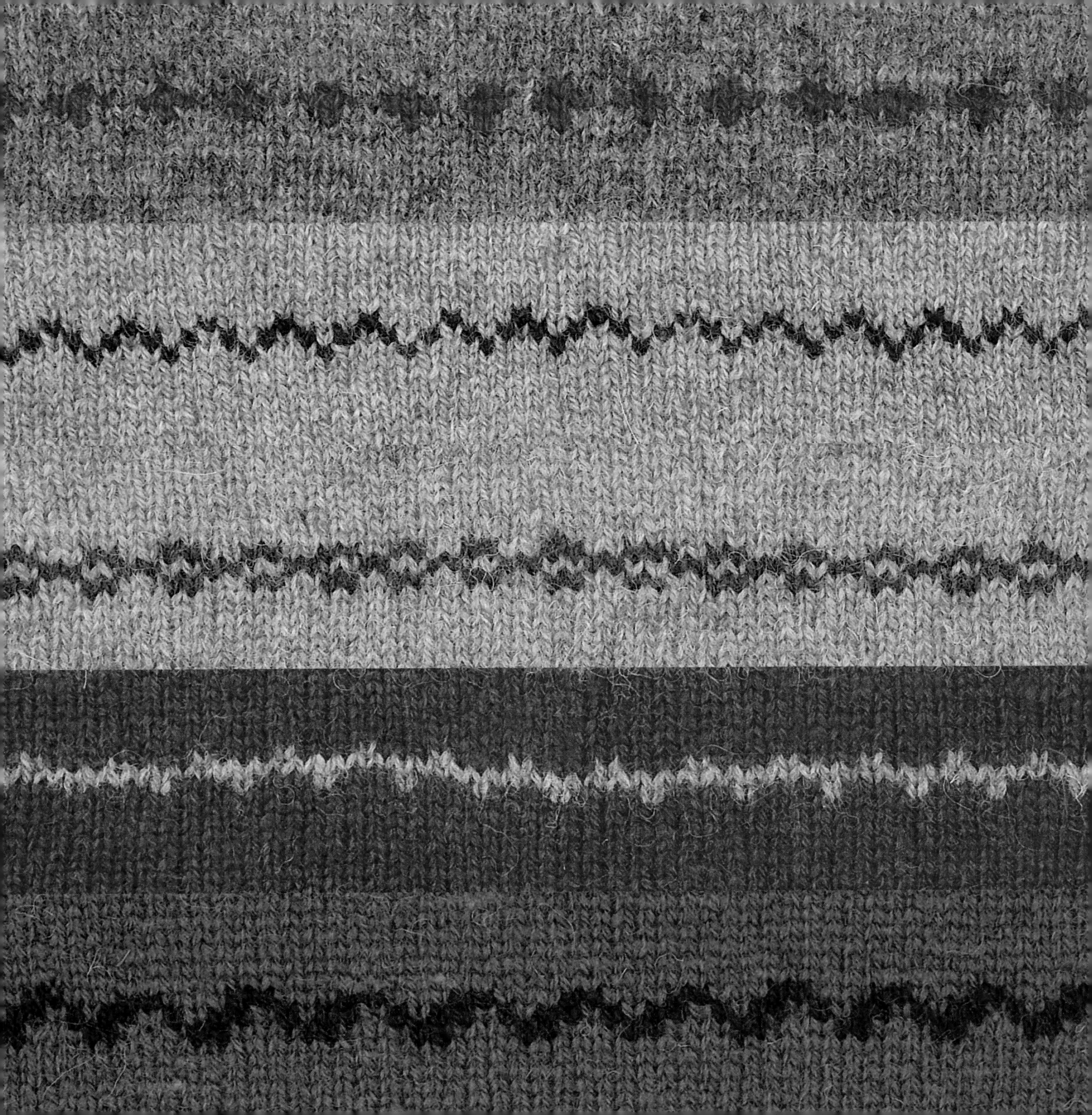

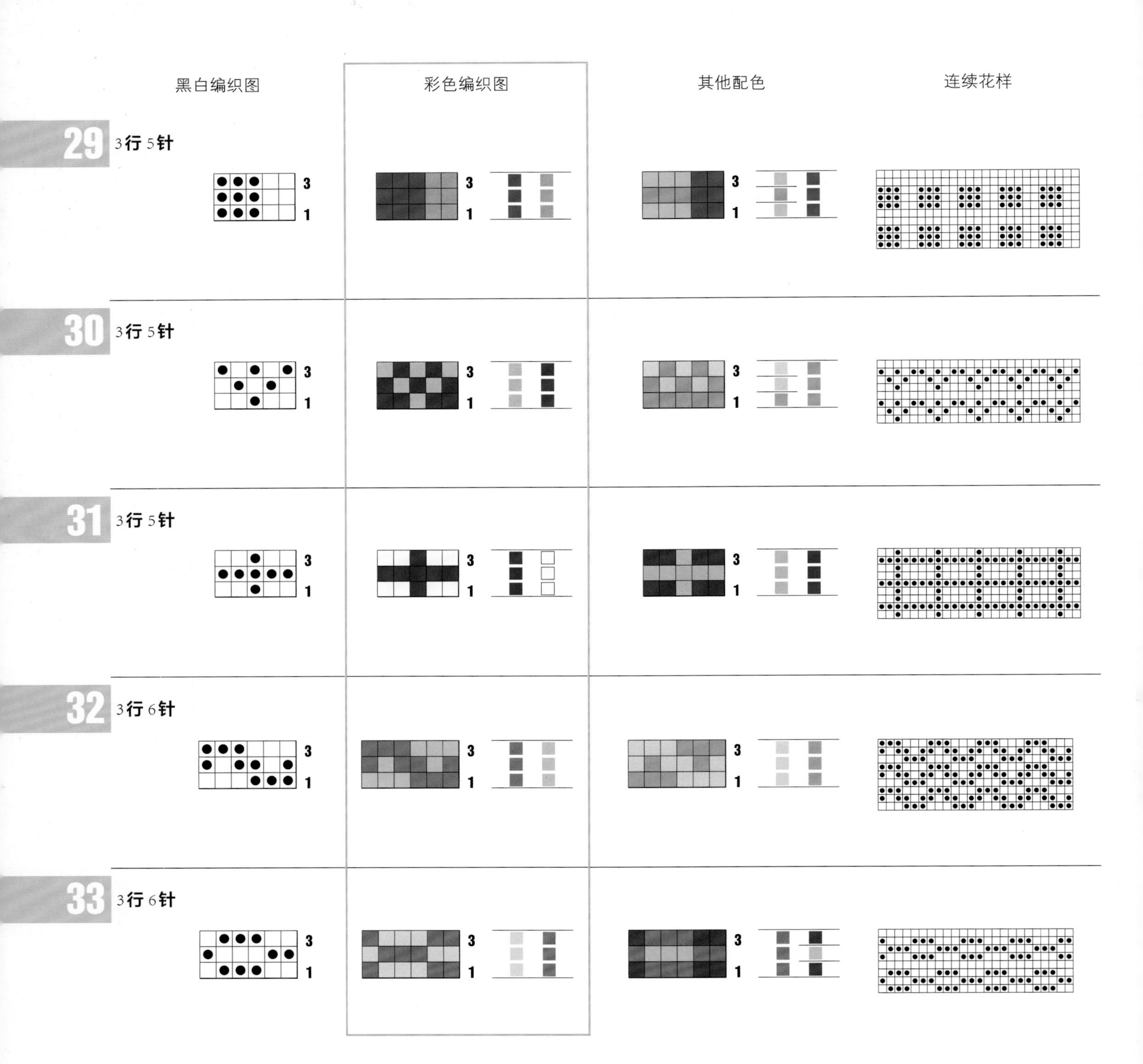
黑白编织图
彩色编织图
其他配色
连续花样
29
3行 5针
30
3行 5针
31
3行 5针
32
3行 6针
33
3行 6针

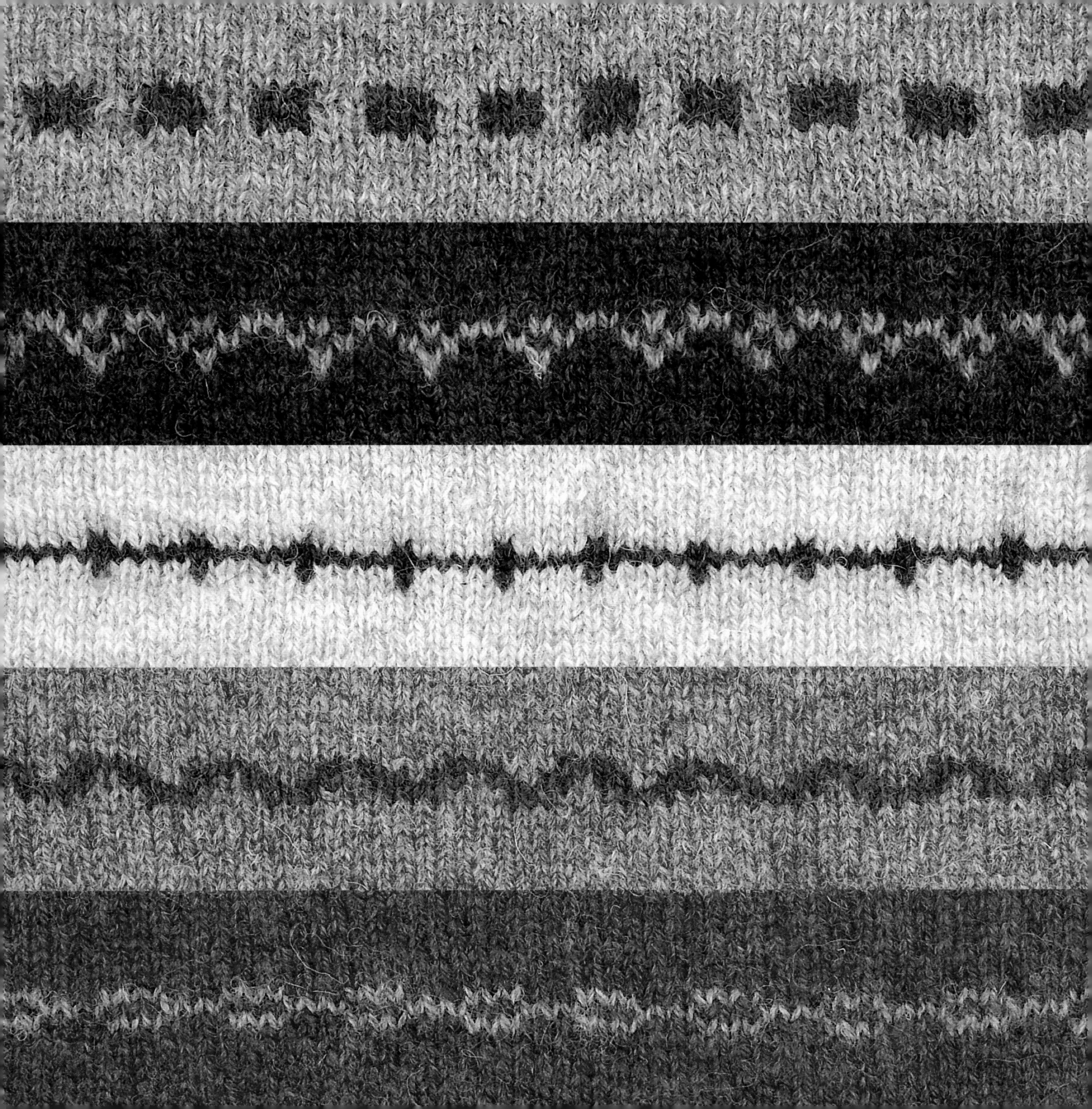

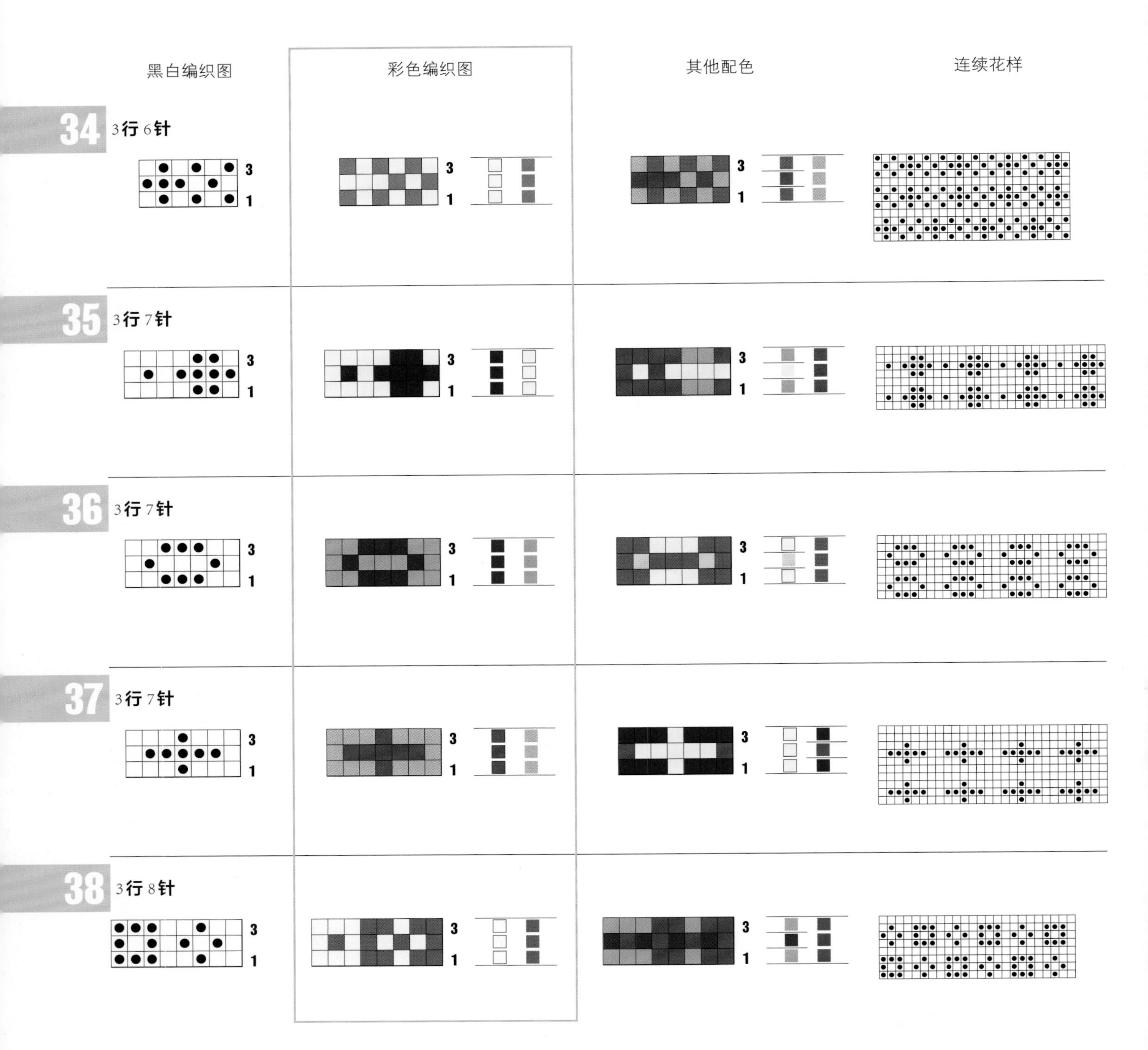

黑白编织图
彩色编织图
其他配色
连续花样
34
3行6针
35
3行7针
36
3行7针
37
3行7针
38
3行8针

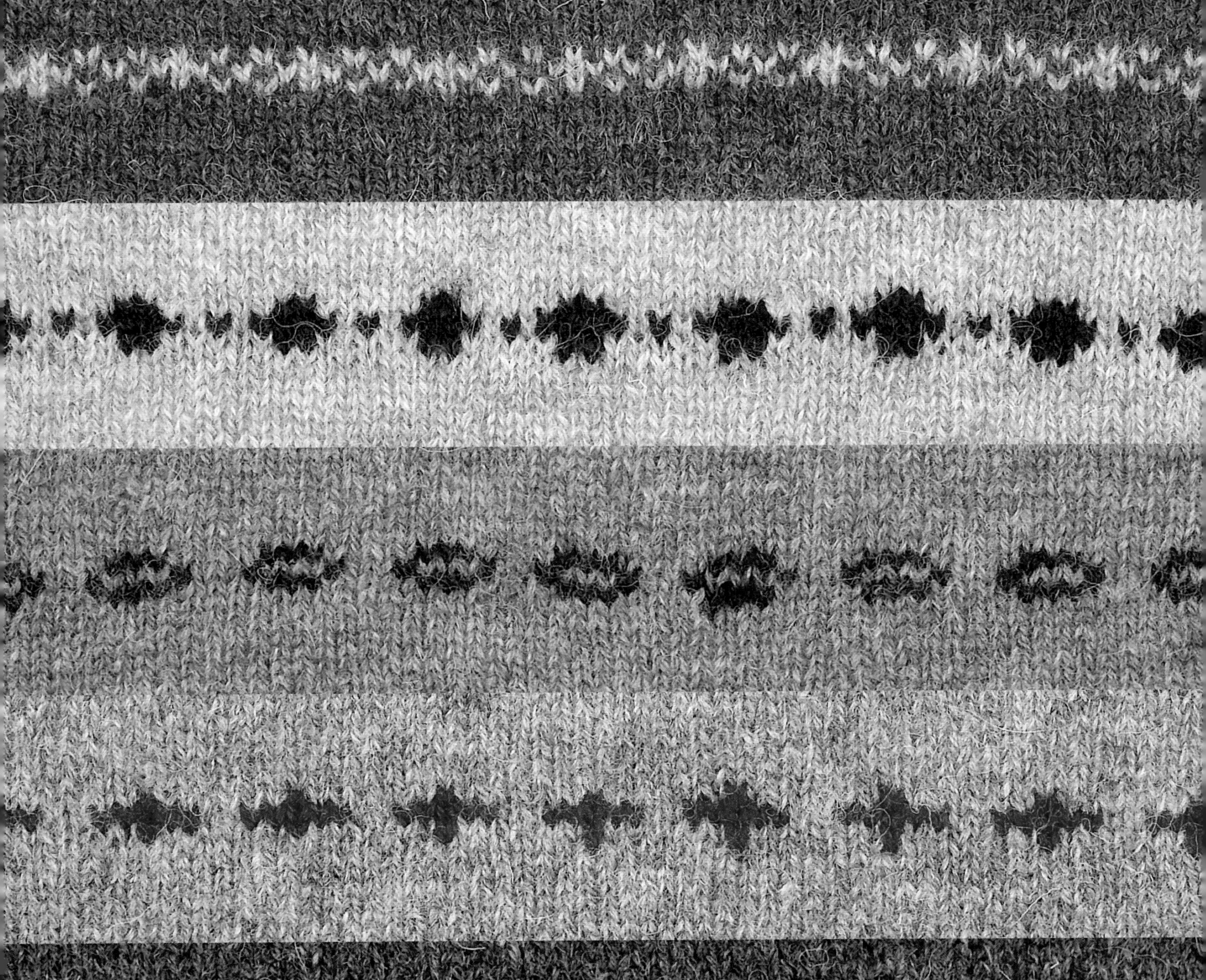

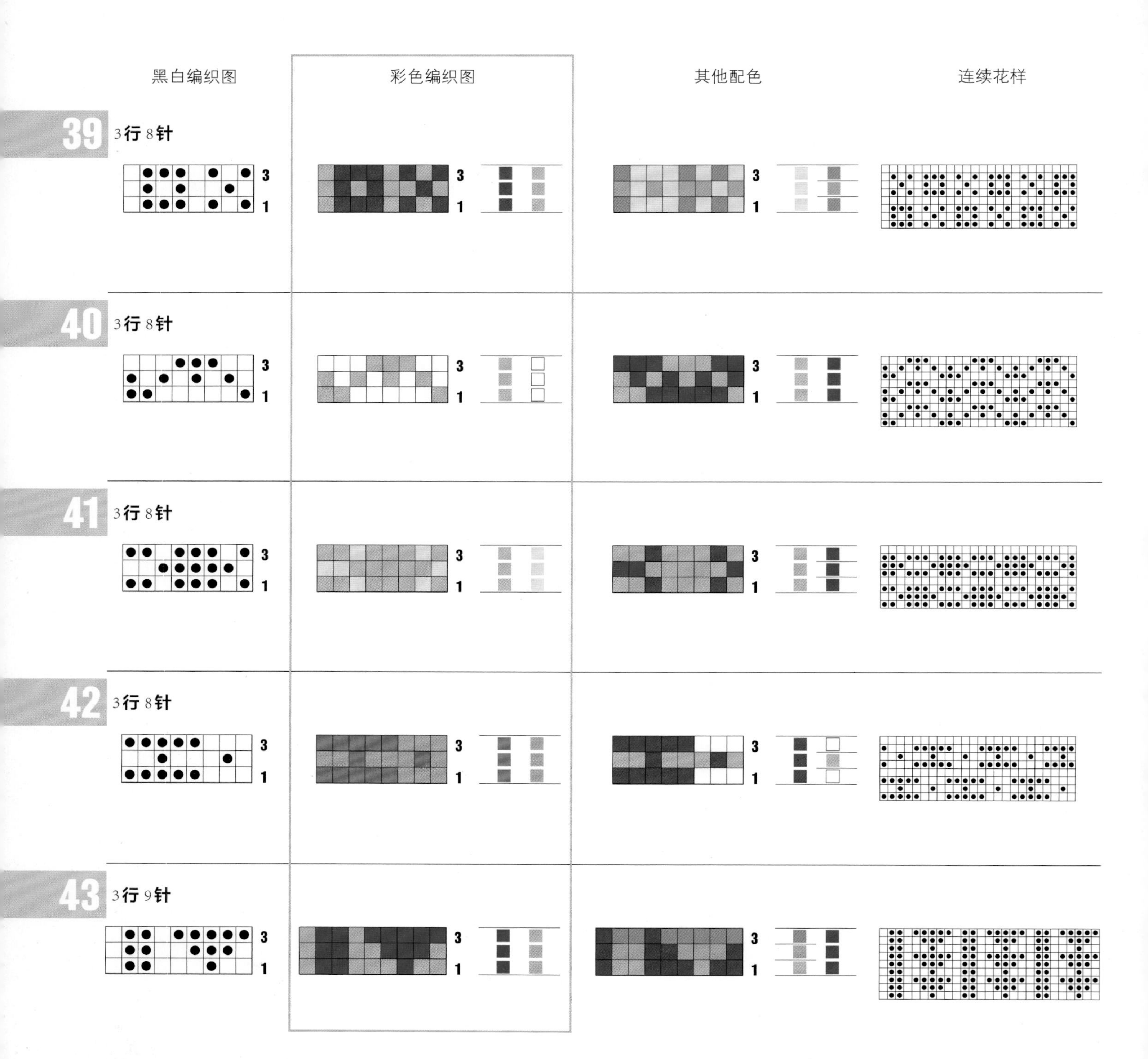
黑白编织图
彩色编织图
其他配色
连续花样
39
3行 8针
40
3行 8针
41
3行 8针
42
3行 8针
43
3行 9针

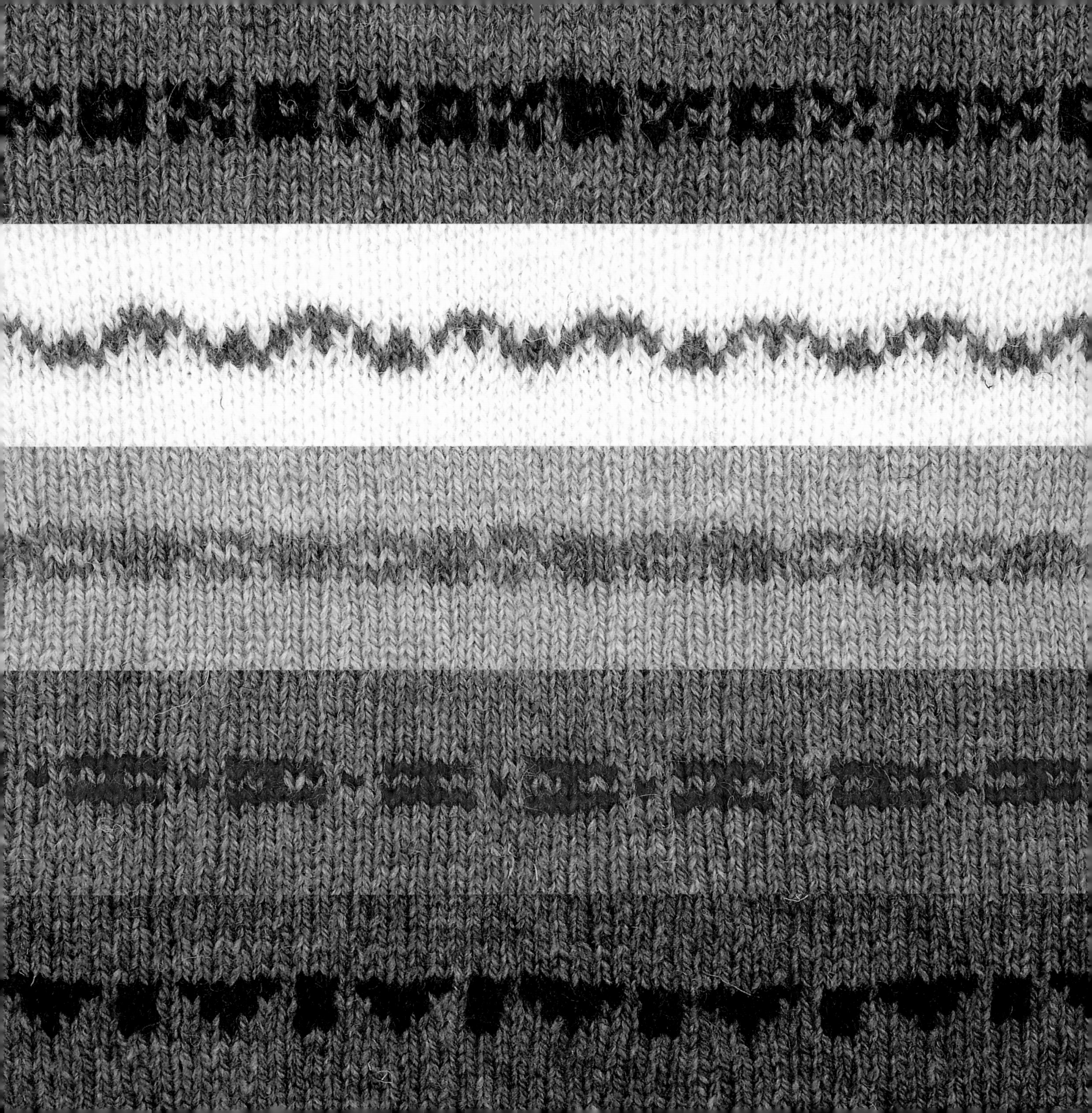

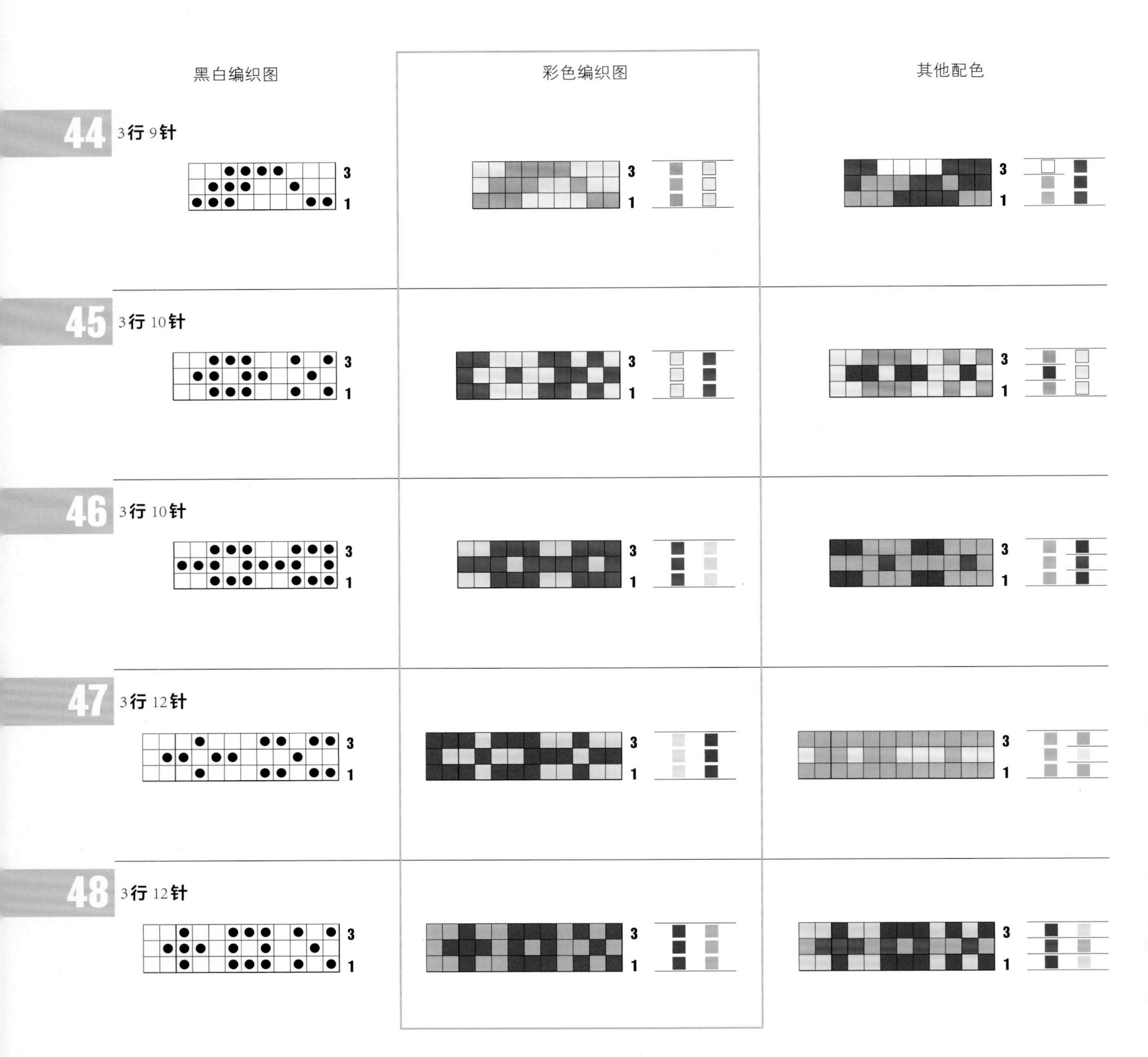
黑白编织图
彩色编织图
其他配色
44 3行 9针
45 3行 10针
46 3行 10针
47 3行 12针
48 3行 12针

连续花样

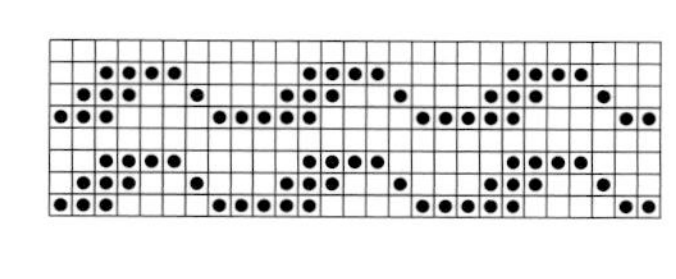

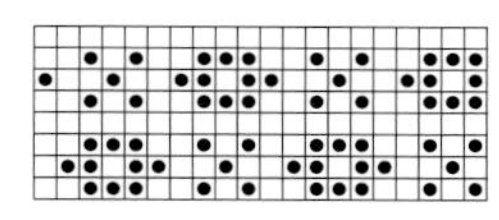

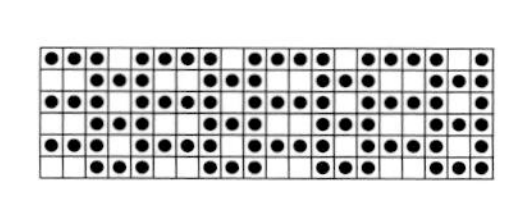

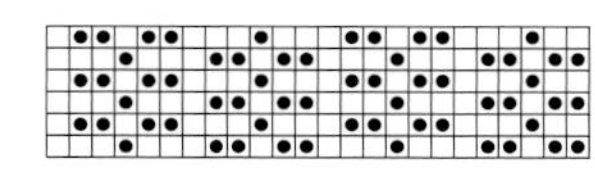

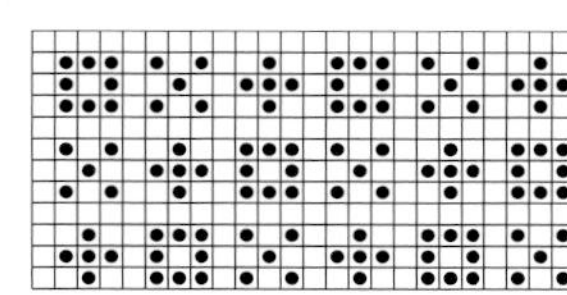

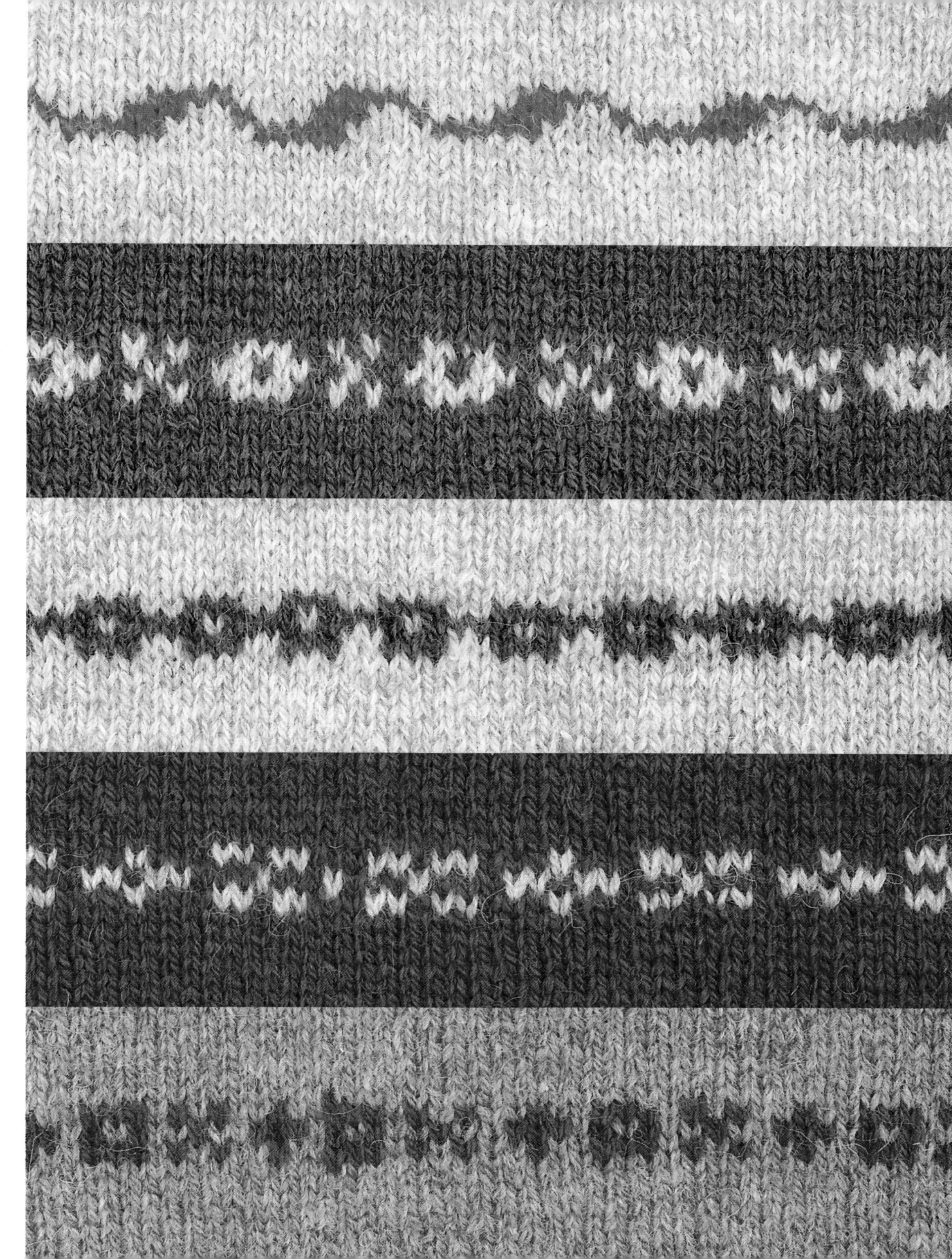

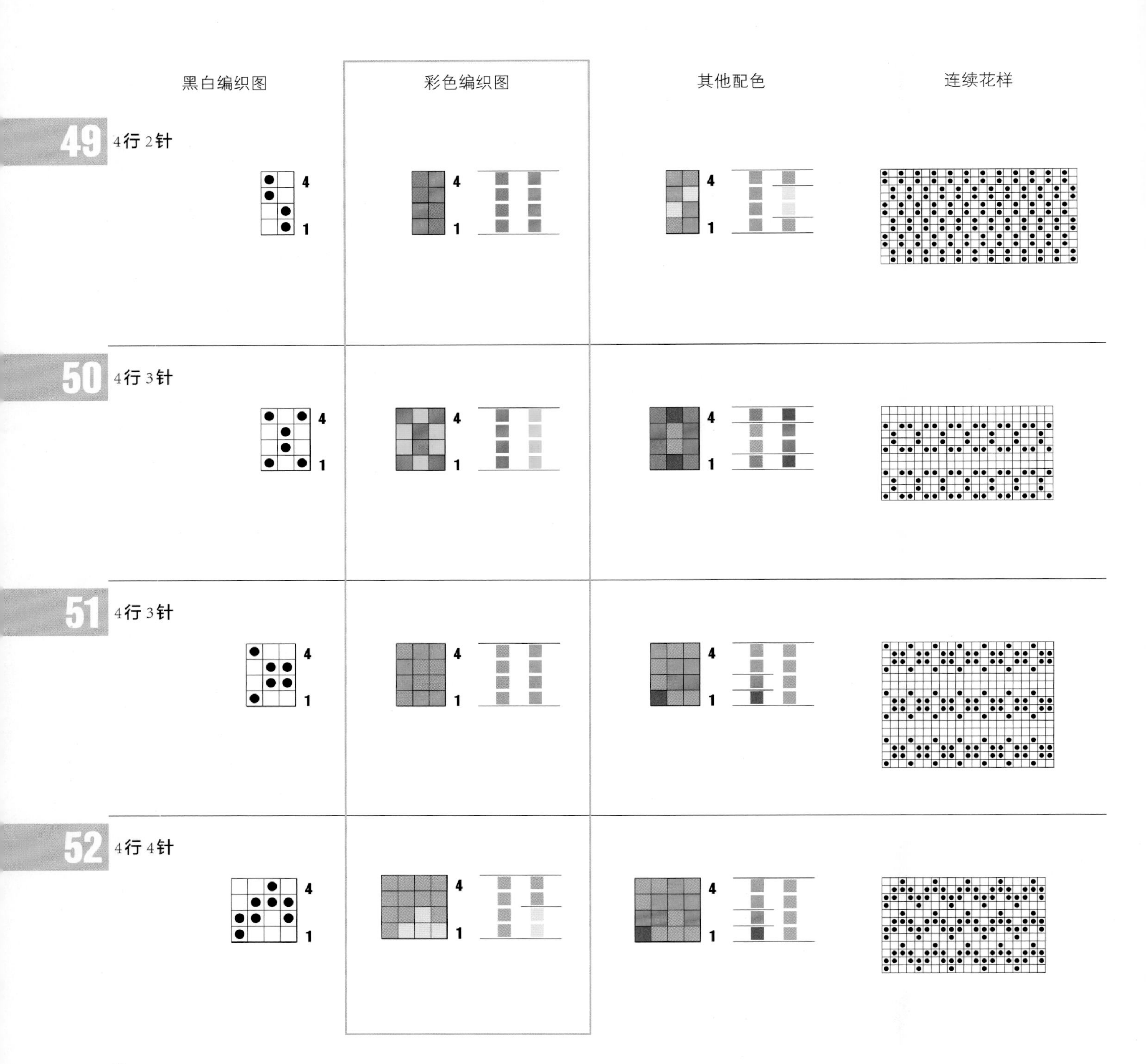
黑白编织图
彩色编织图
其他配色
连续花样
49
4行 2针
4
1
50
4行 3针
4
1
51
4行 3针
4
1
52
4行 4针
4
1

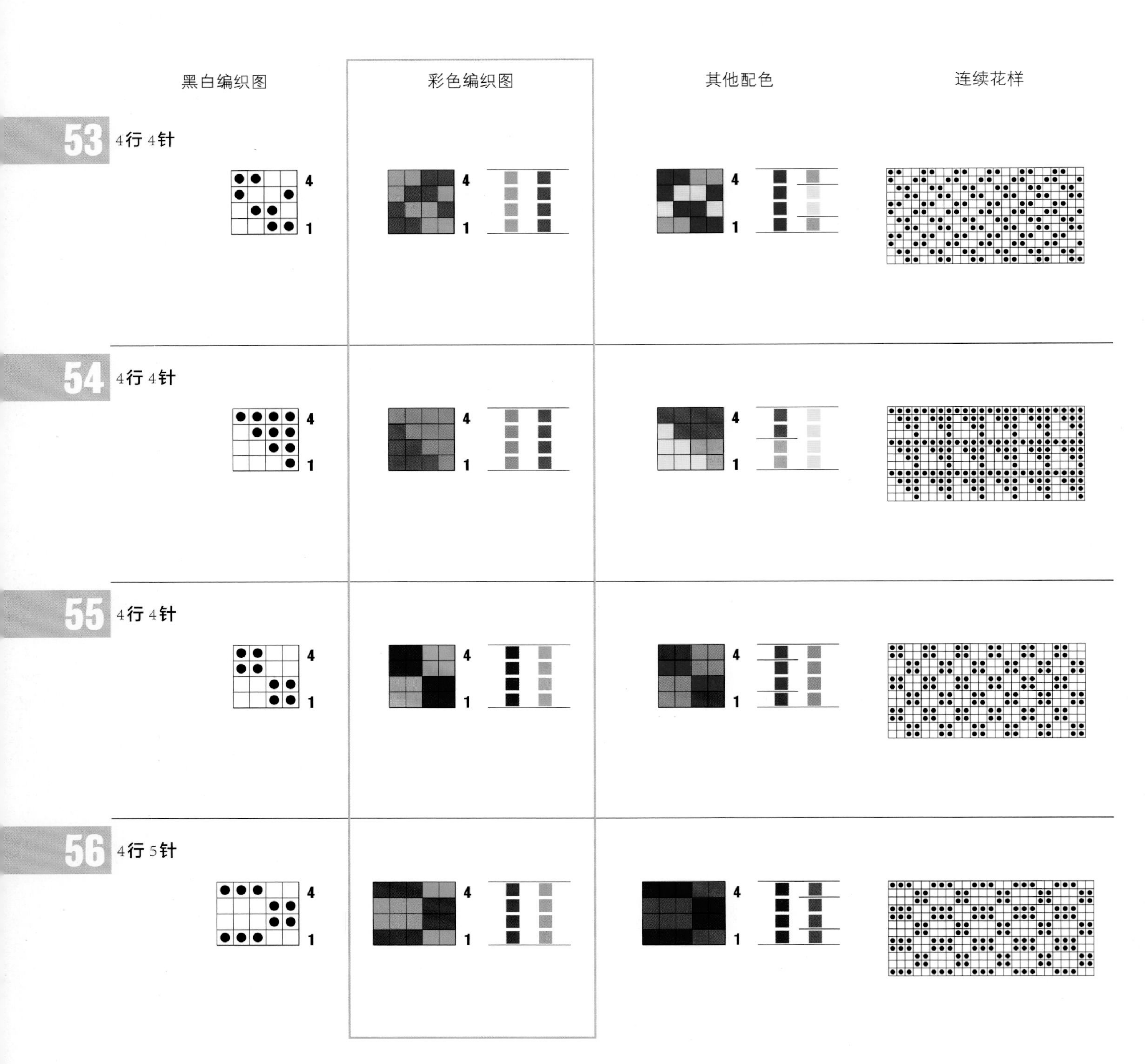
黑白编织图
彩色编织图
其他配色
连续花样
53
4行 4针
4
1
54
4行 4针
55
4行 4针
56
4行 5针

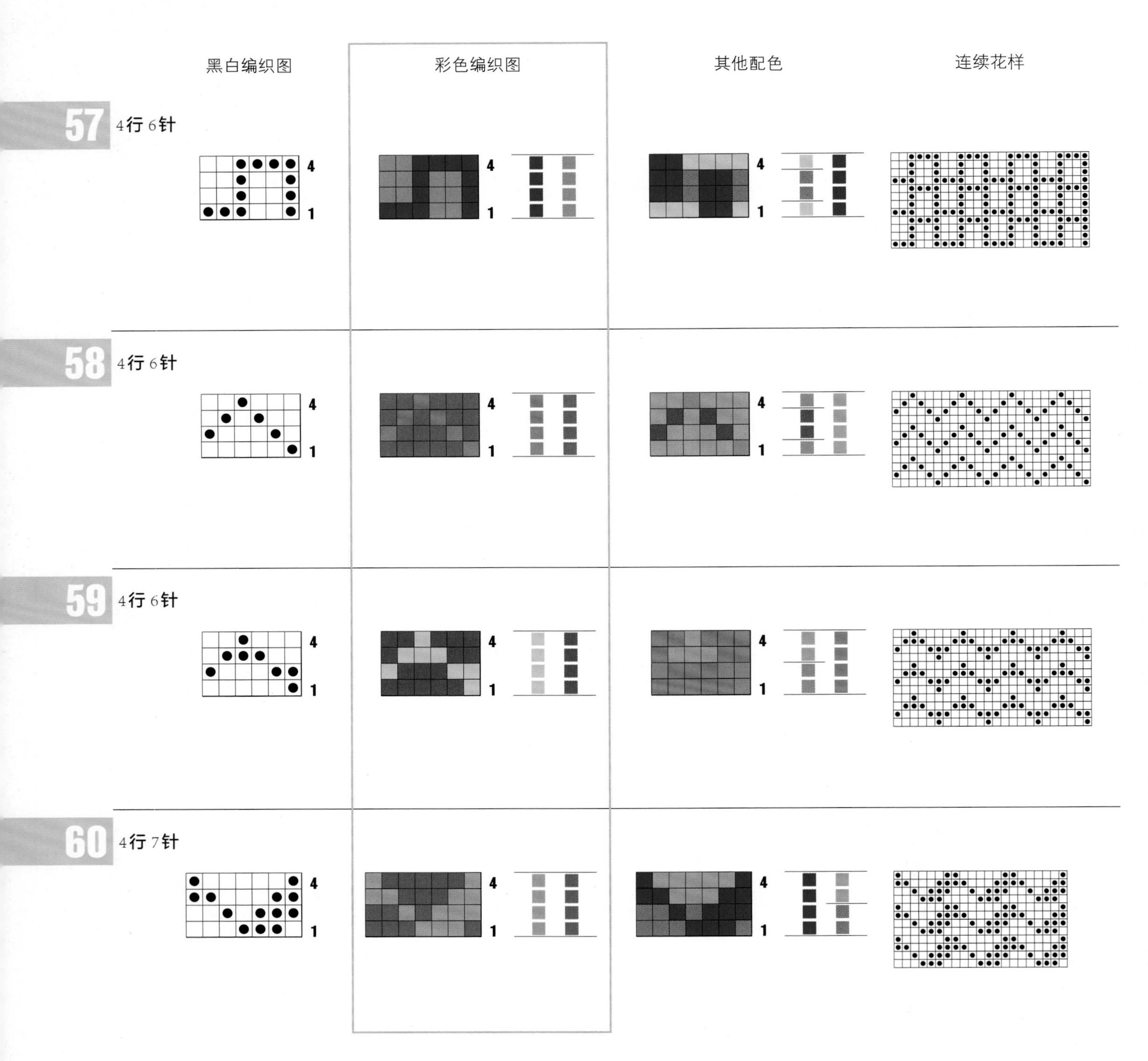
黑白编织图
彩色编织图
其他配色
连续花样
57
4行 6针
4
1
58
4行 6针
4
1
59
4行 6针
4
1
60
4行 7针
4
1

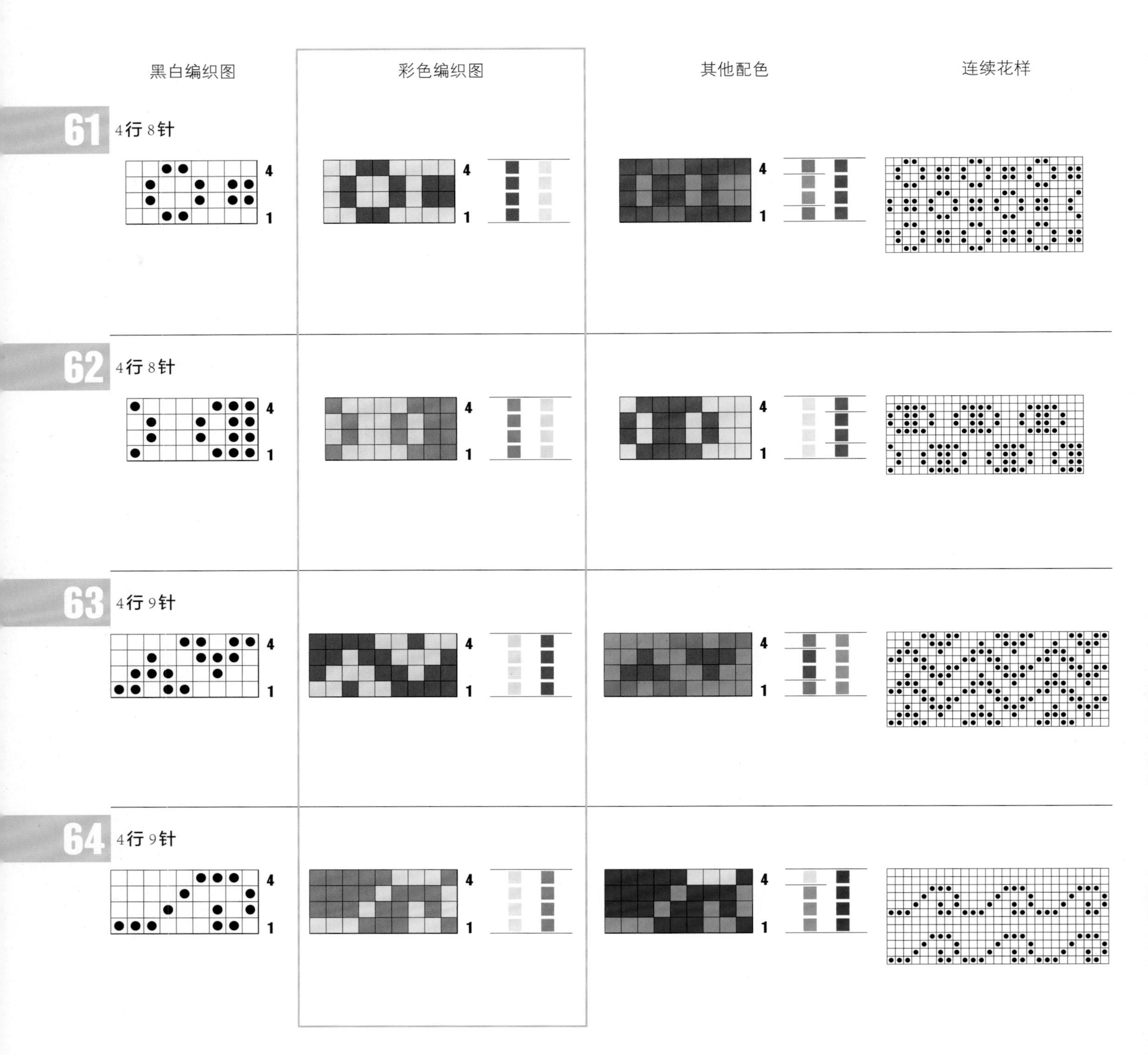
黑白编织图
彩色编织图
其他配色
连续花样
61
4行 8针
62
4行 8针
63
4行 9针
64
4行 9针

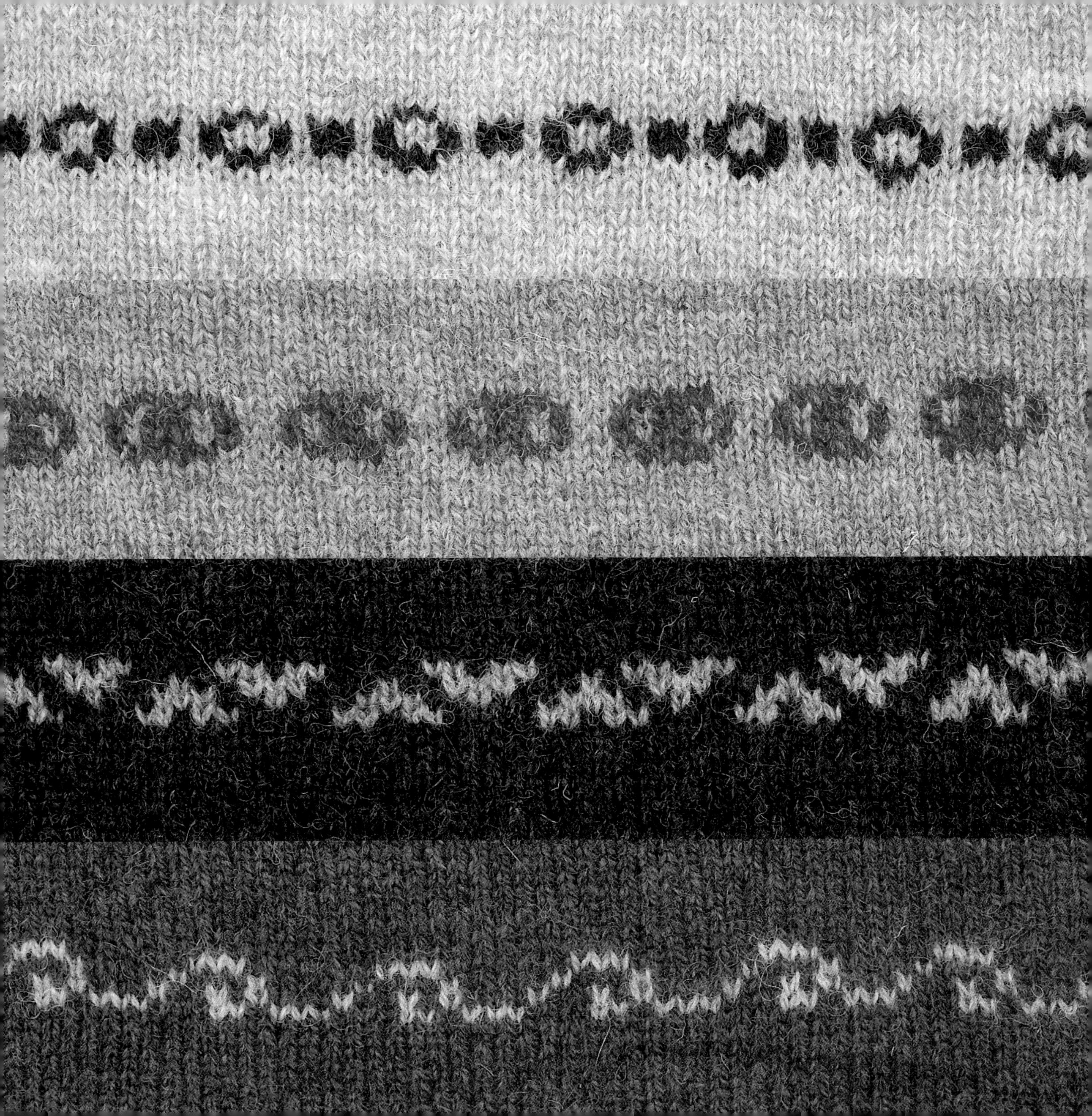

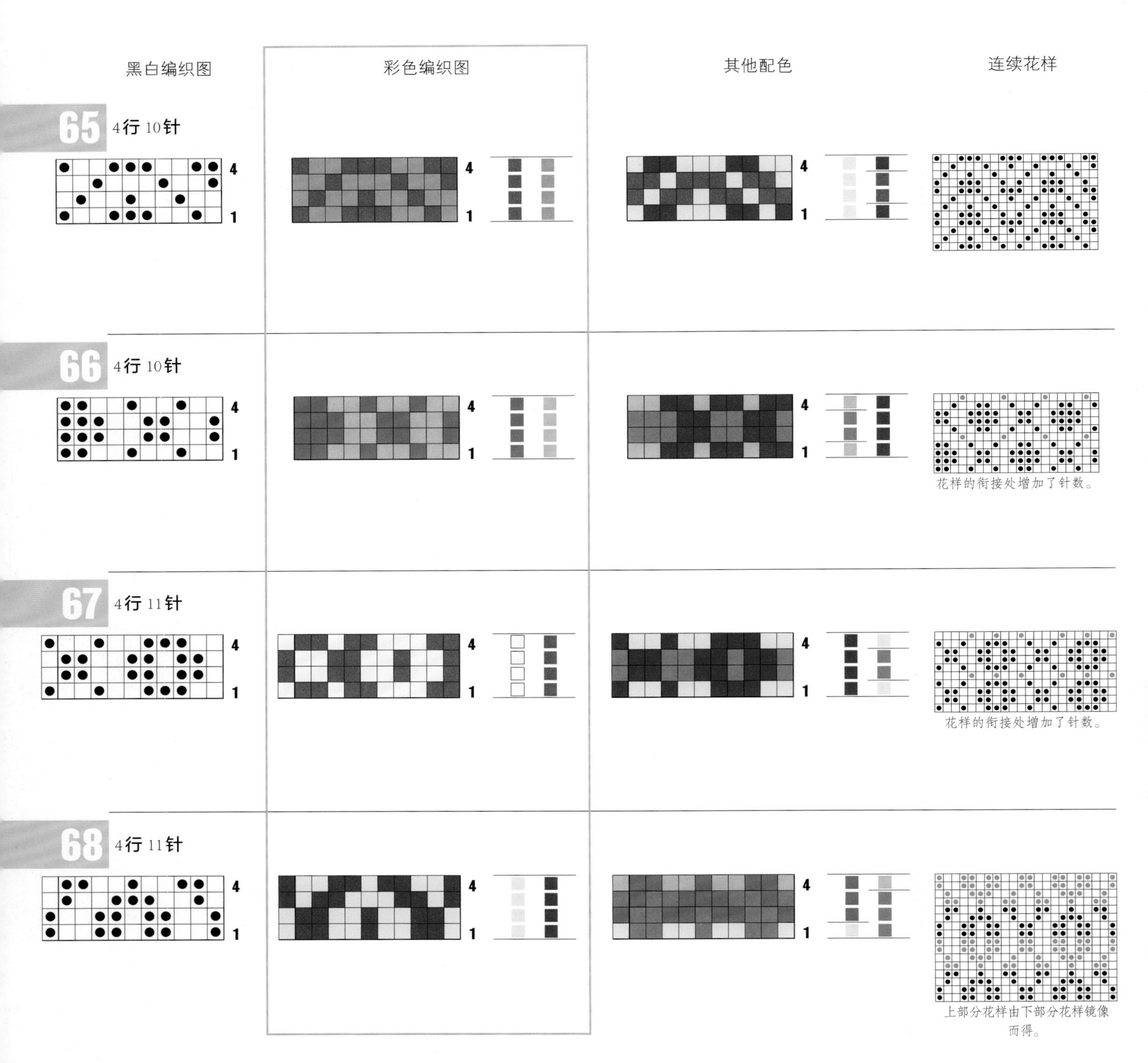
黑白编织图
彩色编织图
其他配色
连续花样
65
4行 10针
66
4行 10针
花样的衔接处增加了针数。
67
4行 11针
花样的衔接处增加了针数。
68
4行 11针
上部分花样由下部分花样镜像而得。

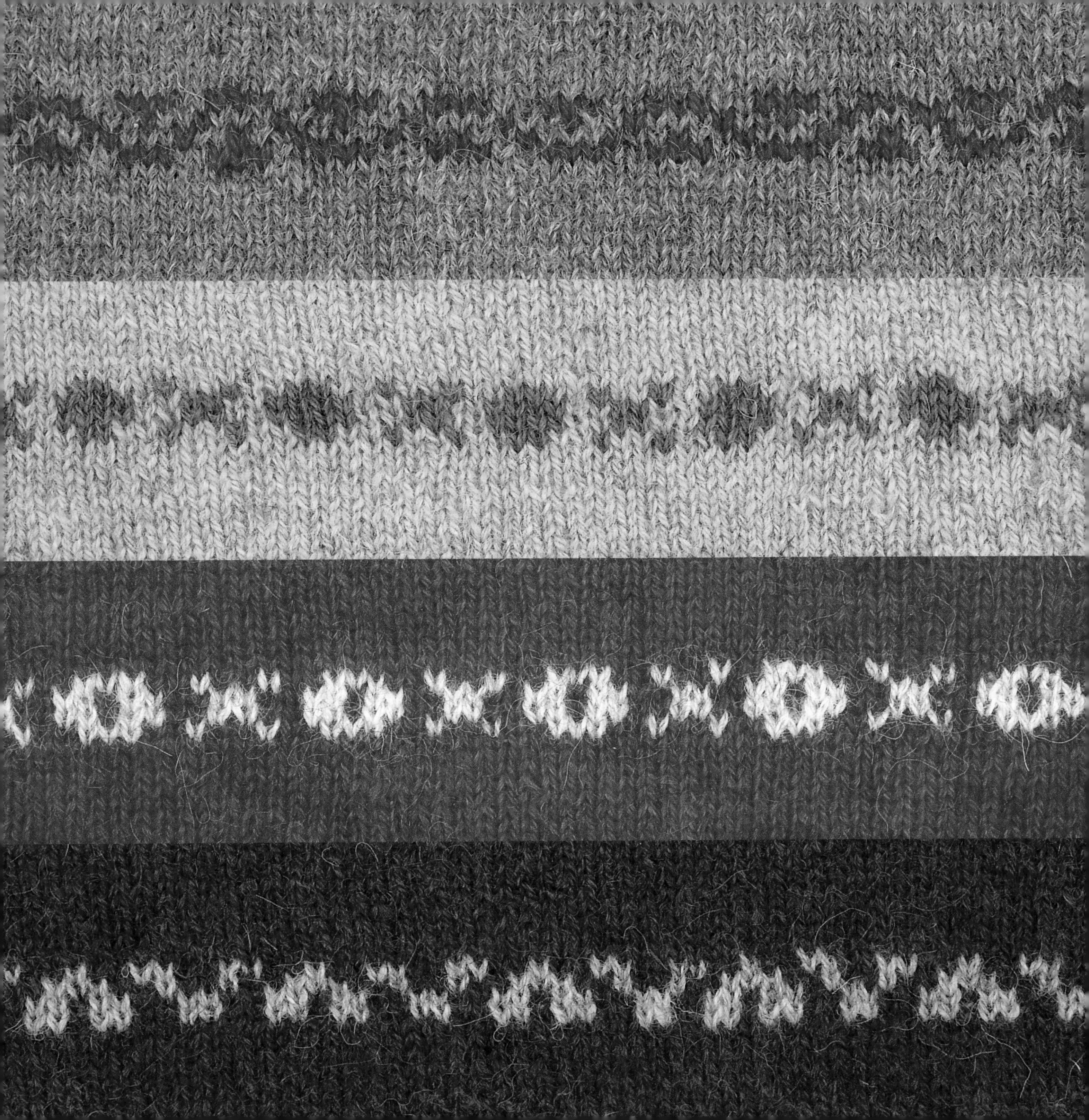

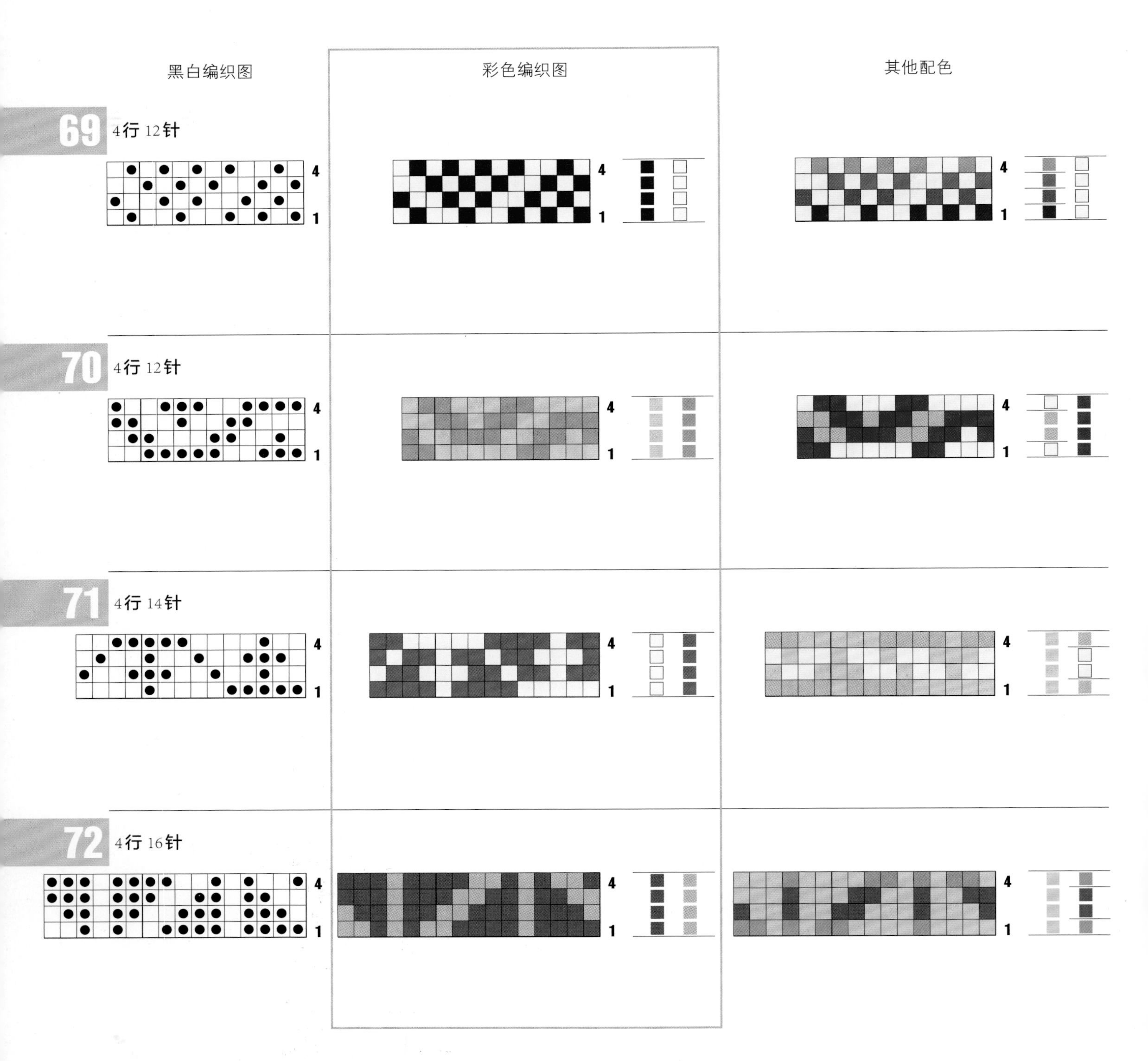

黑白编织图
彩色编织图
其他配色
69
4行 12针
70
4行 12针
71
4行 14针
72
4行 16针
4
1

连续花样

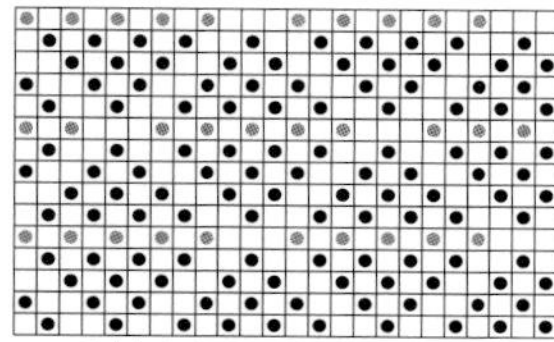

花样的衔接处增加了针数。

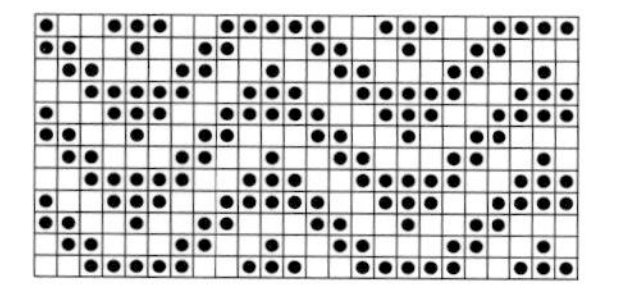

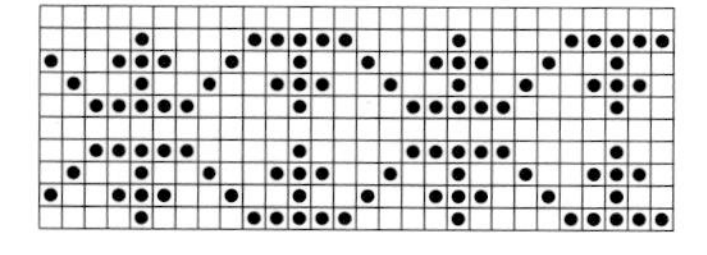

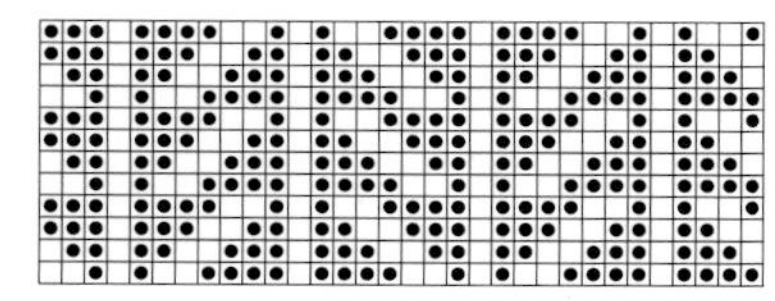

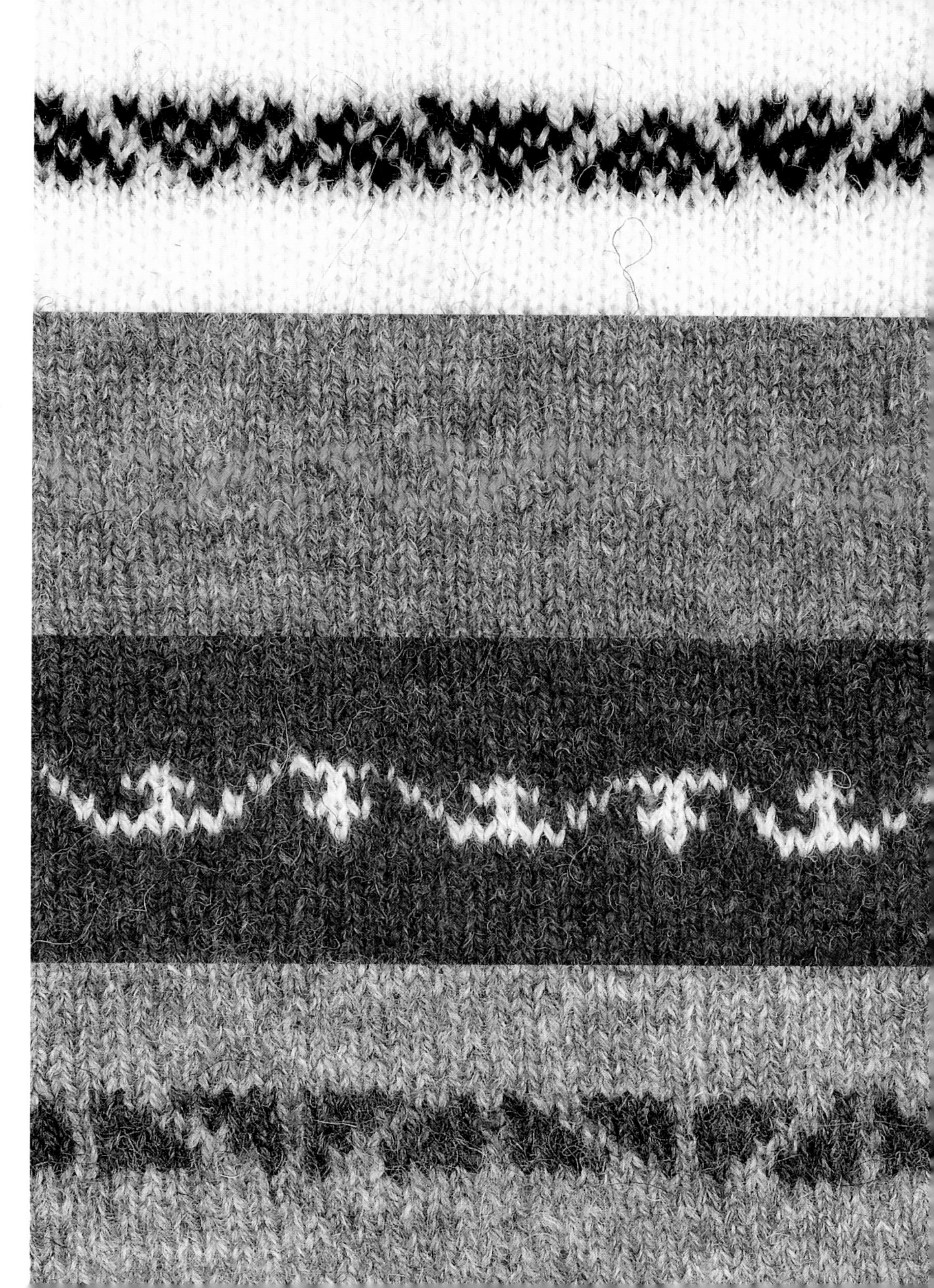

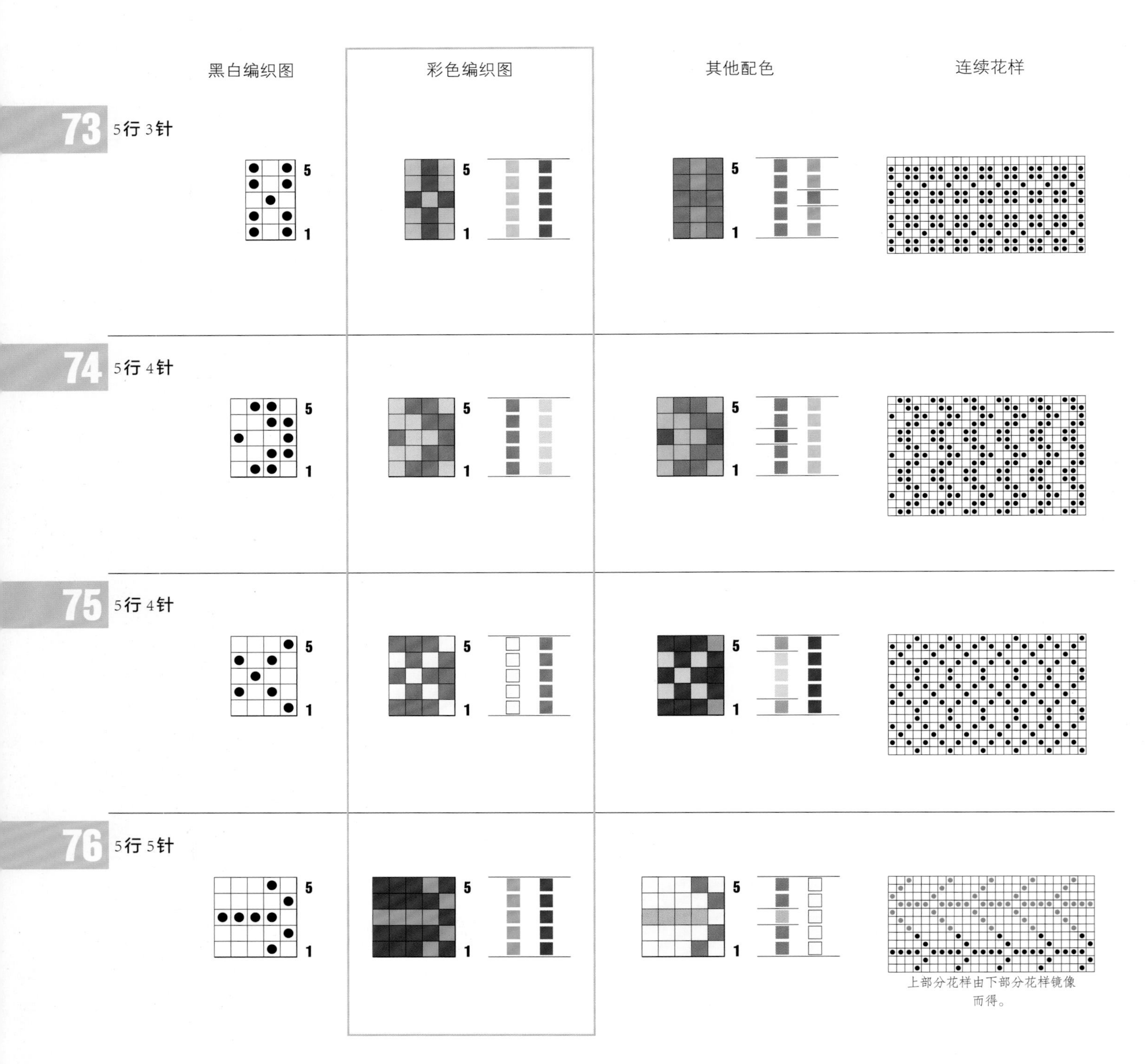

上部分花样由下部分花样镜像而得。

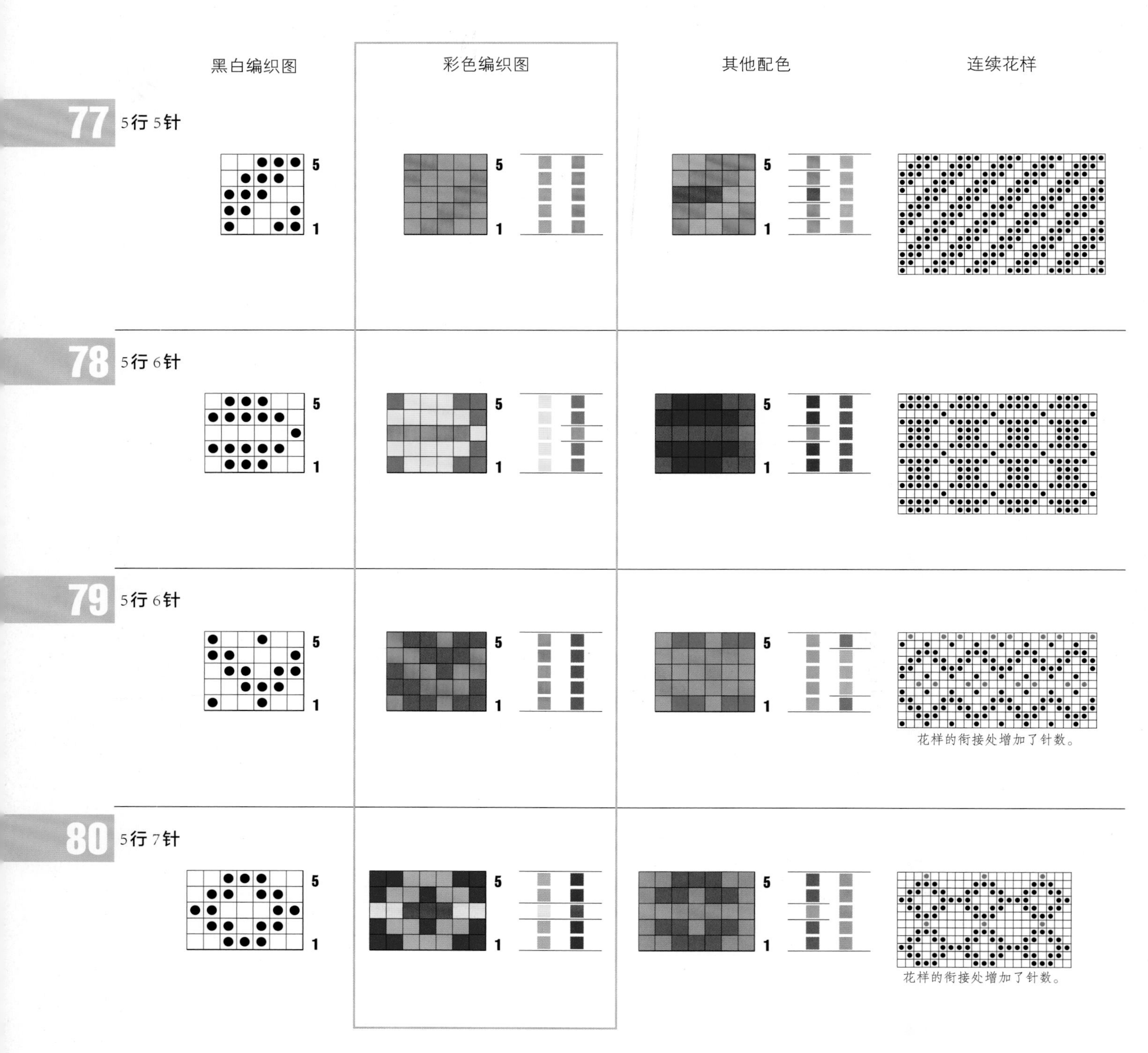
黑白编织图
彩色编织图
其他配色
连续花样
77
5行 5针
78
5行 6针
79
5行 6针
花样的衔接处增加了针数。
80
5行 7针
花样的衔接处增加了针数。

黑白编织图 | 彩色编织图 | 其他配色 | 连续花样

81
5行 8针

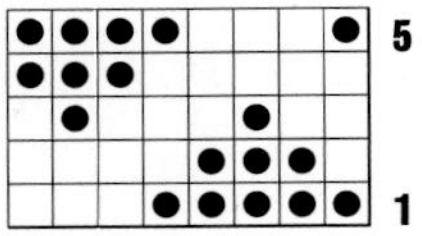

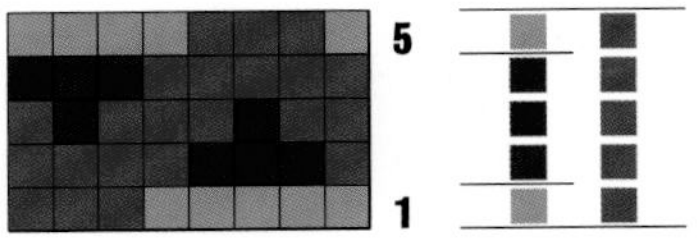

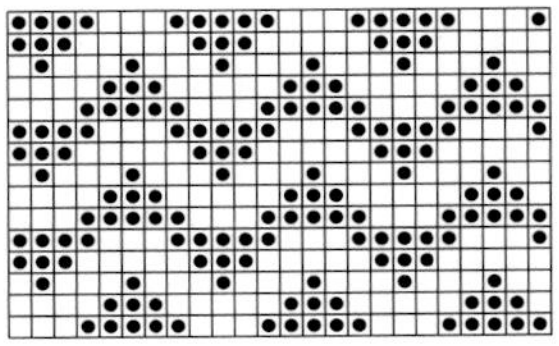

5
1

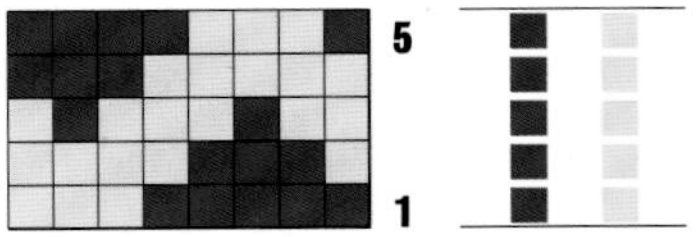

82
5行 8针

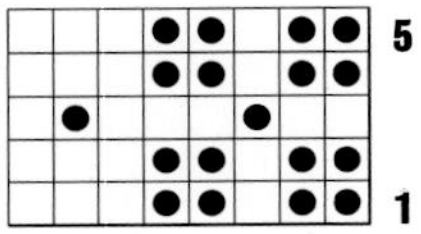

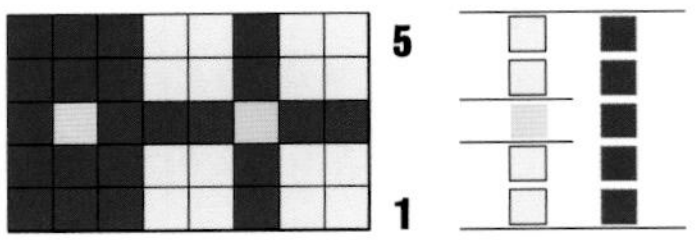

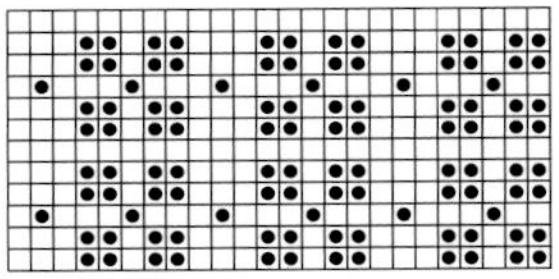

5
1

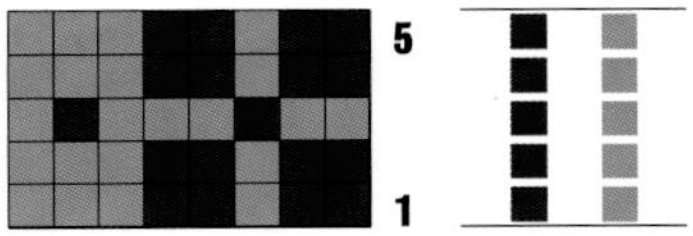

83
5行 8针

5
1

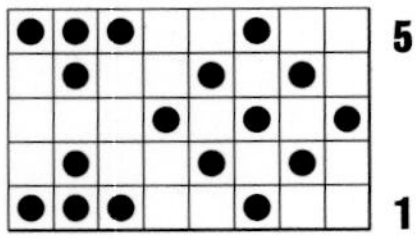

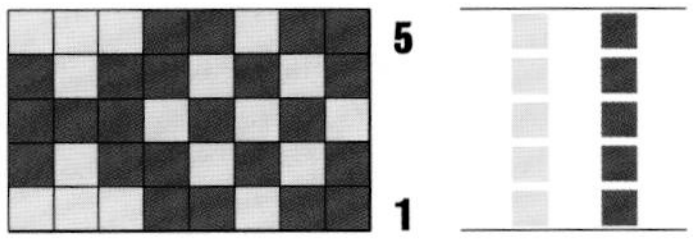

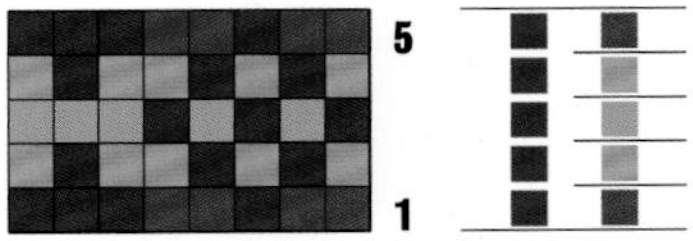

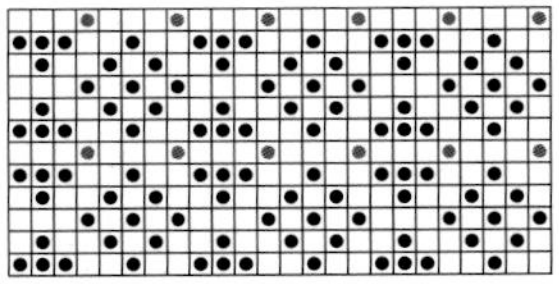

花样的衔接处增加了针数。

84
5行 9针

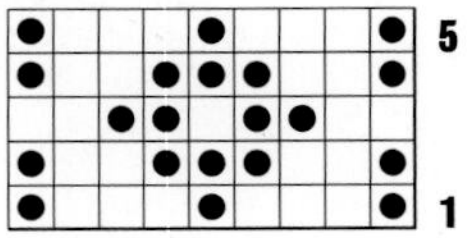

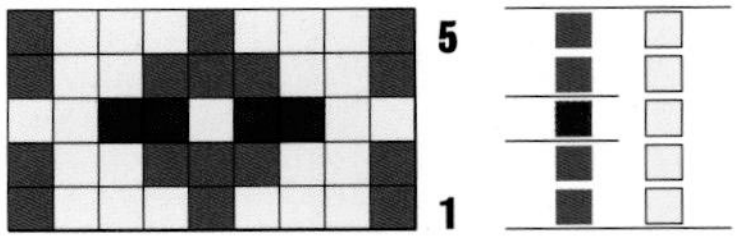

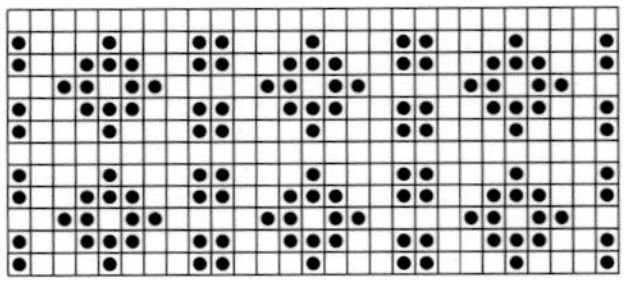

5
1

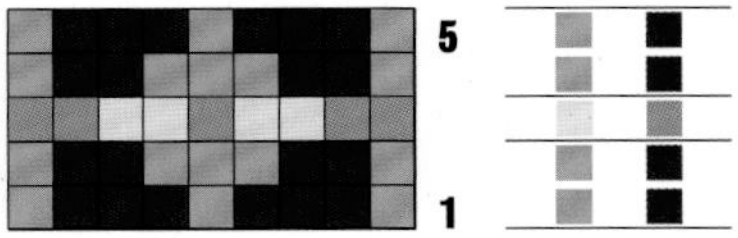

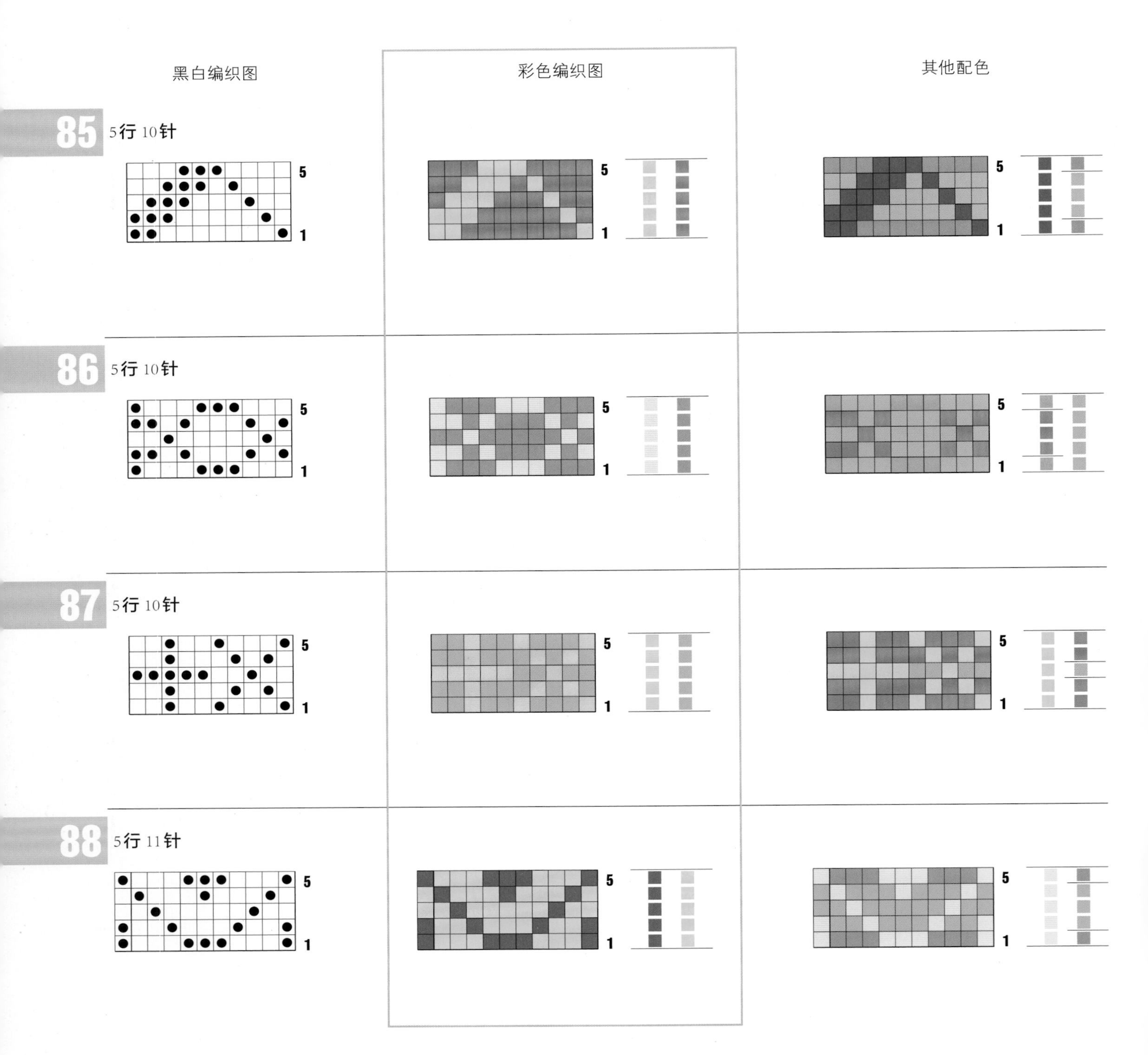
黑白编织图
彩色编织图
其他配色
85
5行 10针
5
1
86
5行 10针
87
5行 10针
88
5行 11针

连续花样

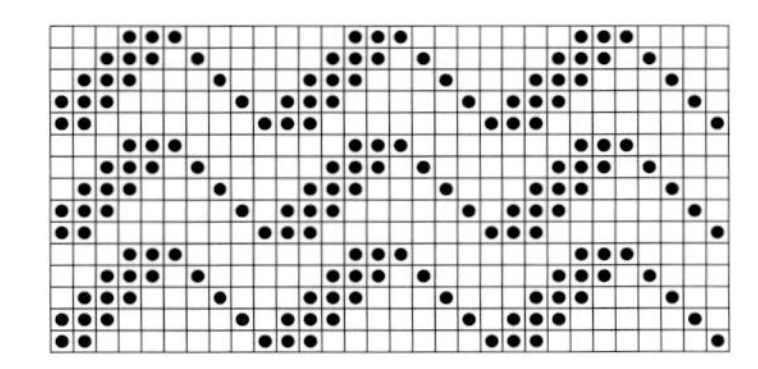

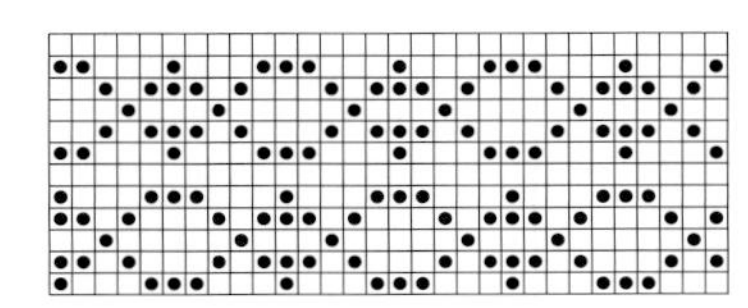

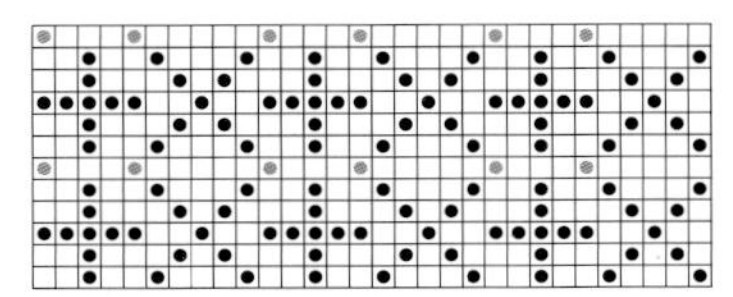

花样的衔接处增加了针数。

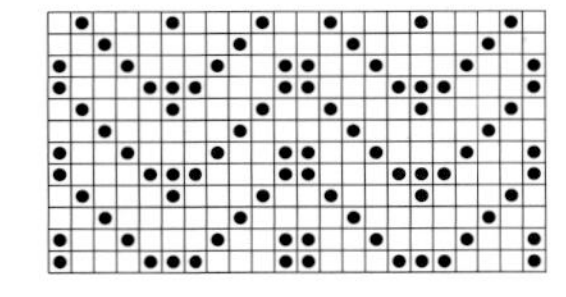

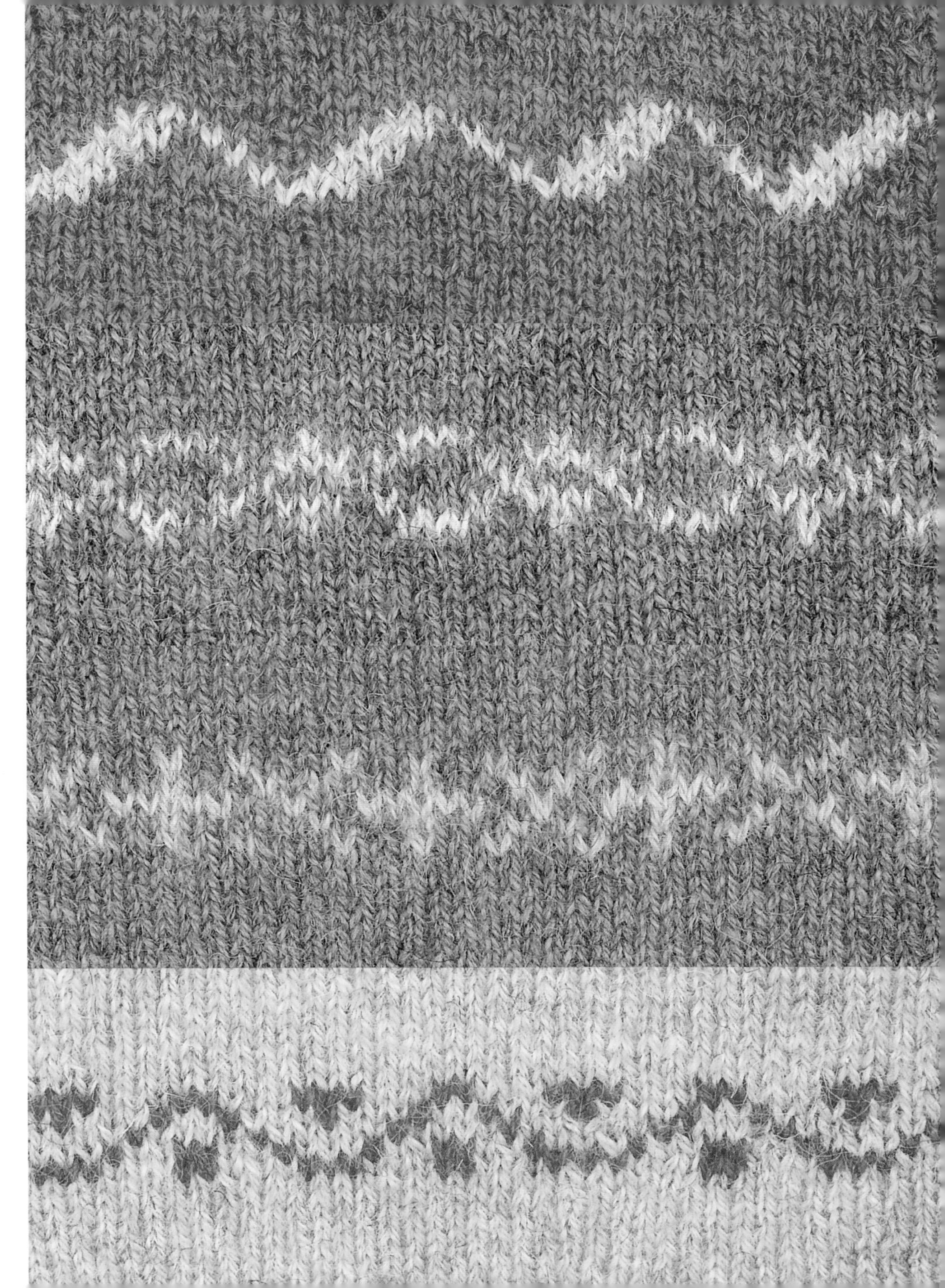

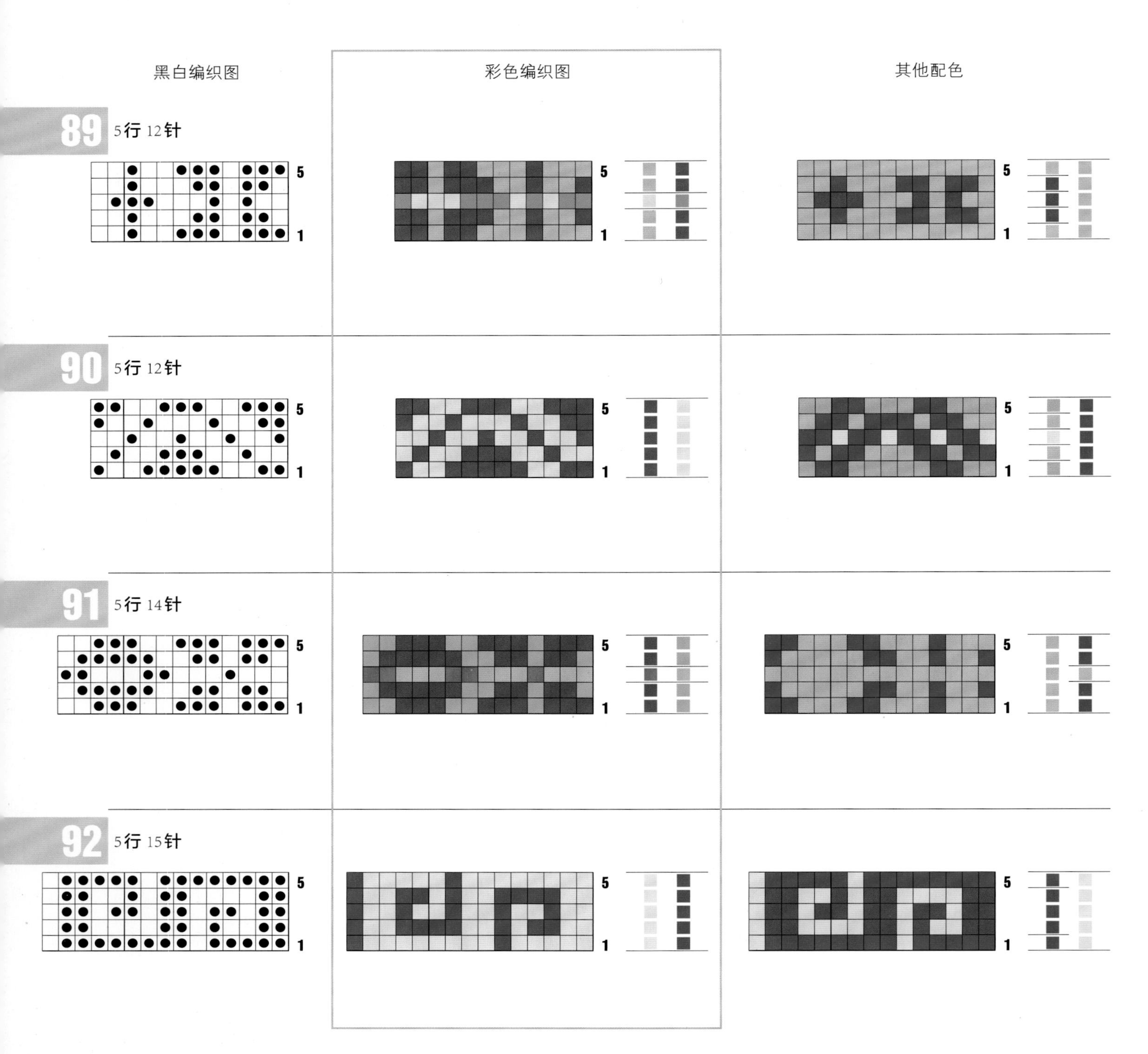

黑白编织图
彩色编织图
其他配色
89
5行 12针
90
5行 12针
91
5行 14针
92
5行 15针

连续花样

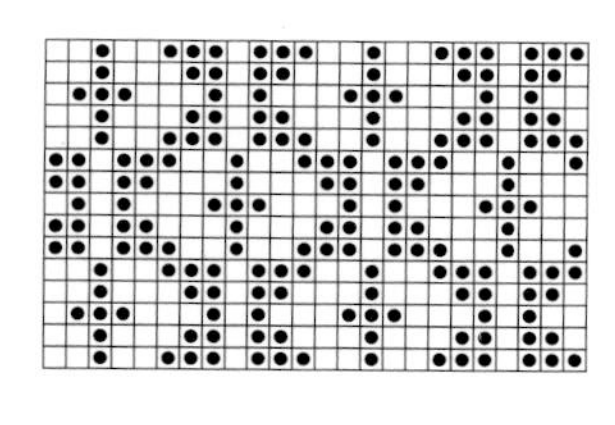

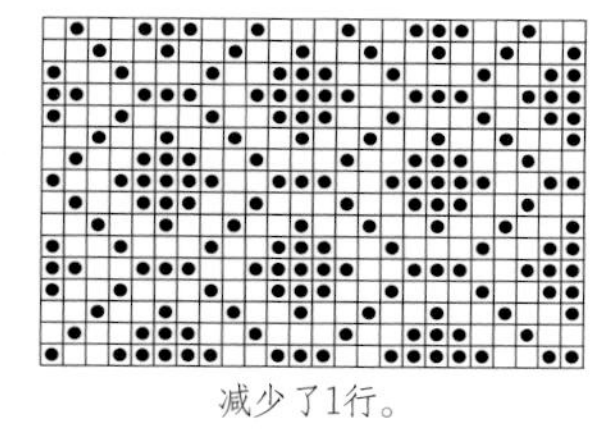

减少了1行。

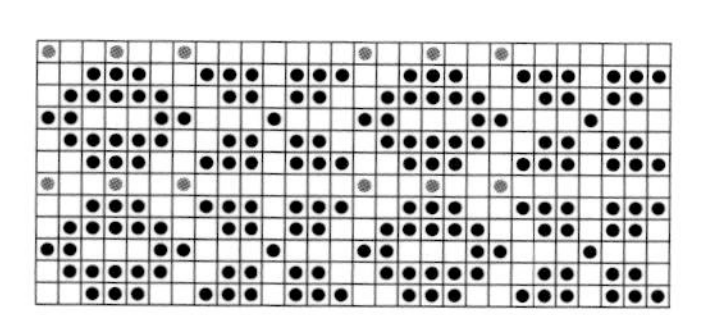

花样的衔接处增加了针数。

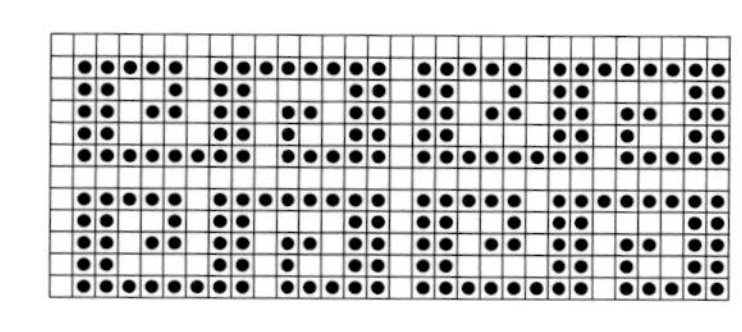

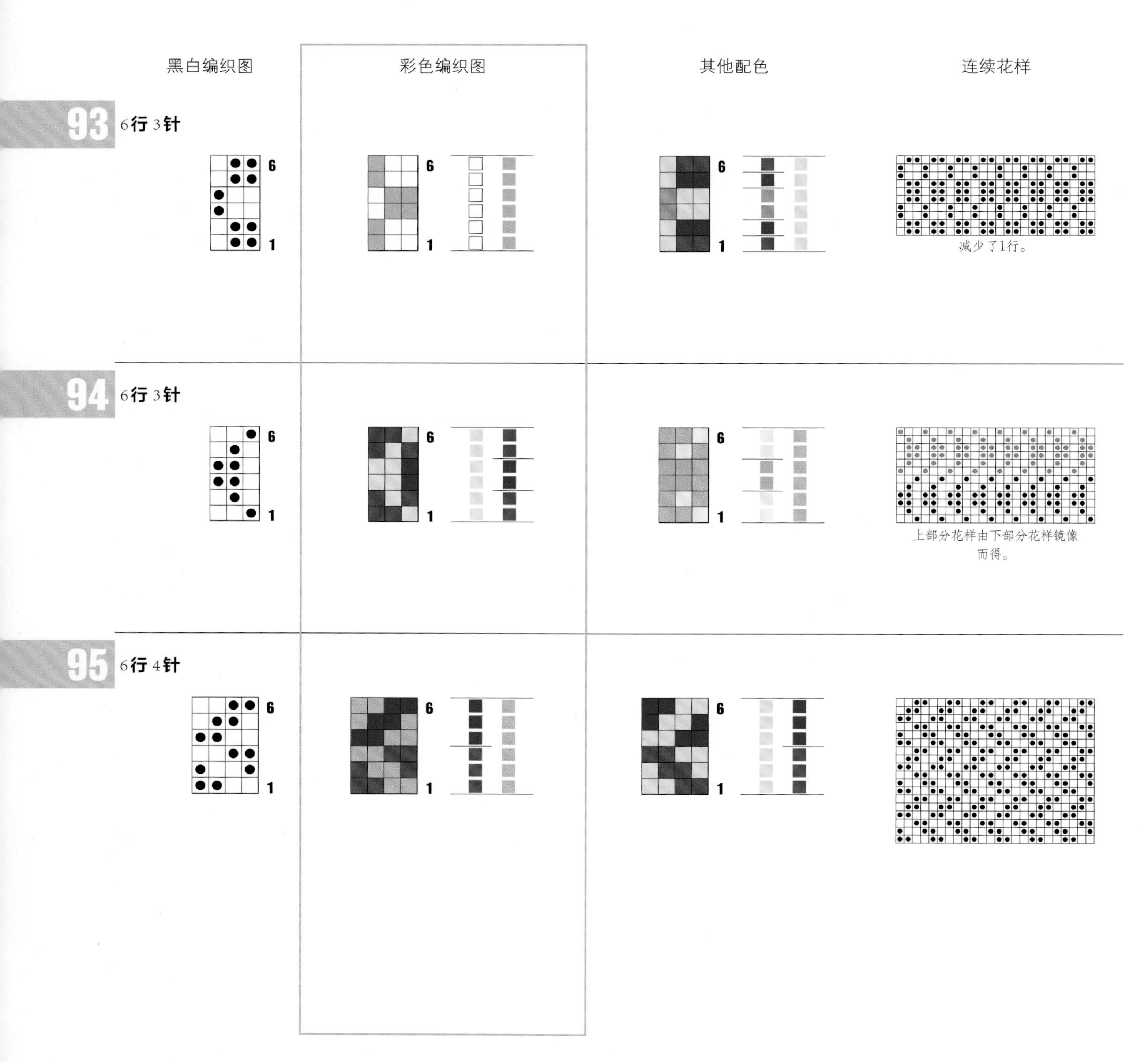
黑白编织图
彩色编织图
其他配色
连续花样
93
6行 3针
6
1
减少了1行。
94
6行 3针
上部分花样由下部分花样镜像而得。
95
6行 4针

黑白编织图

彩色编织图

其他配色

连续花样

96 6行 6针

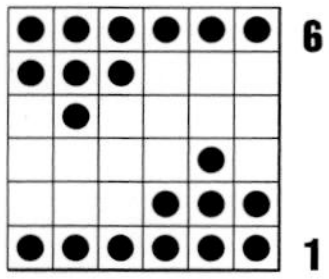

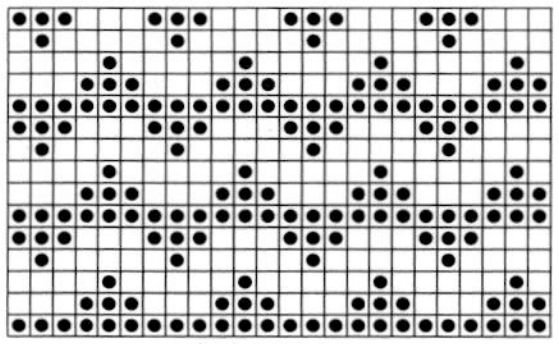

6

1

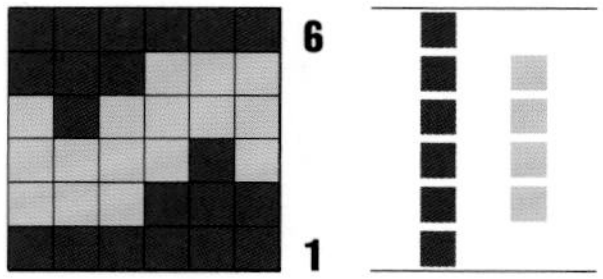

6

1

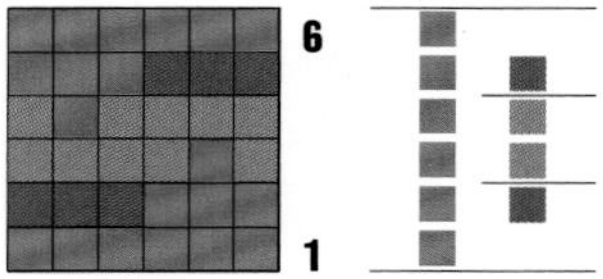

6

1

减少了1行。

97 6行 6针

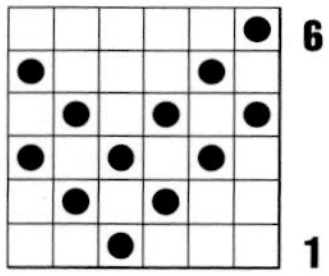

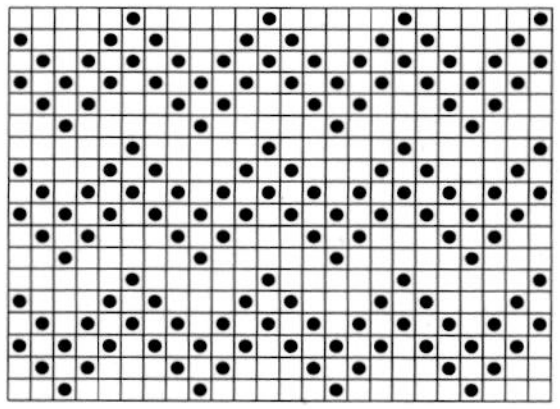

6

1

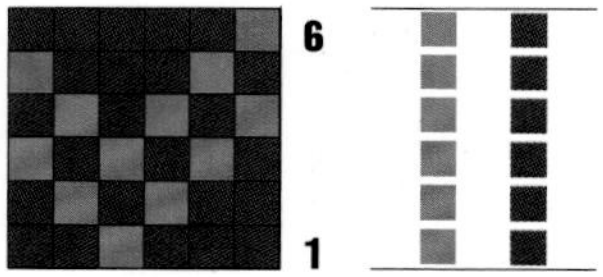

6

1

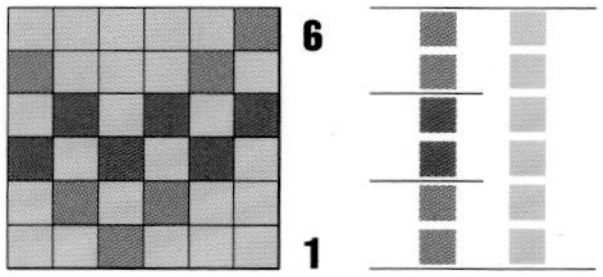

6

1

98 6行 8针

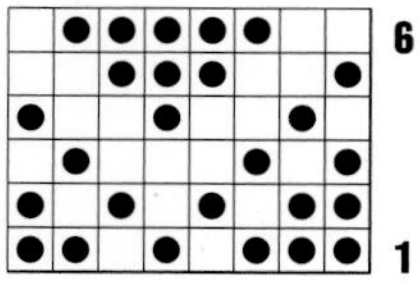

6

1

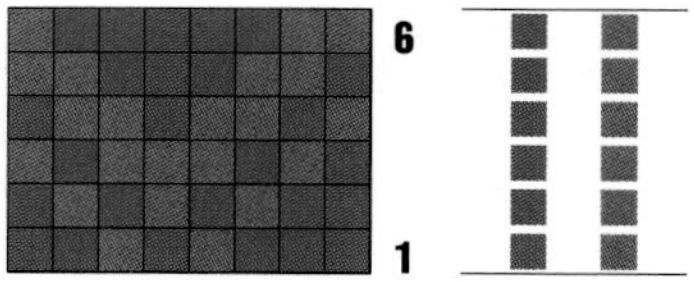

6

1

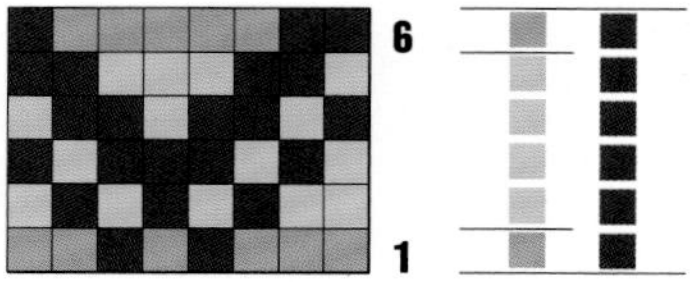

6

1

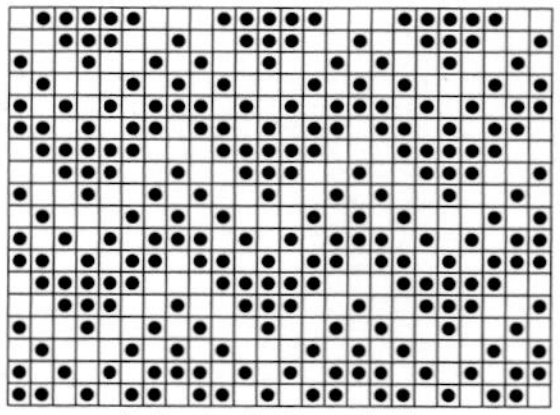

减少了1个单元花样。

黑白编织图

彩色编织图

其他配色

99 6行 10针

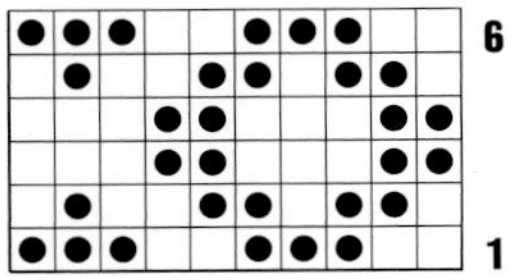

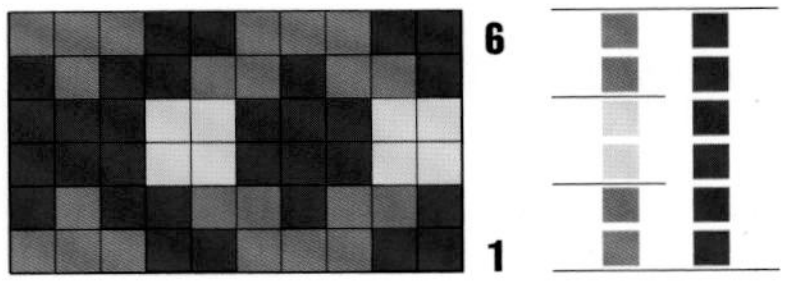

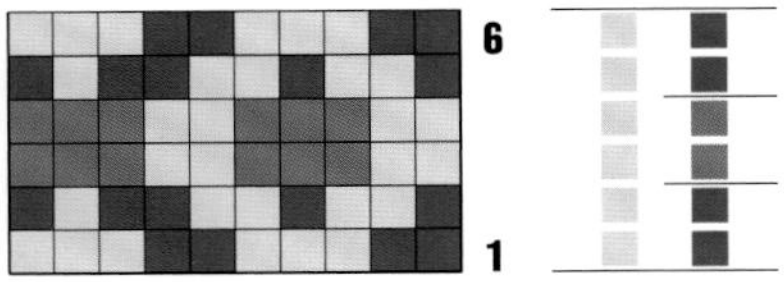

6
1

100 6行 11针

6
1

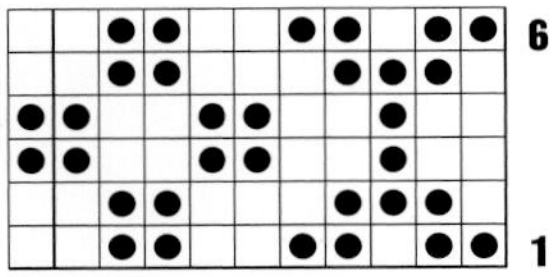

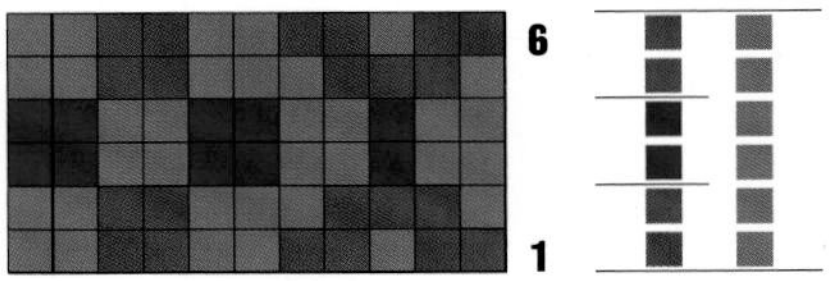

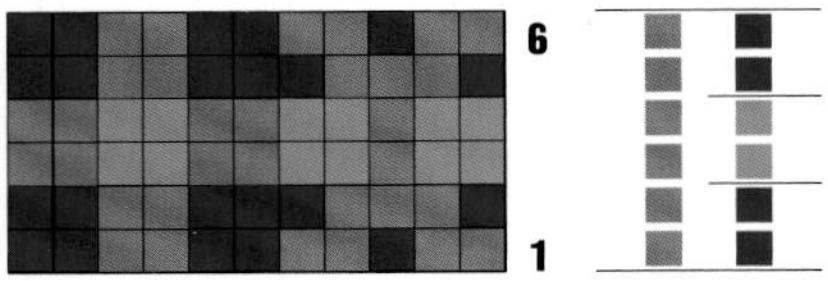

101 6行 14针

6
1

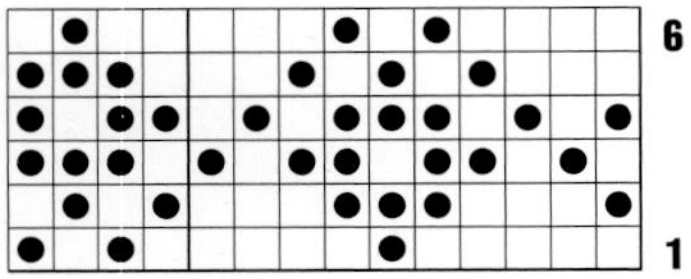

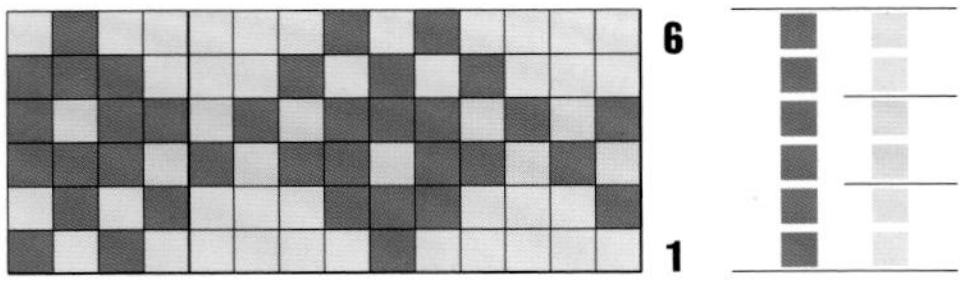

连续花样

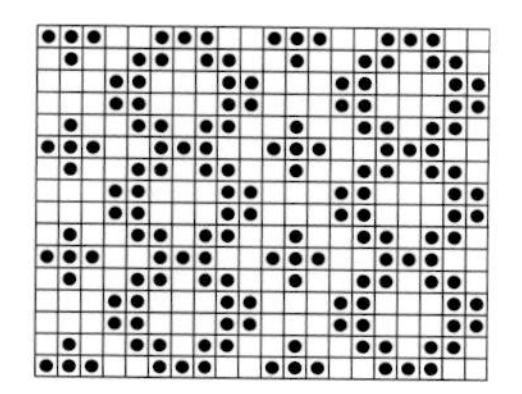

减少了1行。

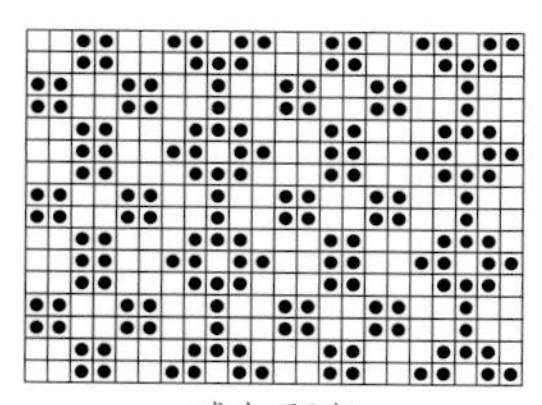

减少了1行。

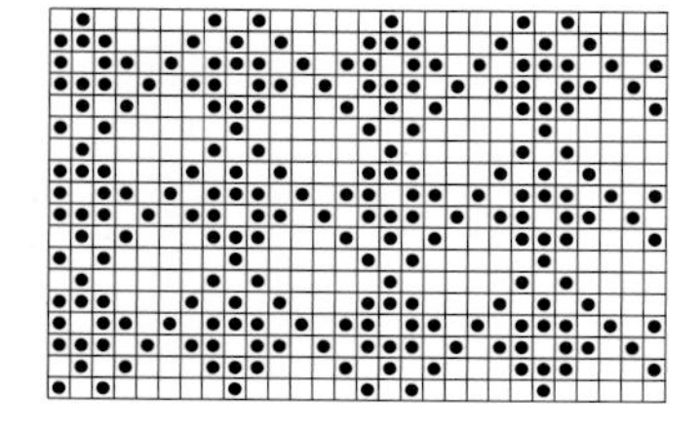

黑白编织图 | 彩色编织图 | 其他配色 | 连续花样

102

7行 4针

7
1

103

7行 4针

7
1

减少了1行。

104

7行 5针

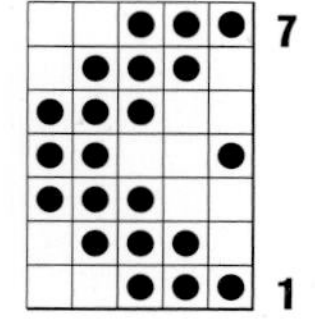

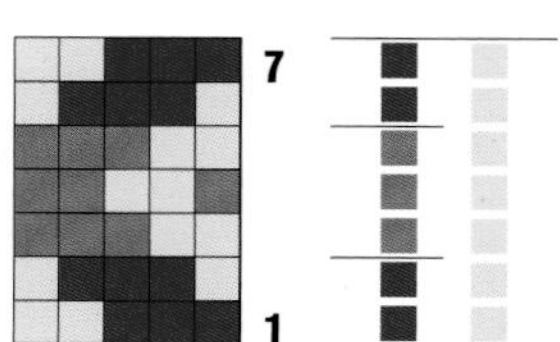

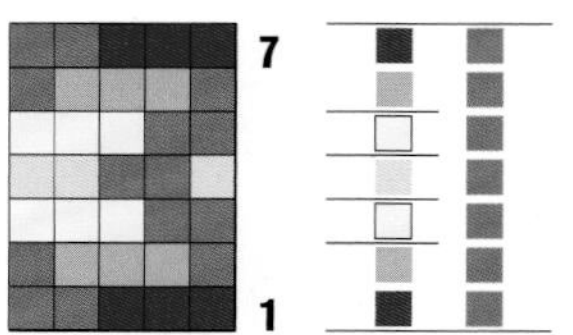

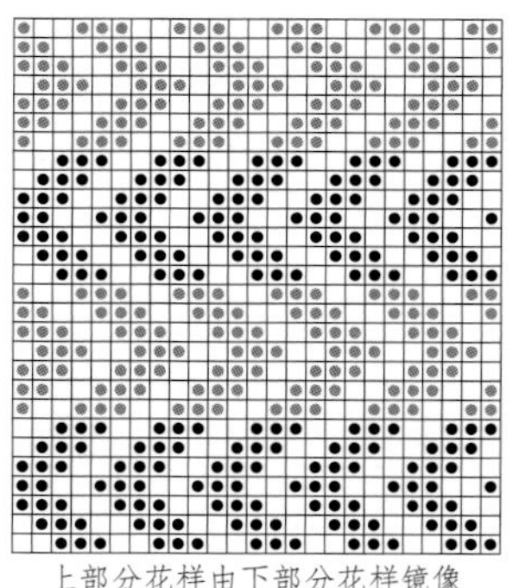

上部分花样由下部分花样镜像而得。

黑白编织图

彩色编织图

其他配色

连续花样

105

7行 6针

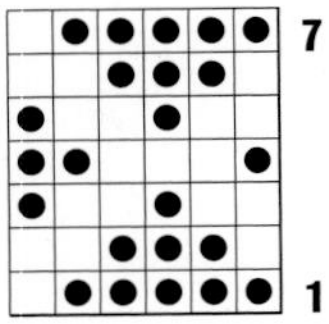

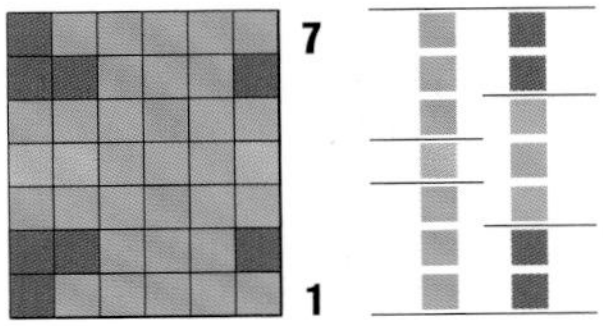

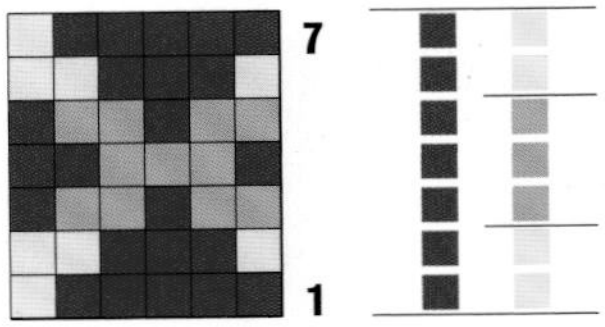

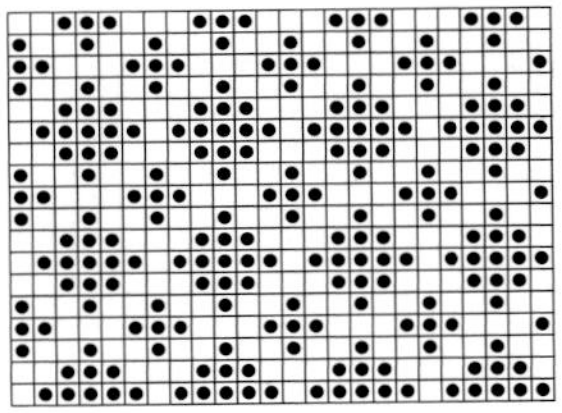

7

1

7

1

7

1

减少了1行。

106

7行 6针

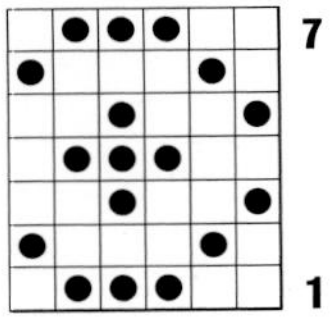

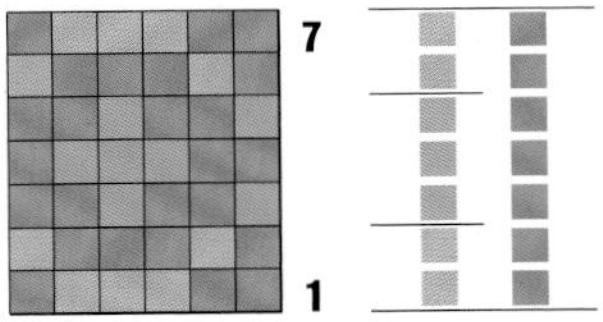

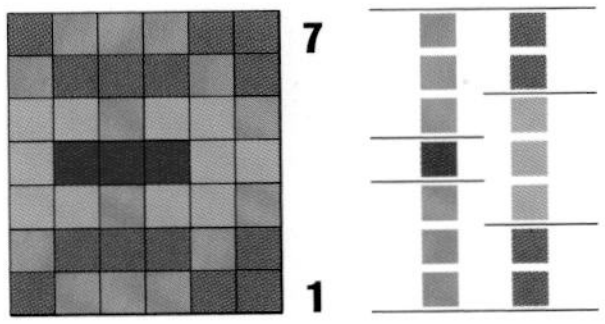

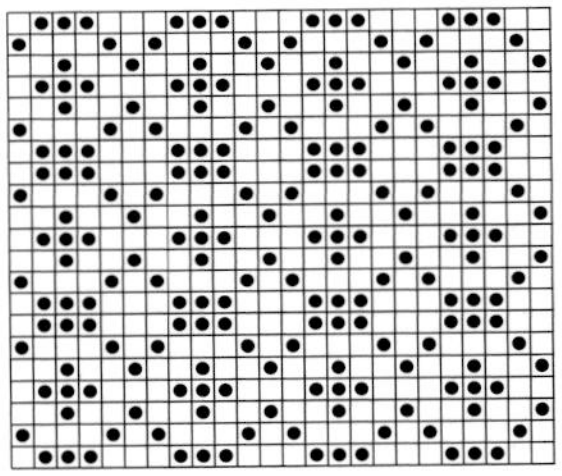

7

1

7

1

7

1

107

7行 6针

7

1

7

1

7

1

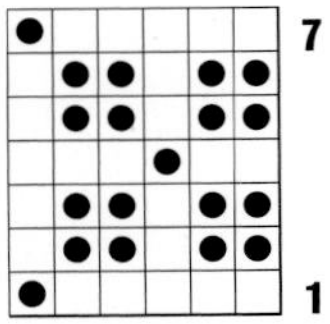

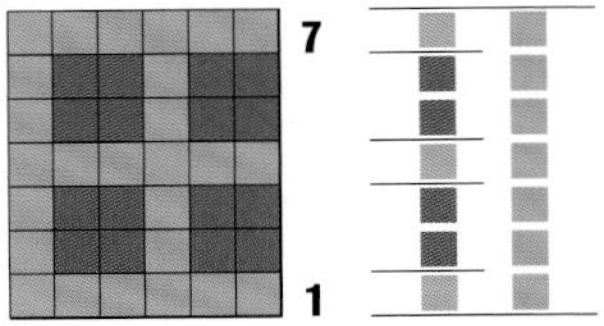

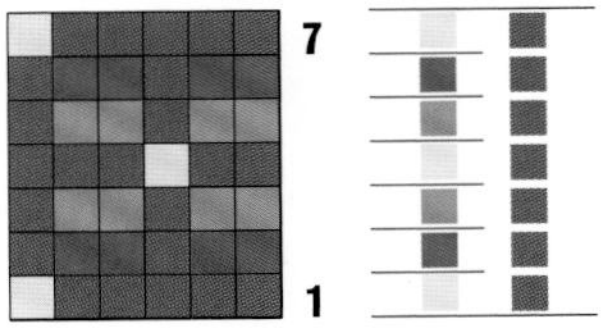

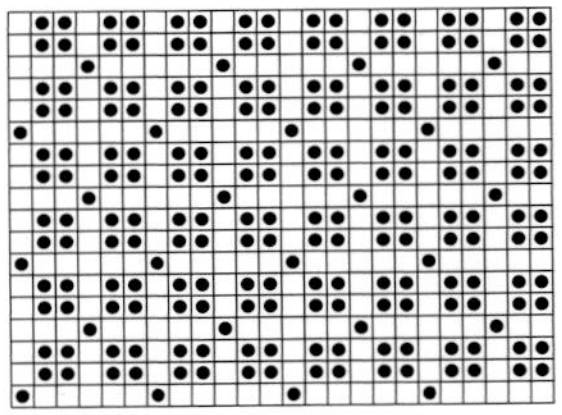

减少了1行。

黑白编织图	彩色编织图	其他配色	连续花样

108 7行 7针

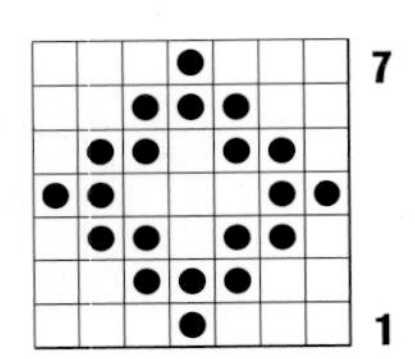

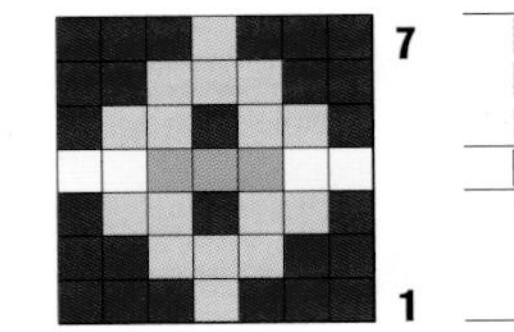

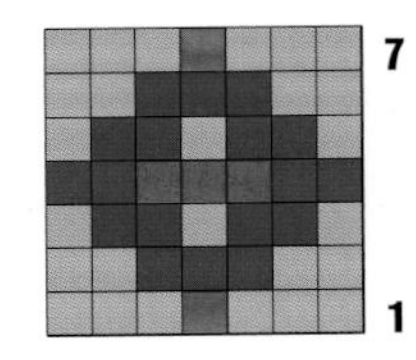

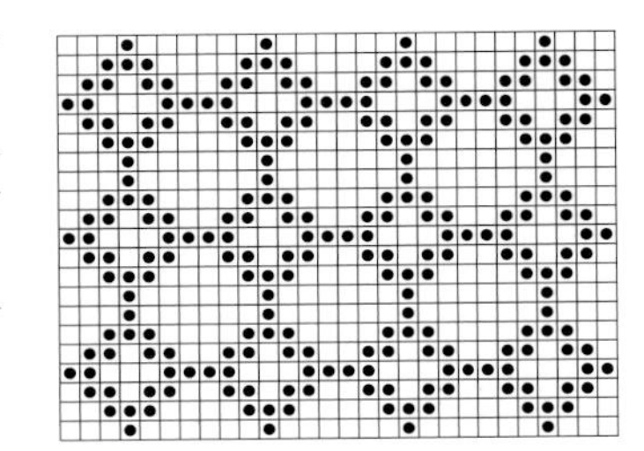

109 7行 8针

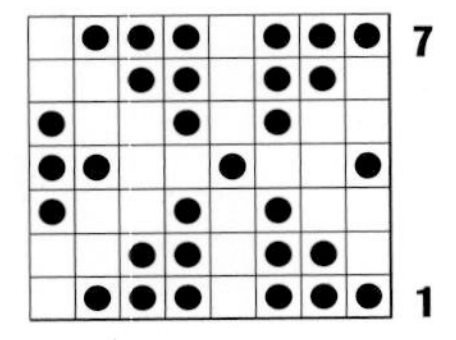

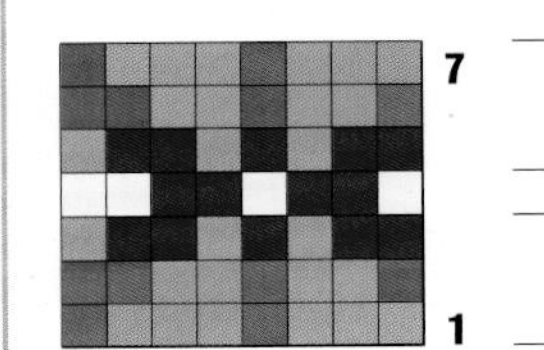

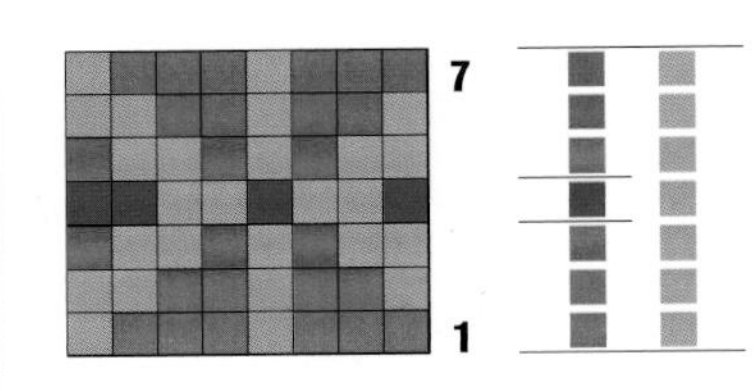

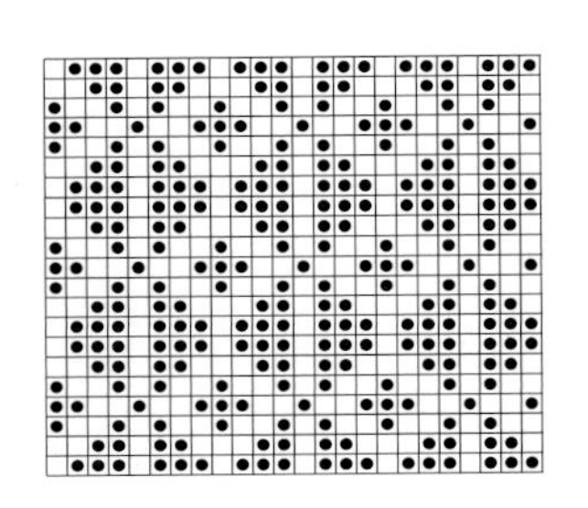

110 7行 8针

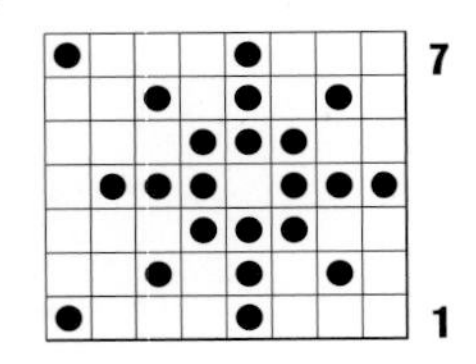

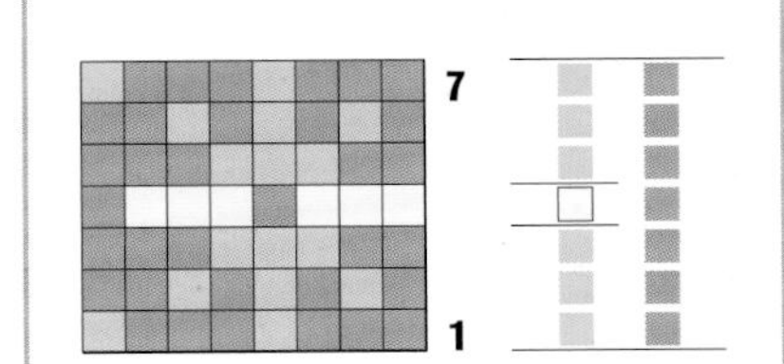

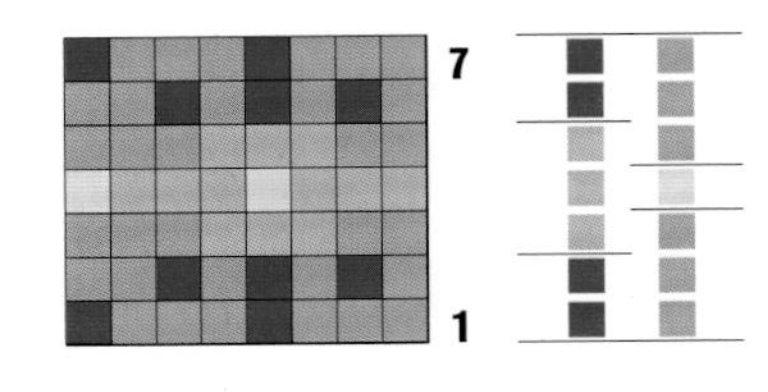

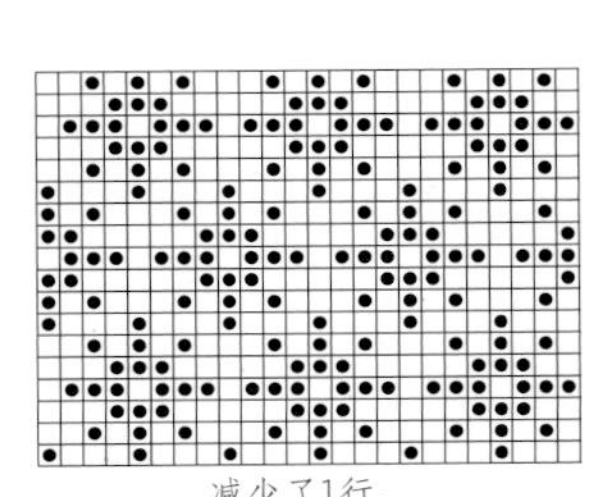

减少了1行。

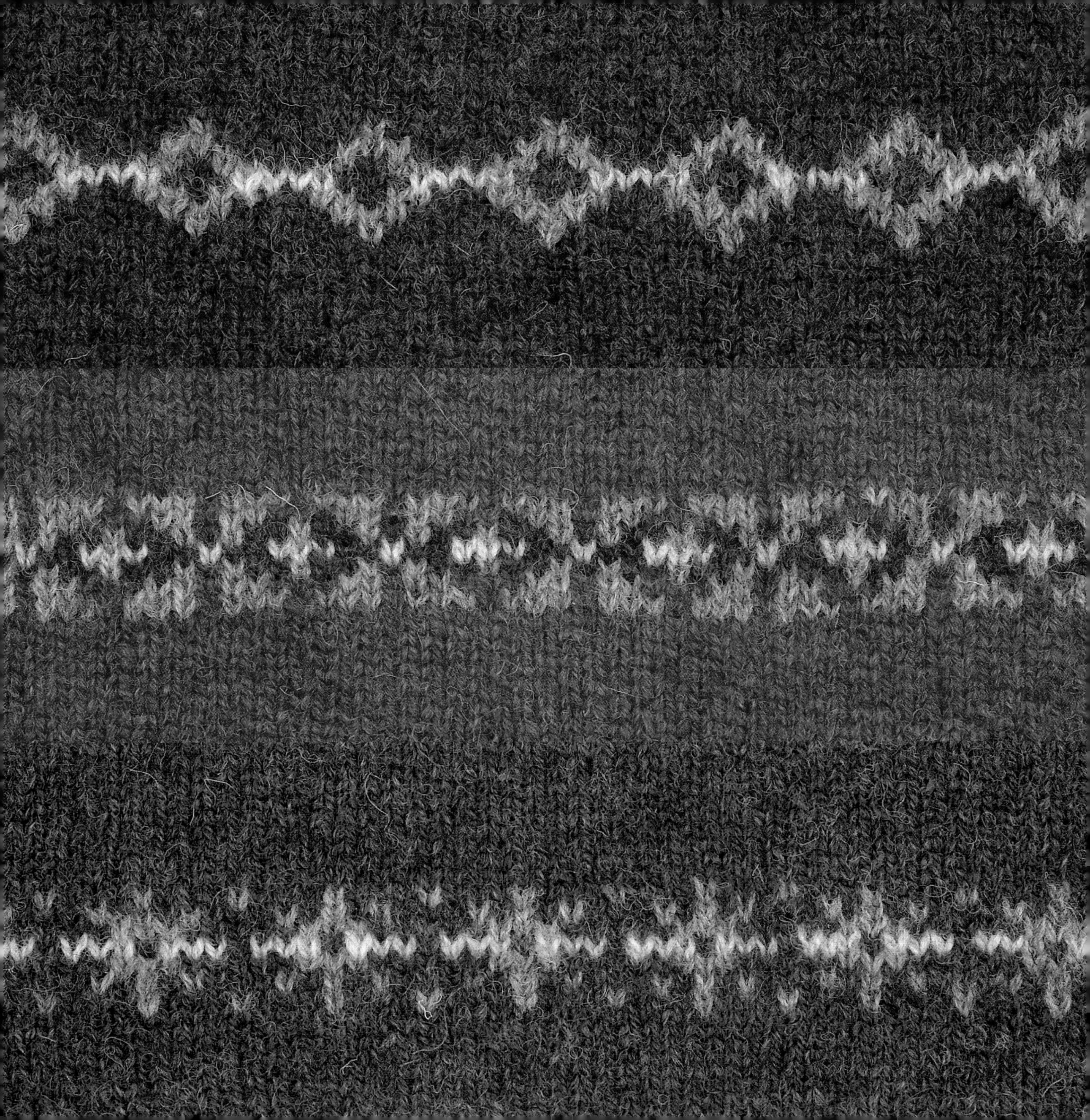

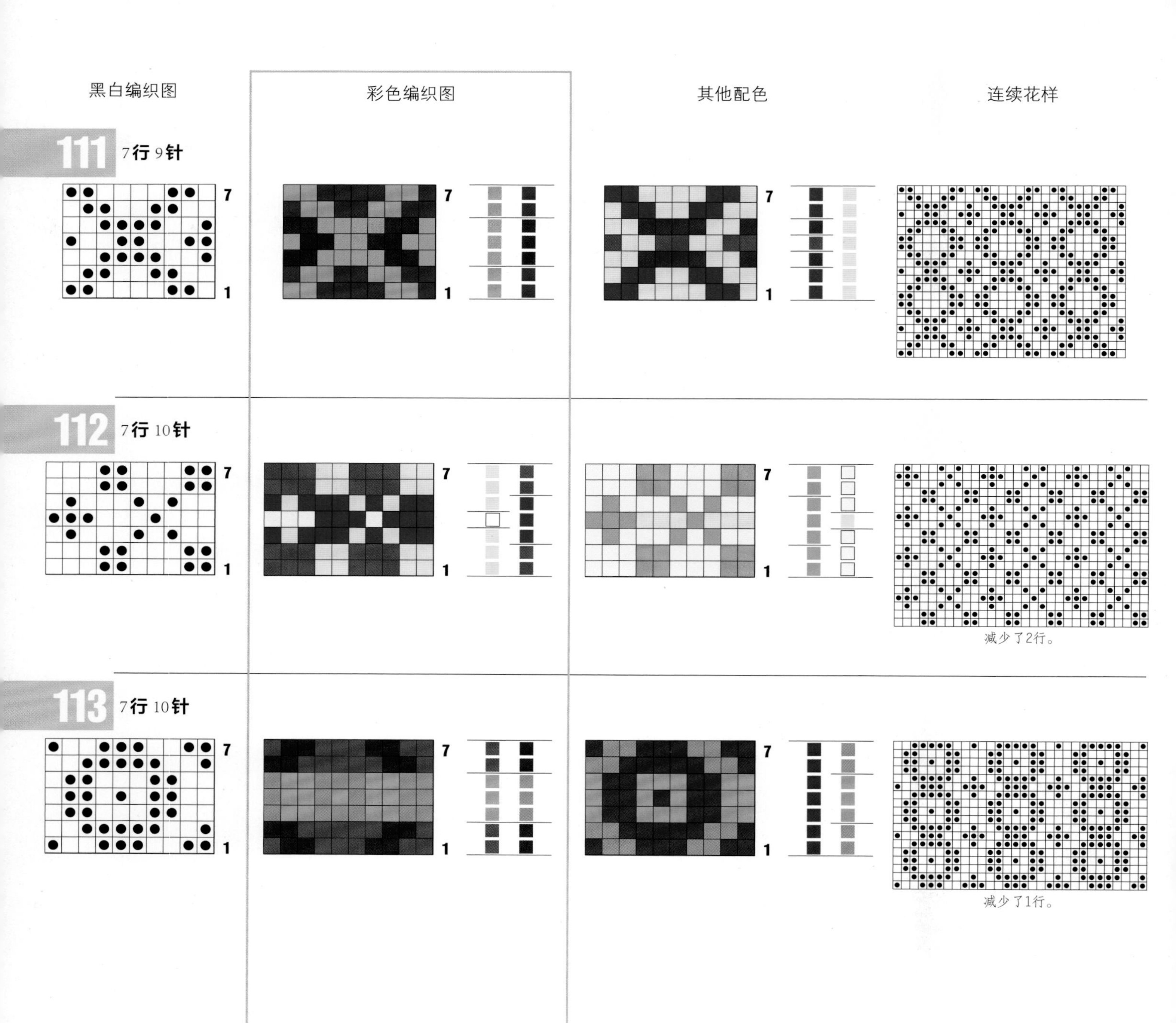
黑白编织图
彩色编织图
其他配色
连续花样
111
7行 9针
7
1
112
7行 10针
减少了2行。
113
7行 10针
减少了1行。

黑白编织图　　彩色编织图　　其他配色

114 7行 10针

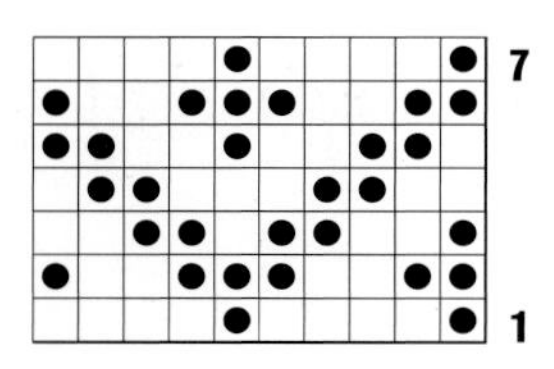

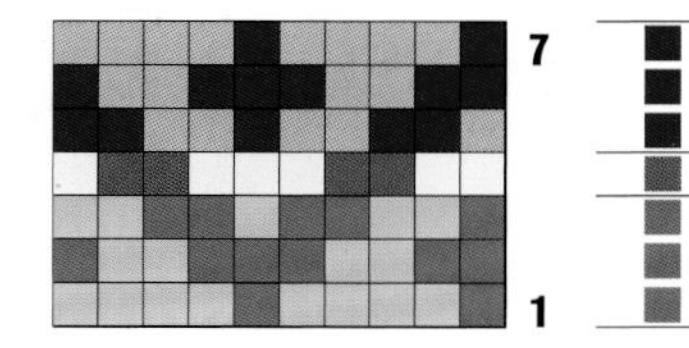

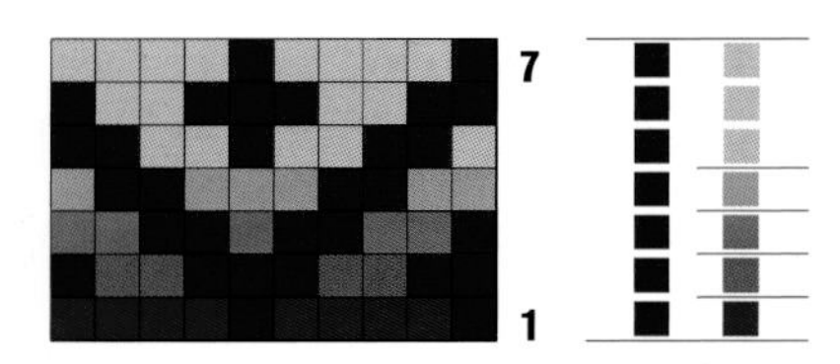

115 7行 12针

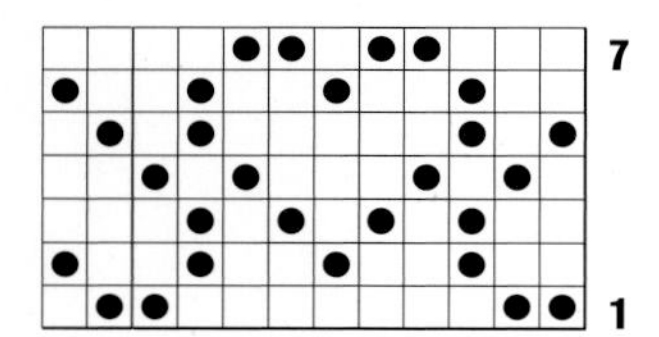

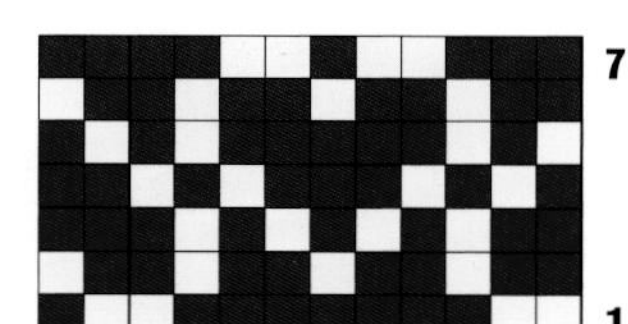

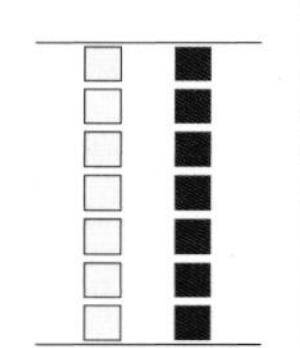

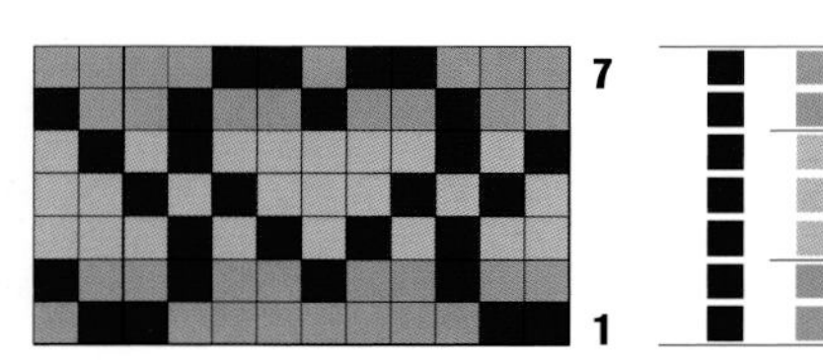

116 7行 14针

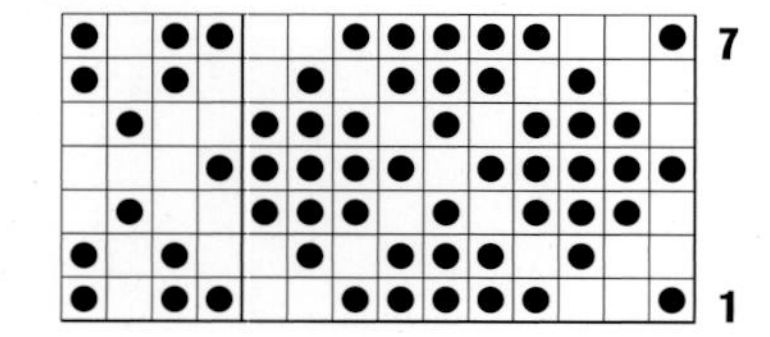

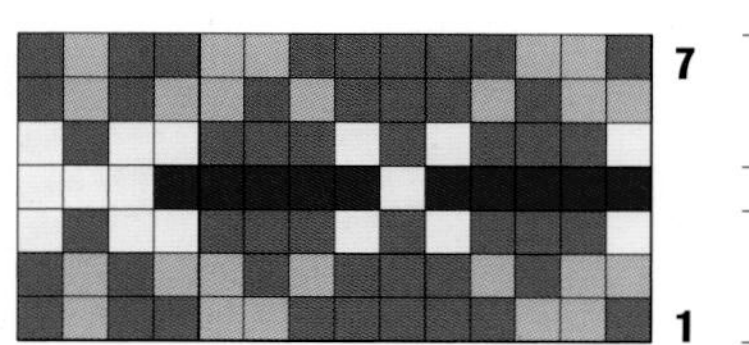

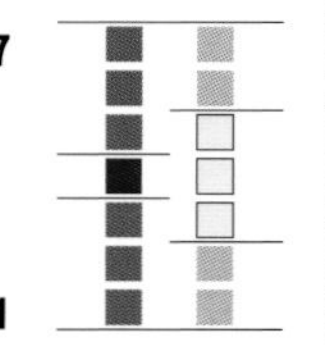

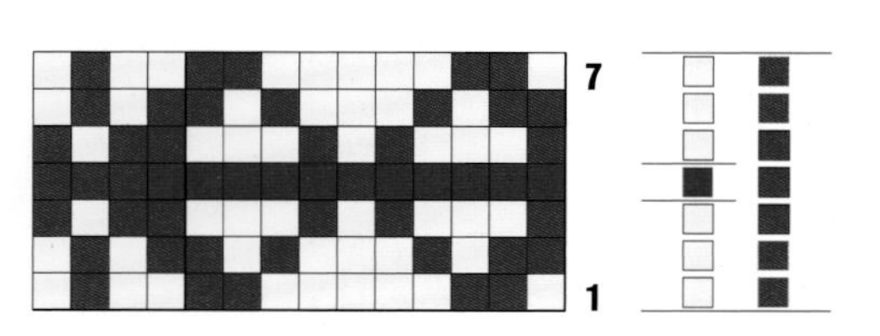

连续花样

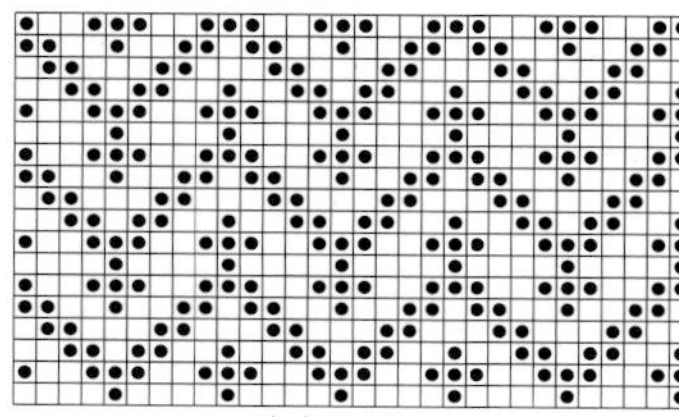

减少了1行。

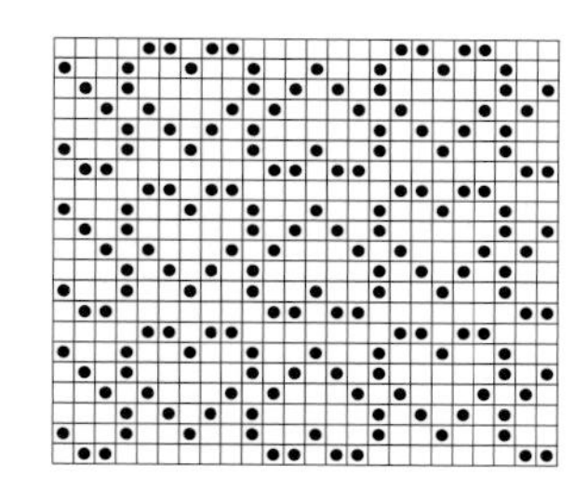

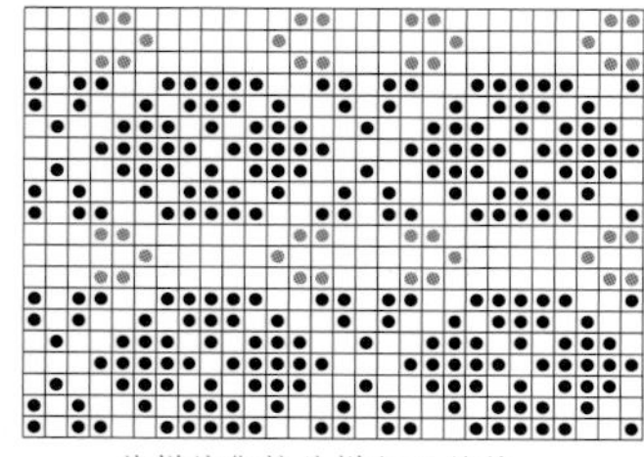

花样的衔接处增加了针数。

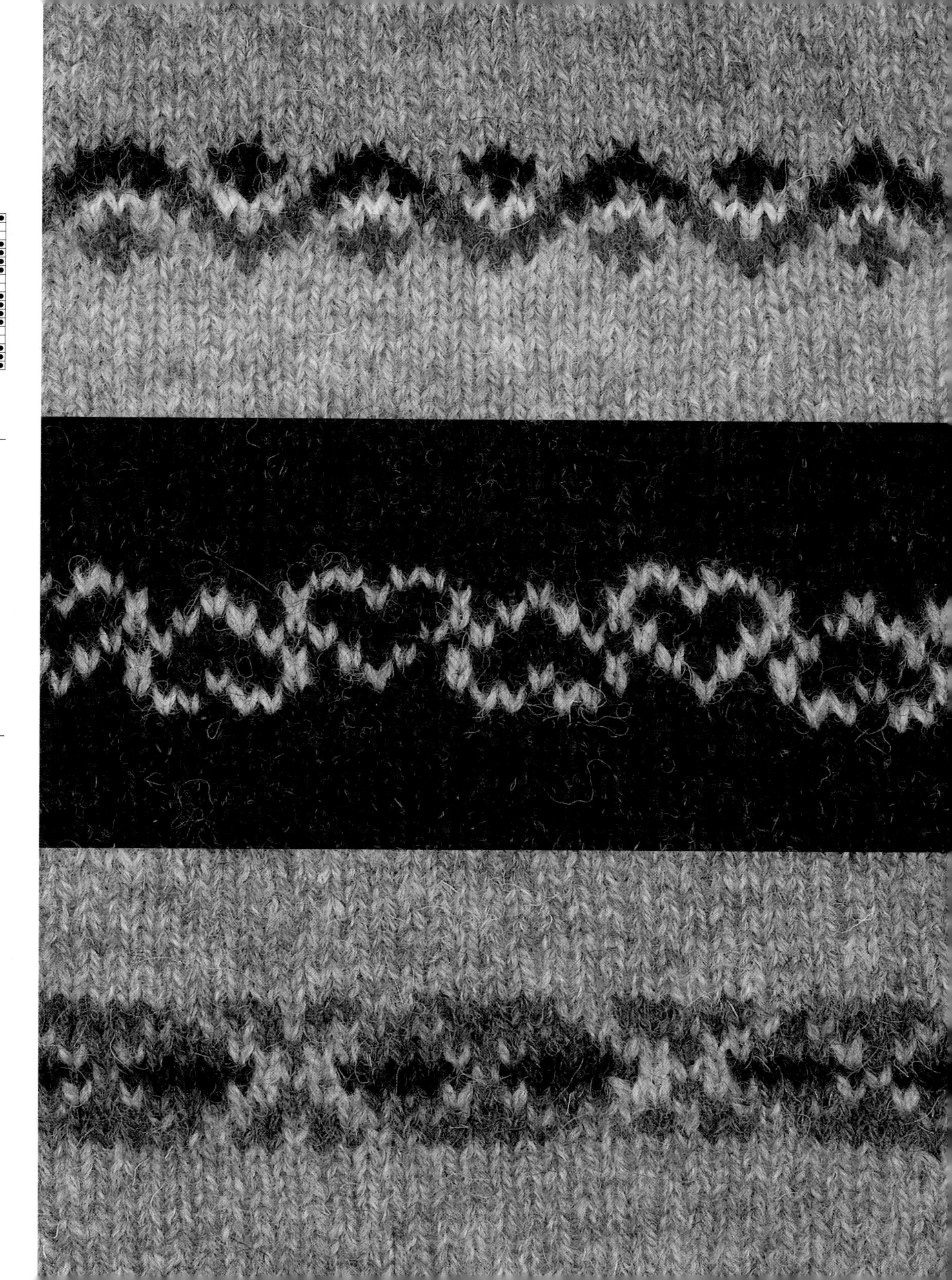

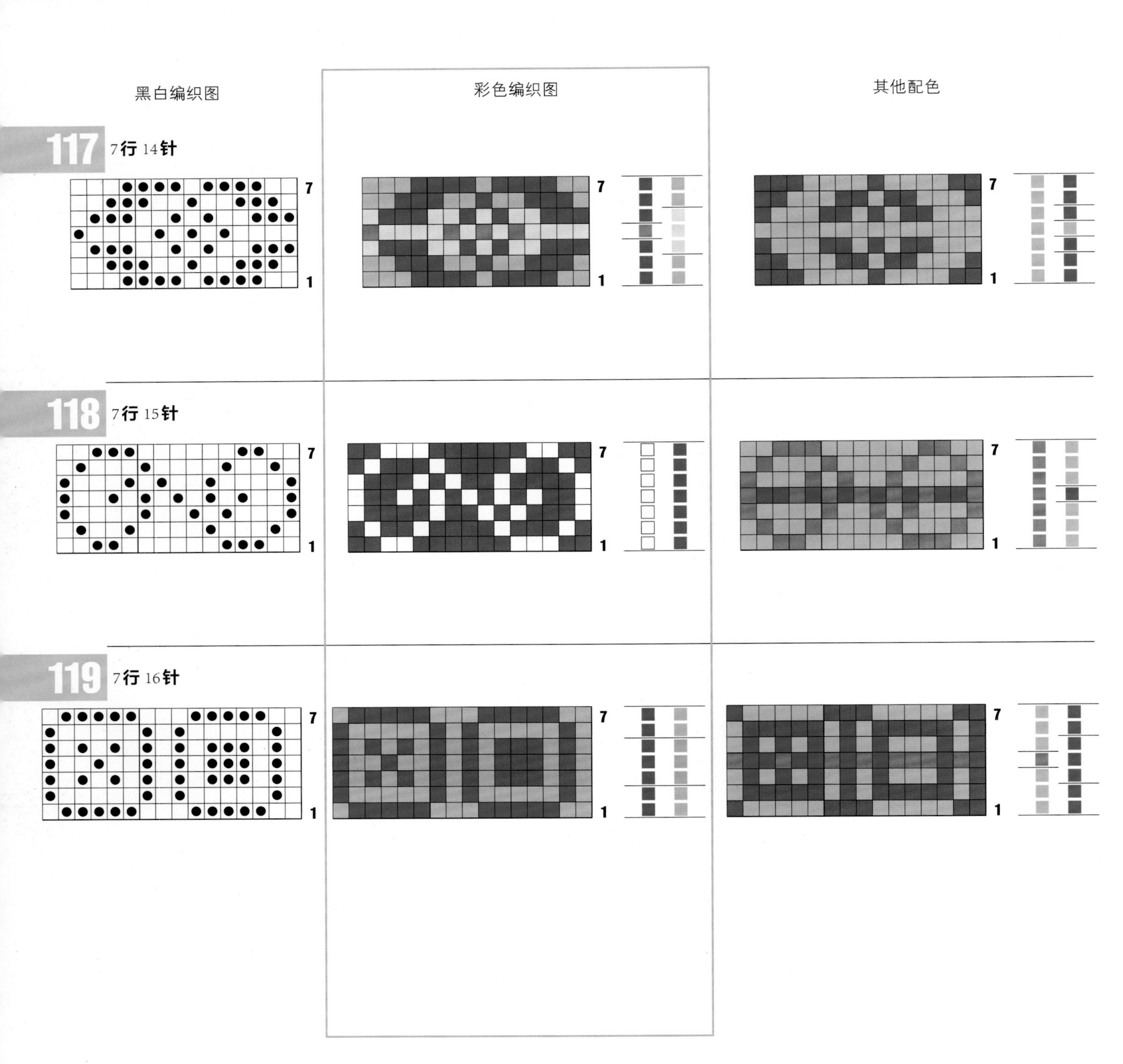

黑白编织图
彩色编织图
其他配色
117
7行 14针
7
1
118
7行 15针
119
7行 16针

连续花样

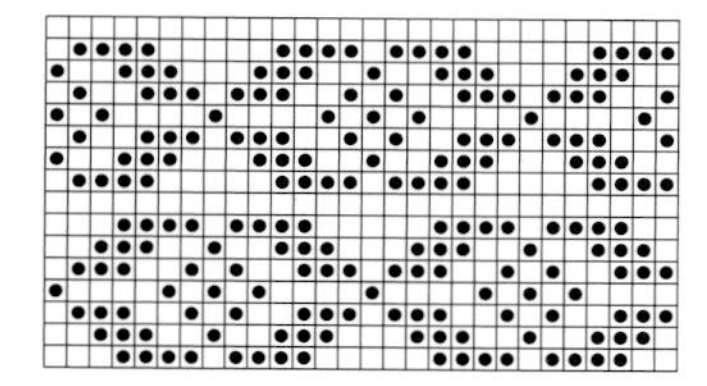

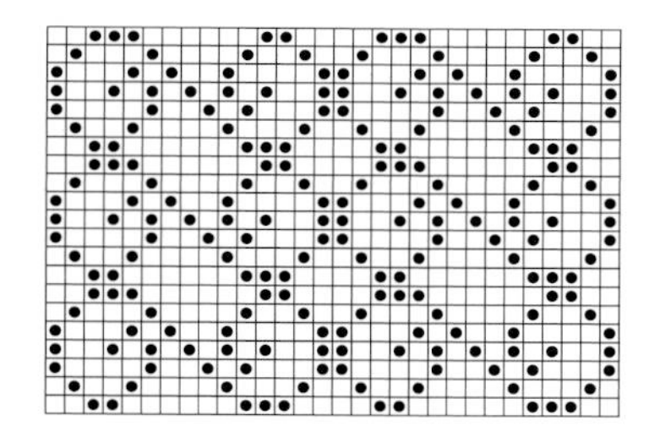

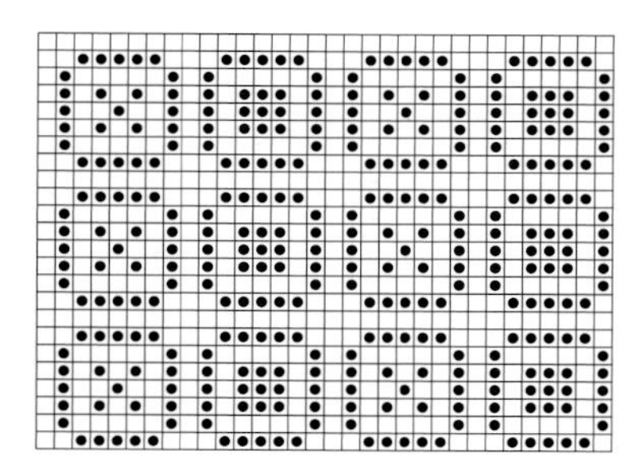

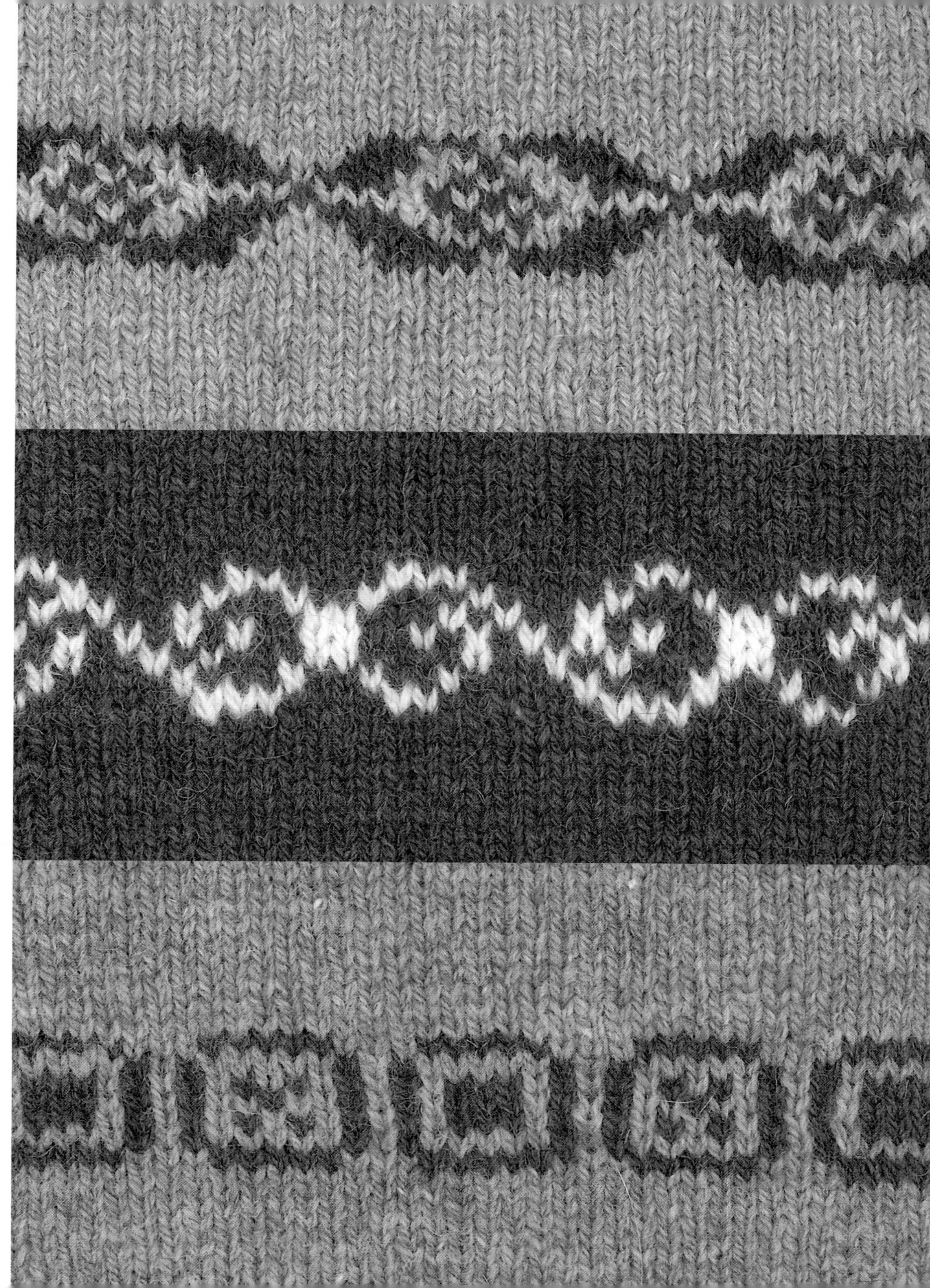

黑白编织图 | 彩色编织图 | 其他配色

120 8行 6针

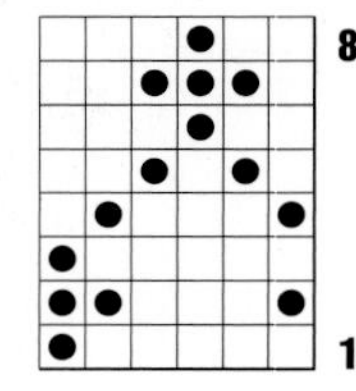

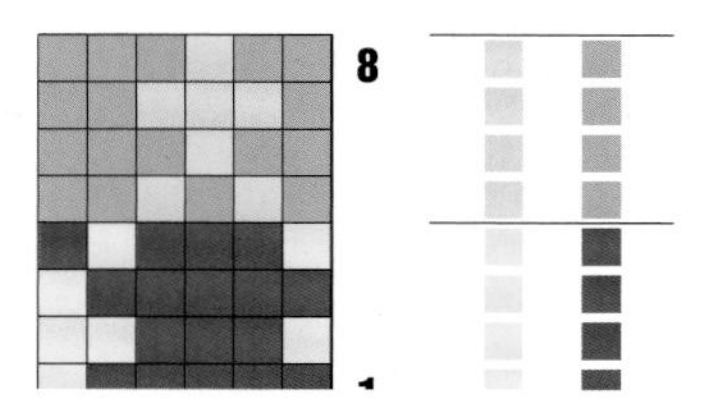

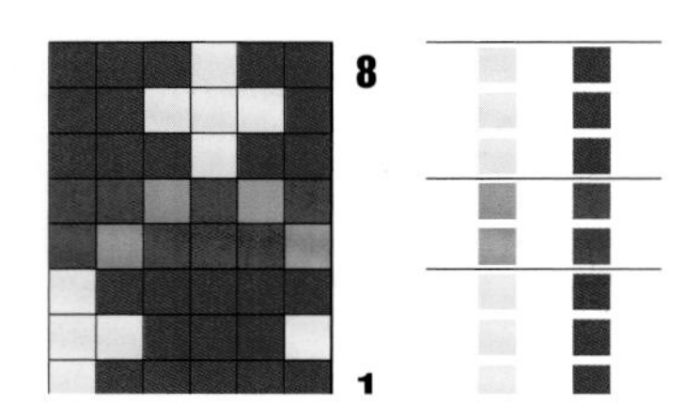

121 8行 7针

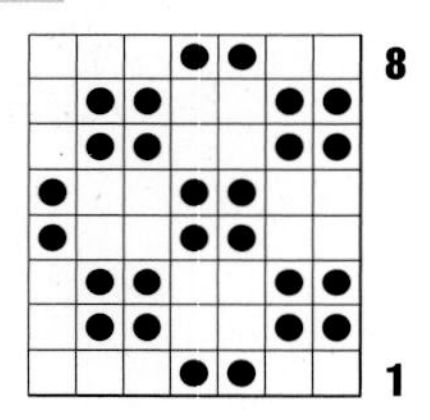

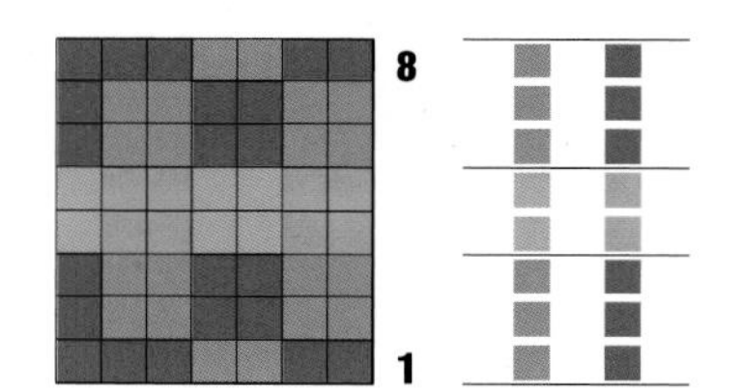

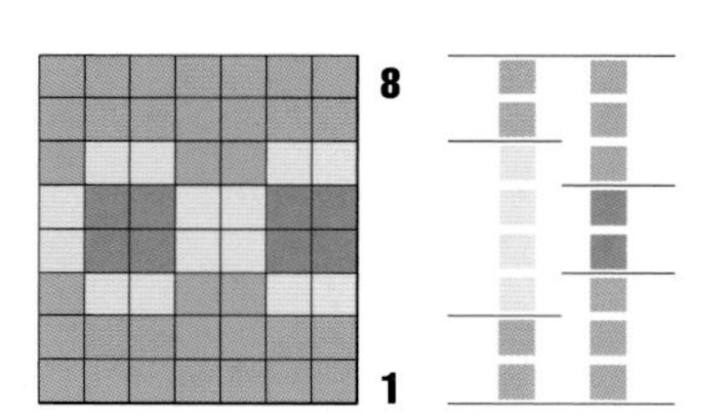

122 8行 8针

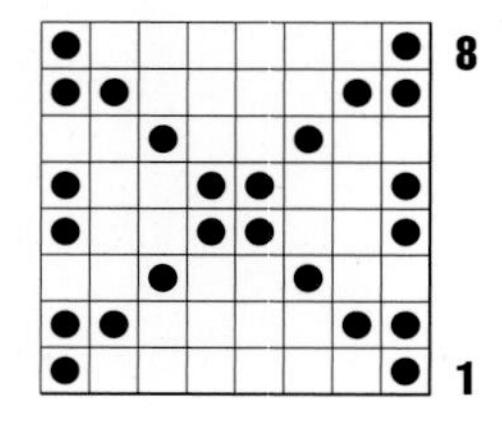

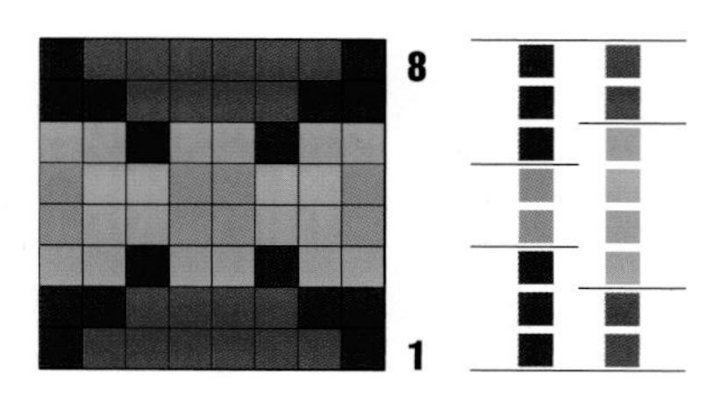

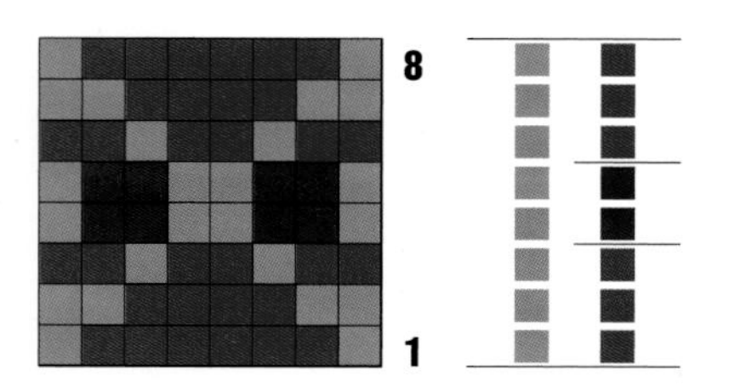

连续花样

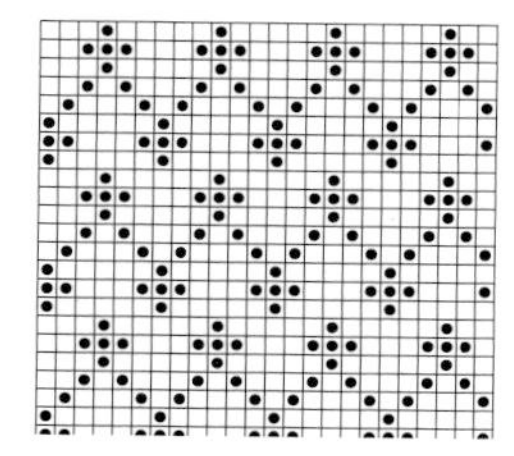

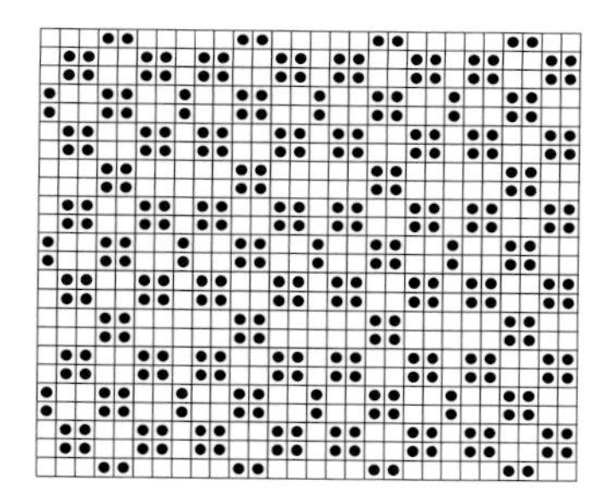

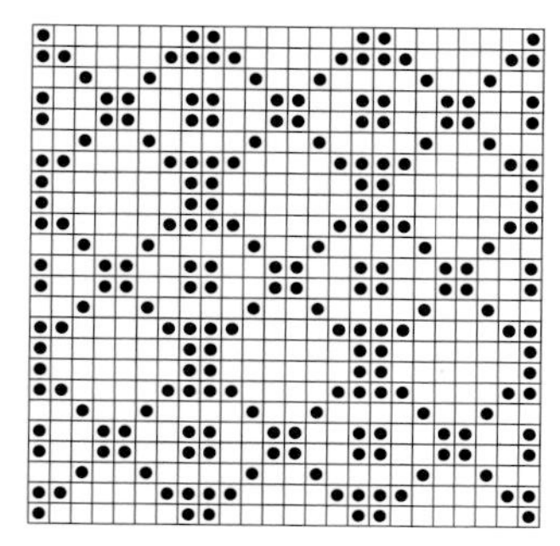

黑白编织图

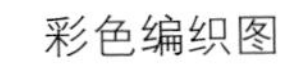

其他配色

123 8行 10针

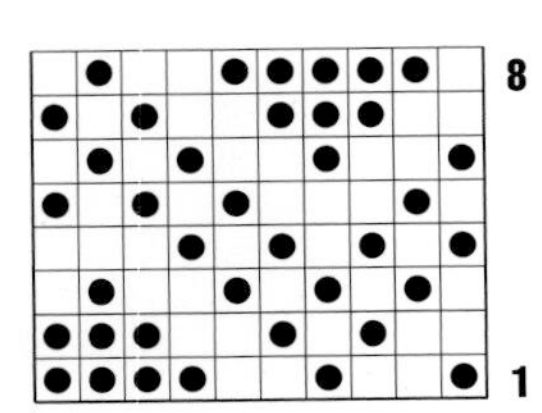

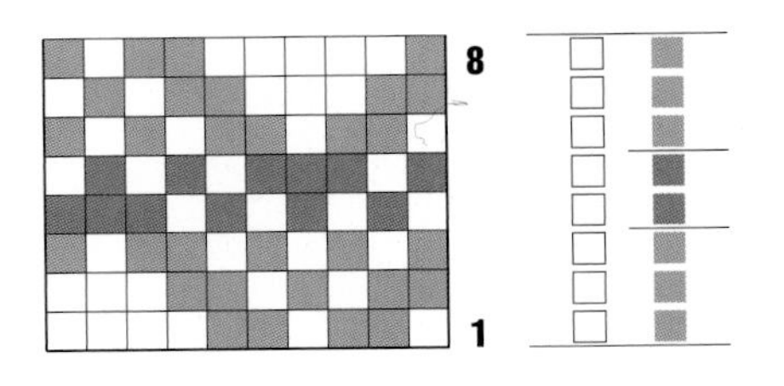

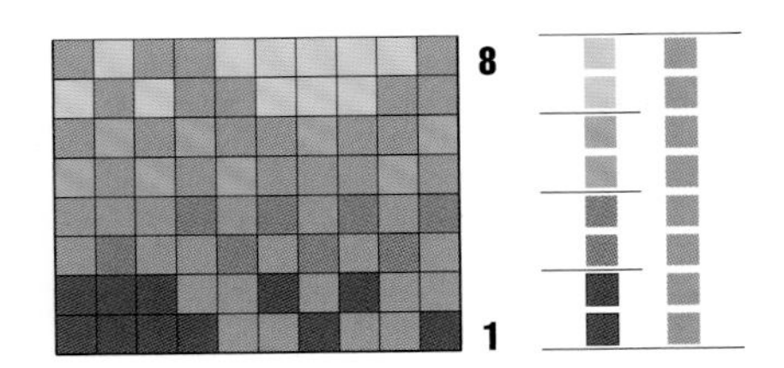

124 8行 12针

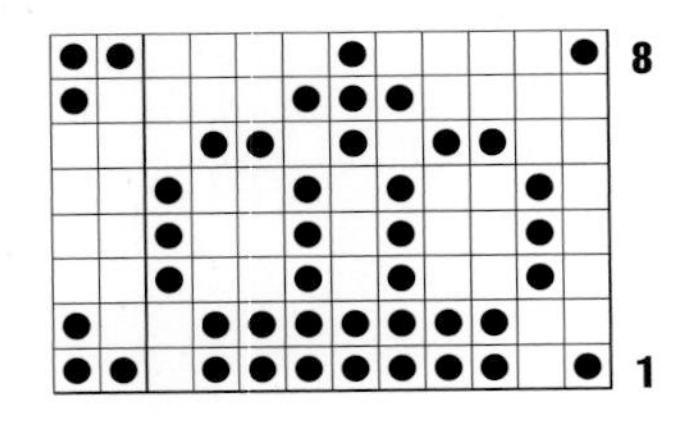

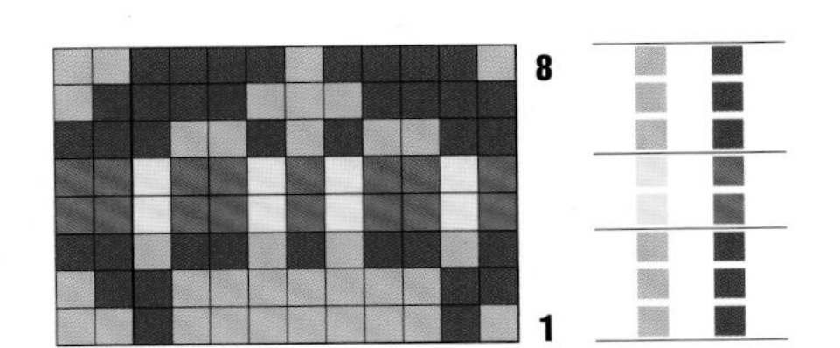

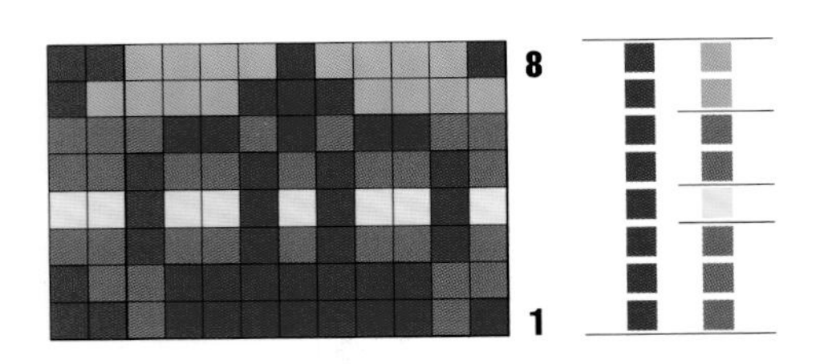

125 8行 15针

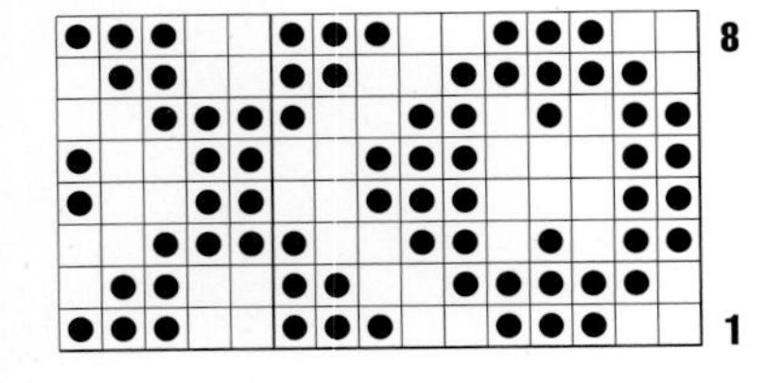

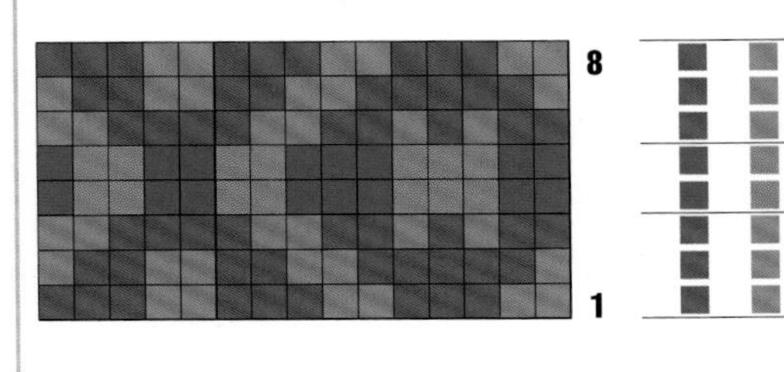

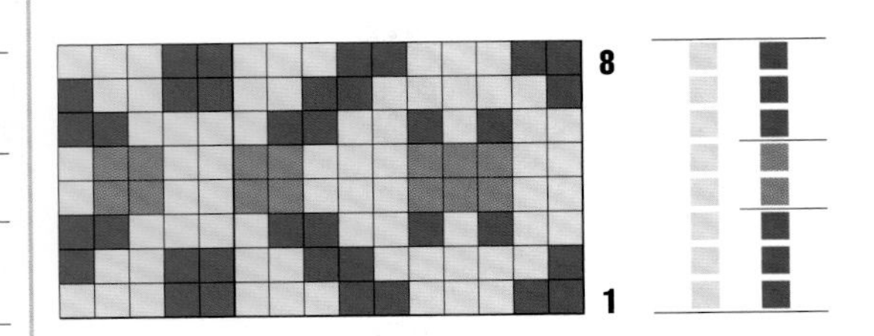

连续花样

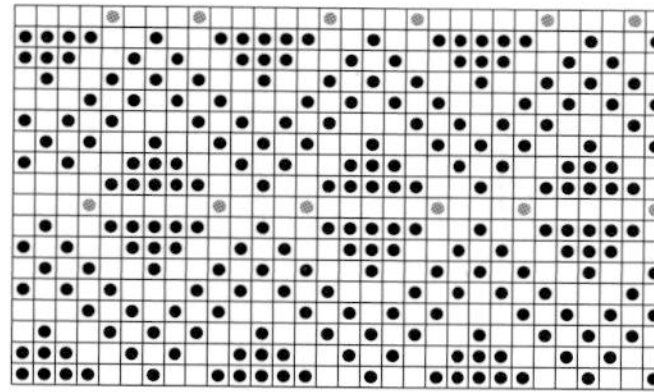

花样的衔接处增加了针数。

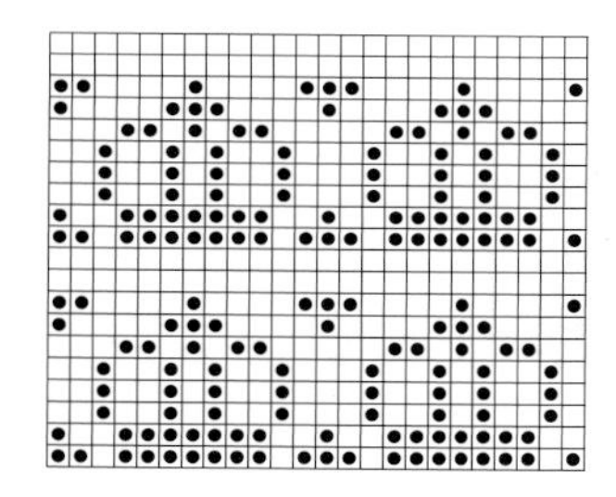

减少了1行。

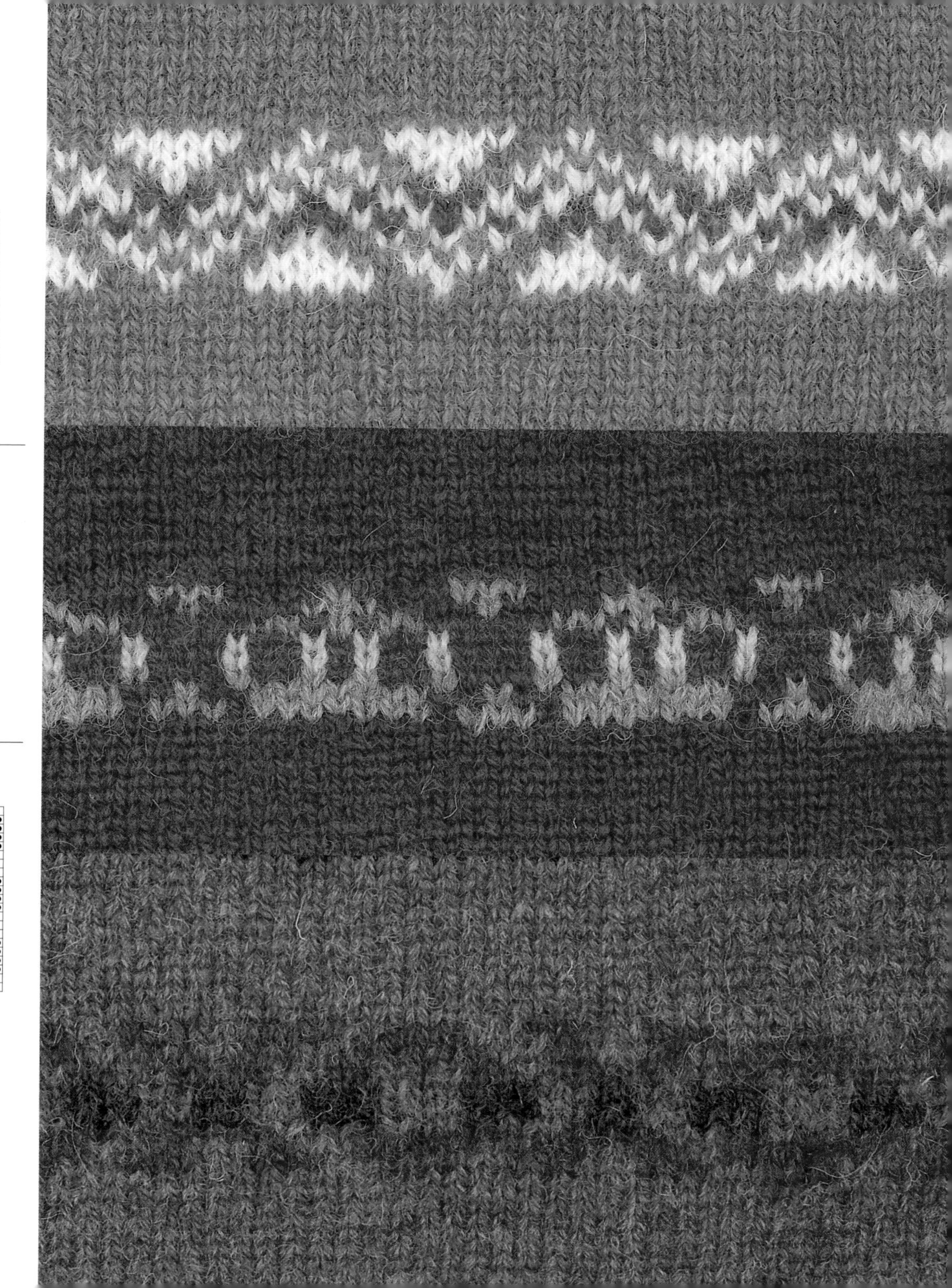

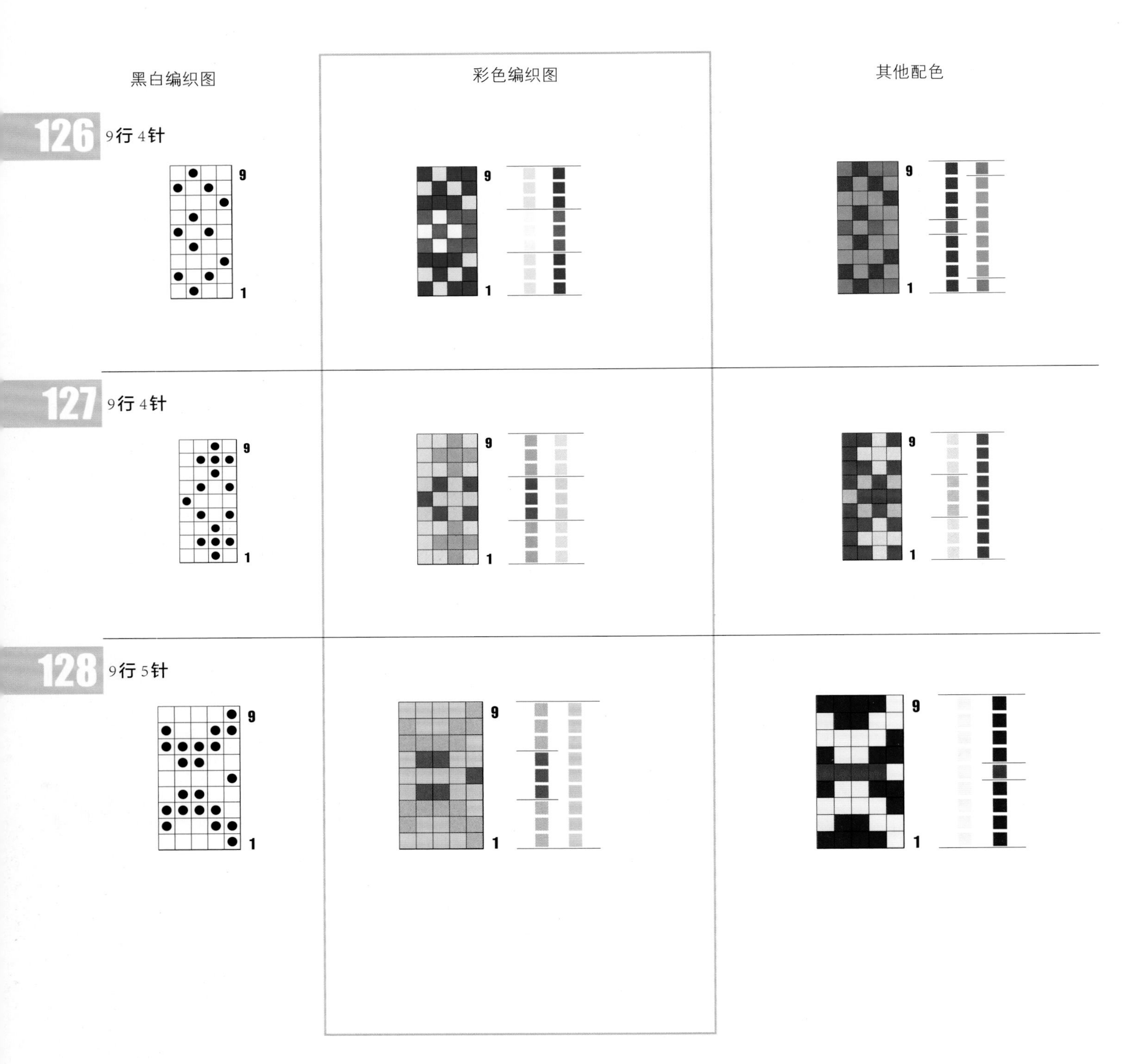

黑白编织图
彩色编织图
其他配色
126
9行 4针
9
1
127
9行 4针
9
1
128
9行 5针
9
1

连续花样

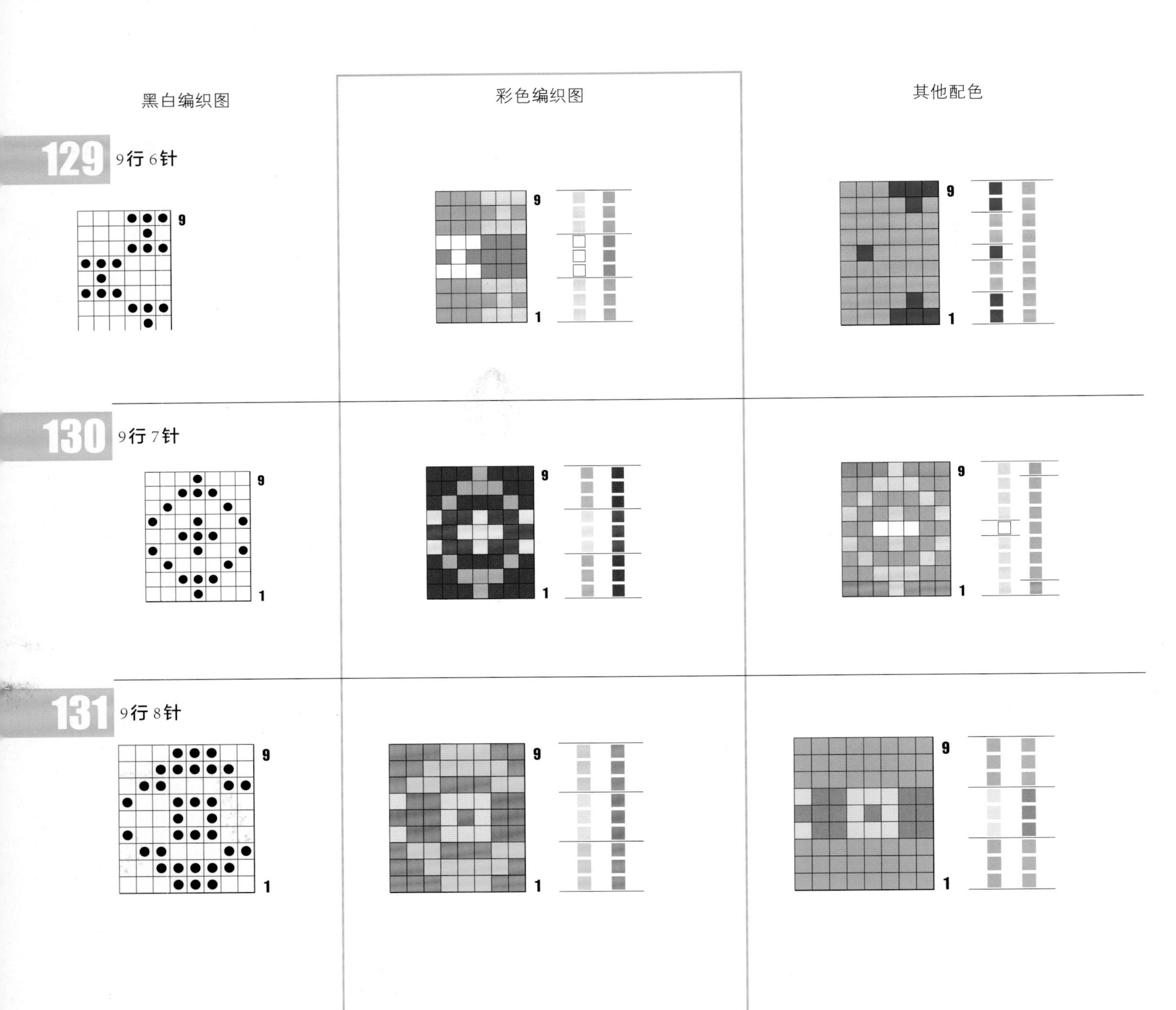
黑白编织图
彩色编织图
其他配色
129
9行6针
130
9行7针
131
9行8针

连续花样

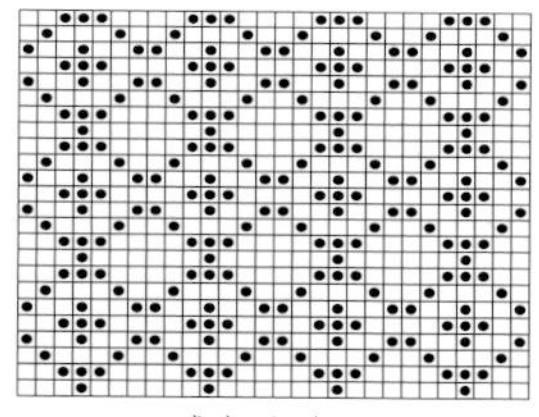

减少了1行。

花样的衔接处增加了针数。

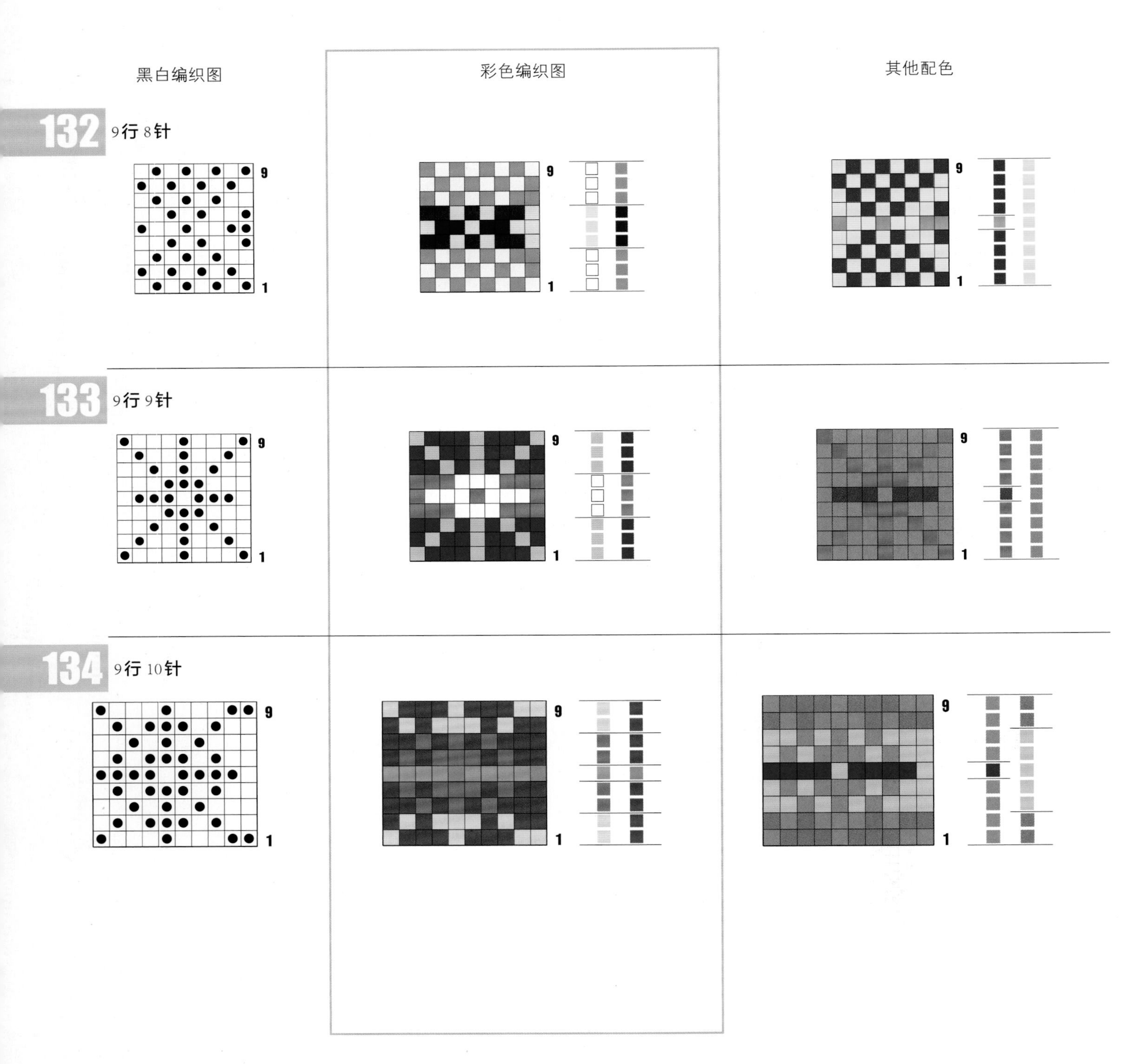
黑白编织图
彩色编织图
其他配色
132
9行 8针
9
1
133
9行 9针
9
1
134
9行 10针
9
1

连续花样

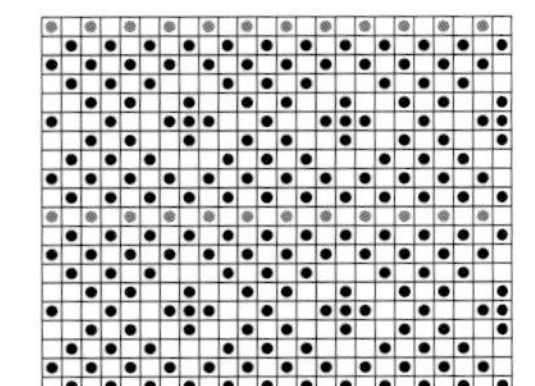

花样的衔接处增加了针数。

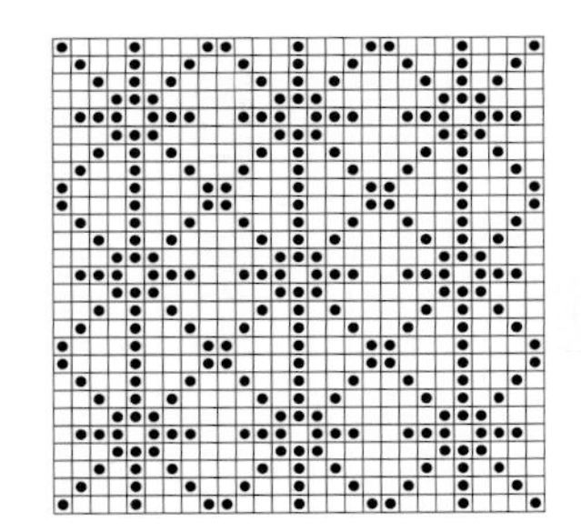

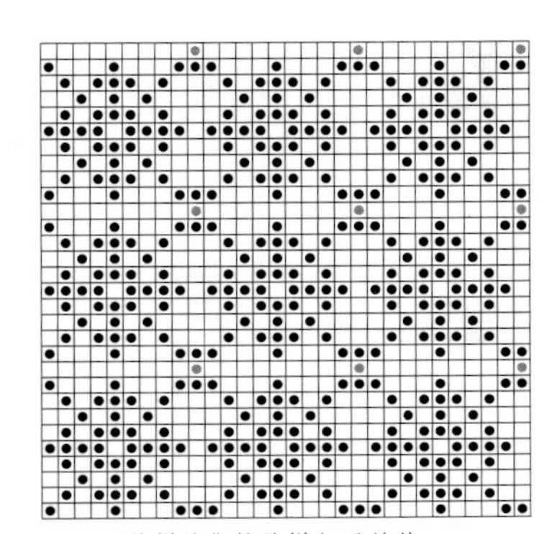

花样的衔接处增加了针数。

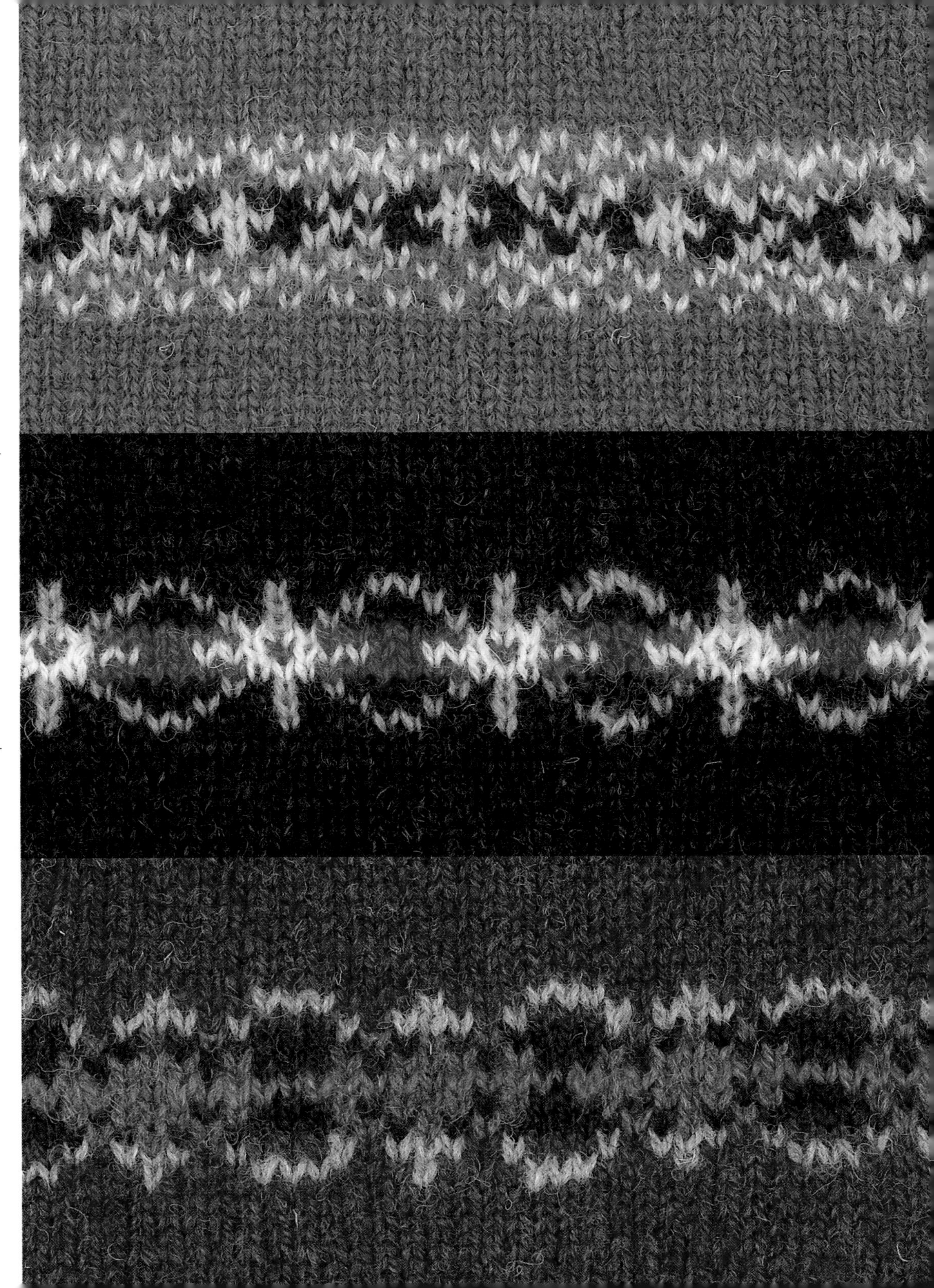

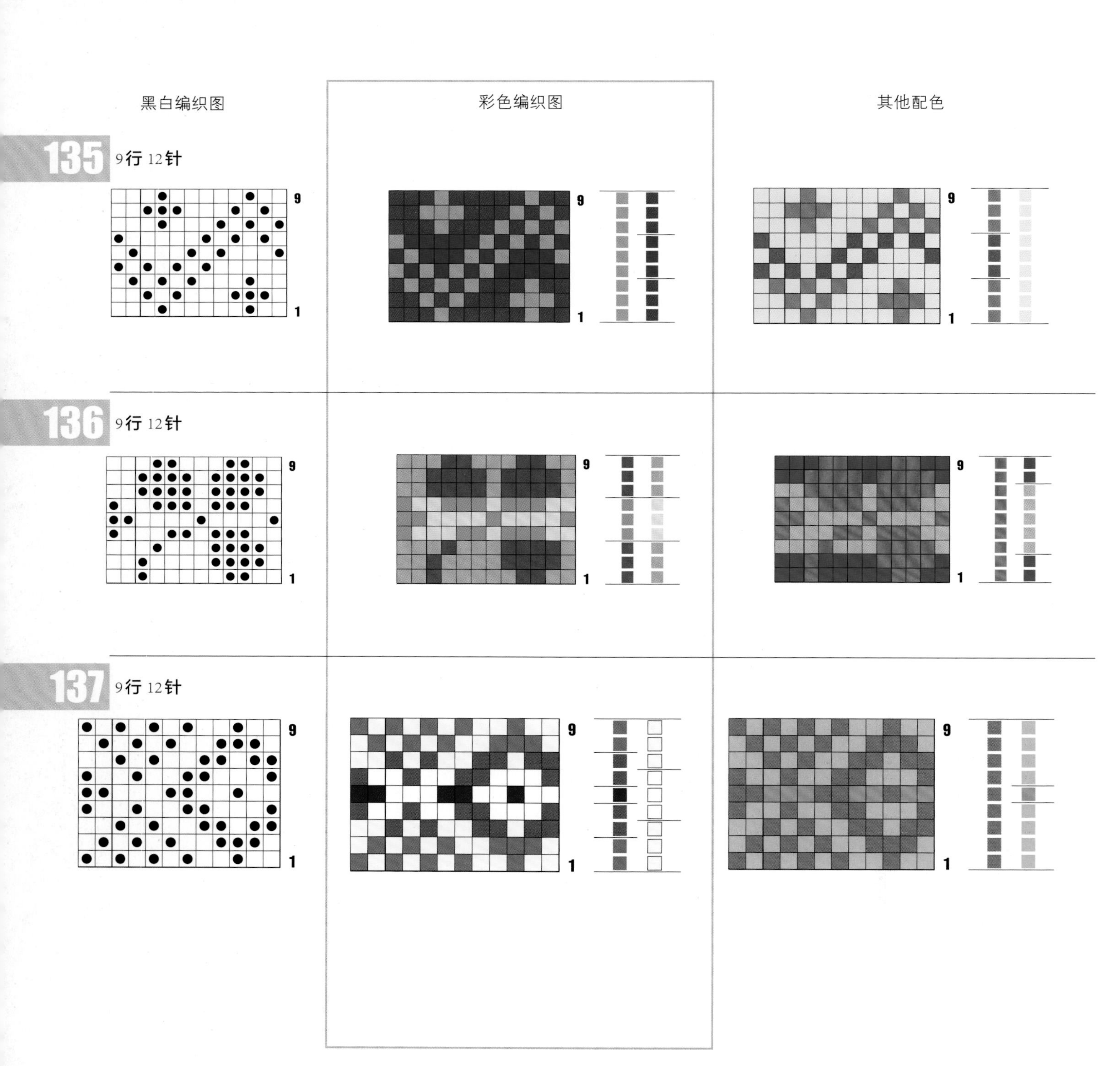
黑白编织图
彩色编织图
其他配色
135
9行 12针
136
9行 12针
137
9行 12针
9
1

连续花样

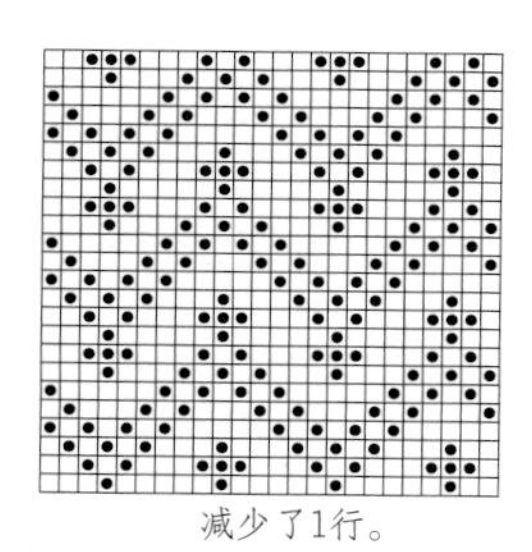

减少了1行。

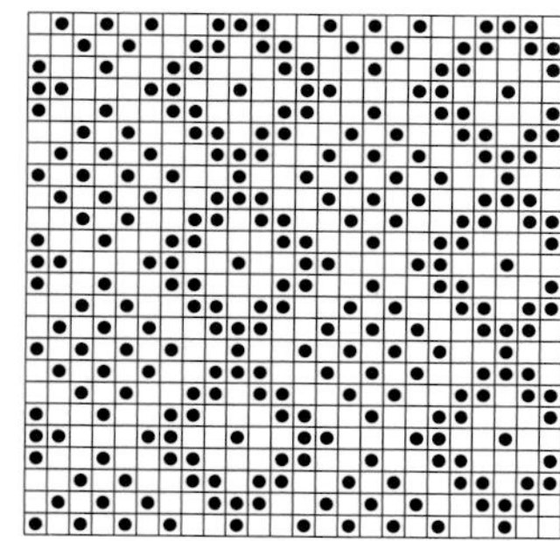

减少了1行。

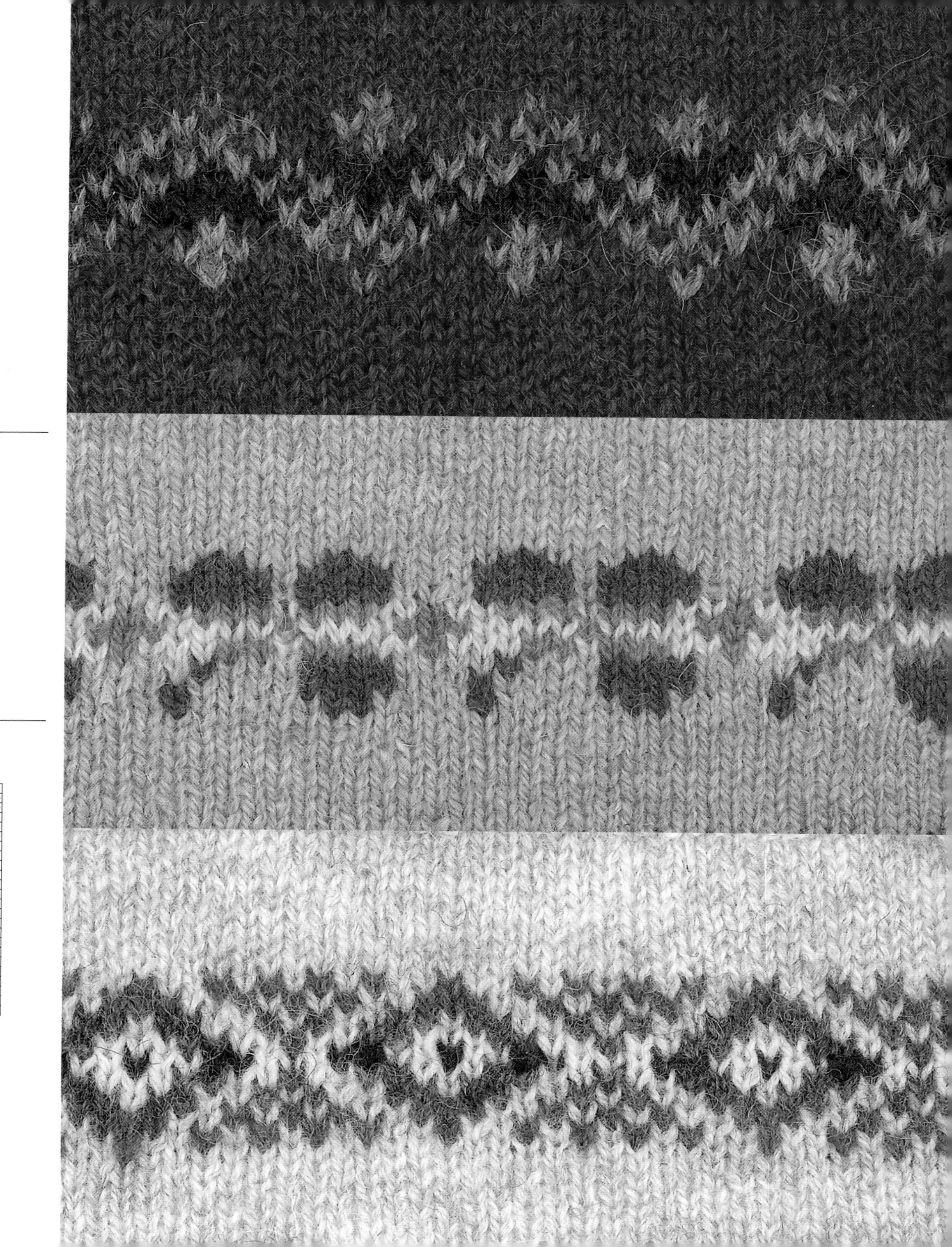

黑白编织图

彩色编织图

其他配色

138

9行 14针

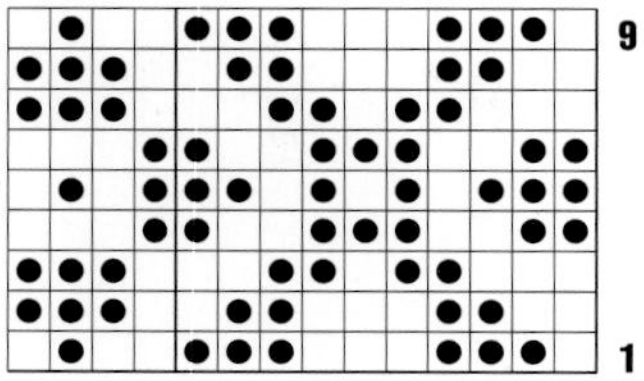

9

1

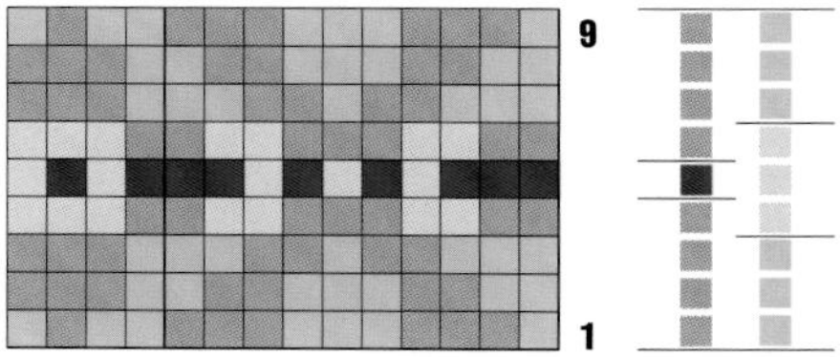

9

1

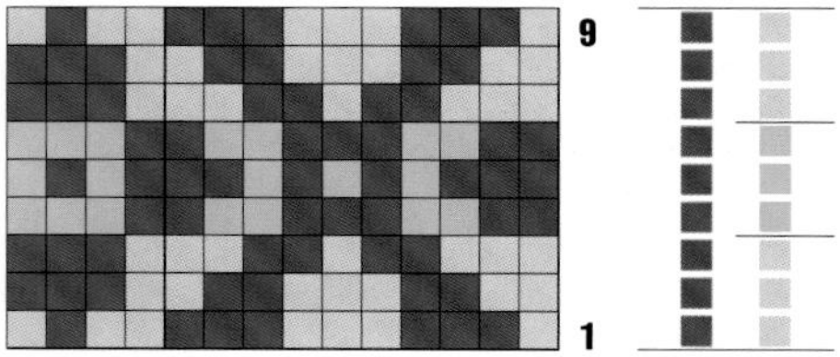

9

1

139

9行 14针

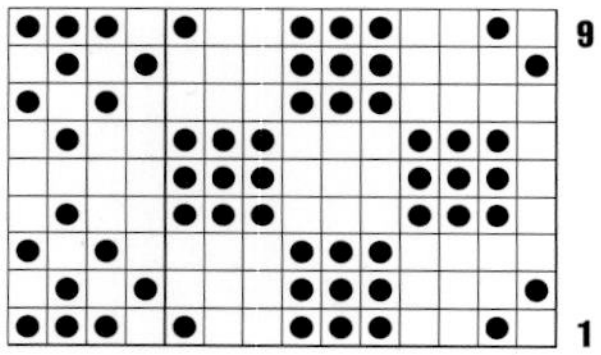

9

1

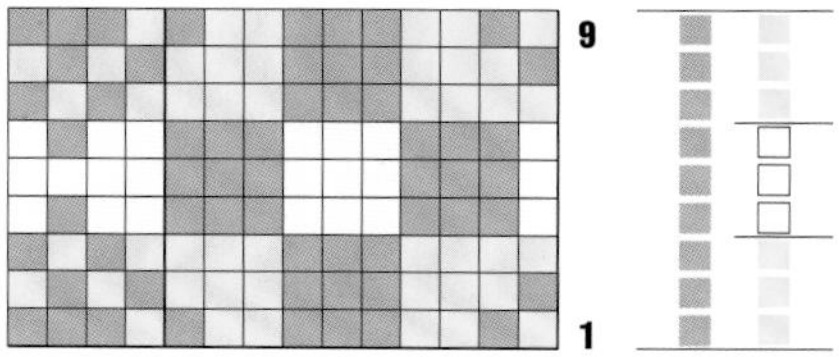

9

1

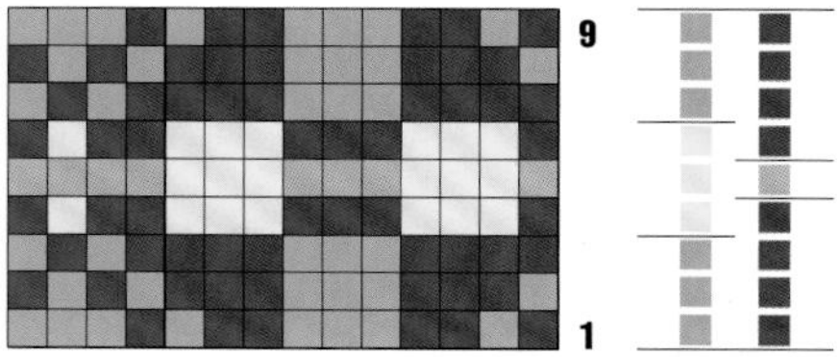

9

1

140

9行 16针

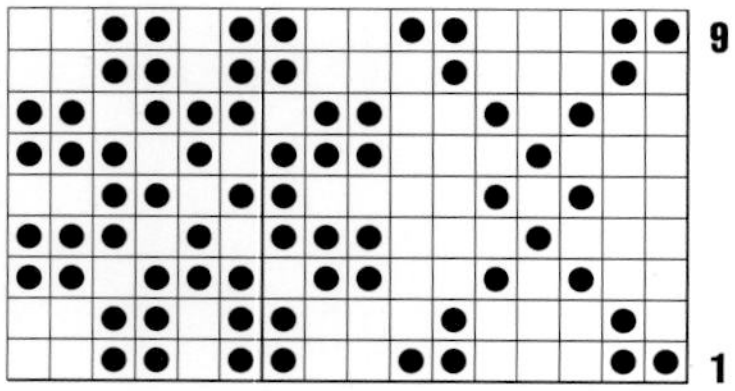

9

1

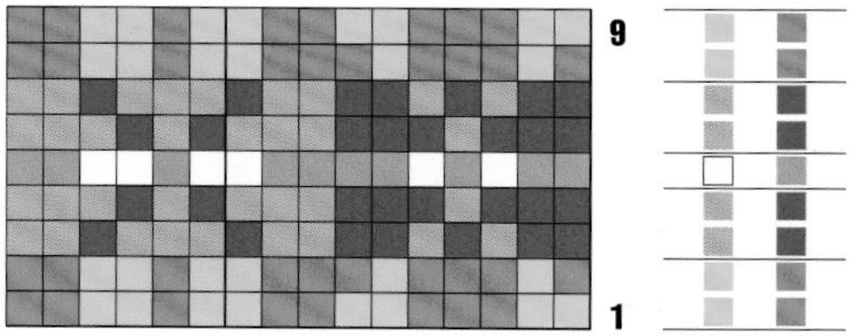

9

1

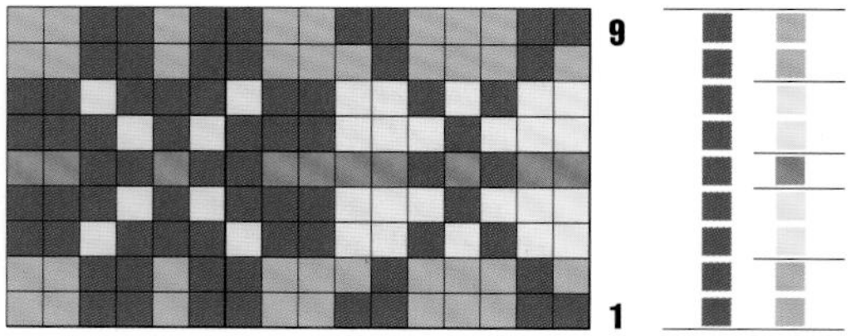

9

1

连续花样

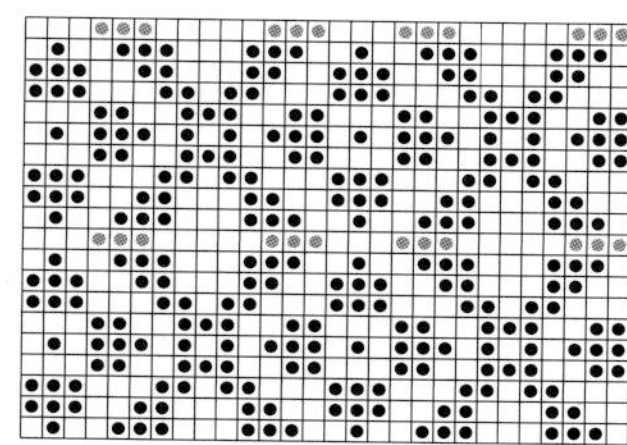

花样的衔接处增加了针数。

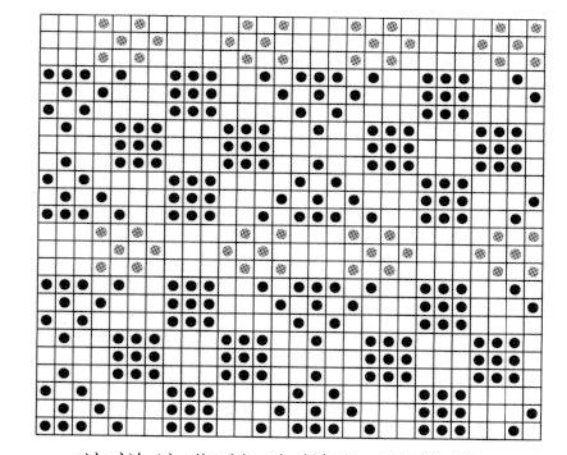

花样的衔接处增加了针数。

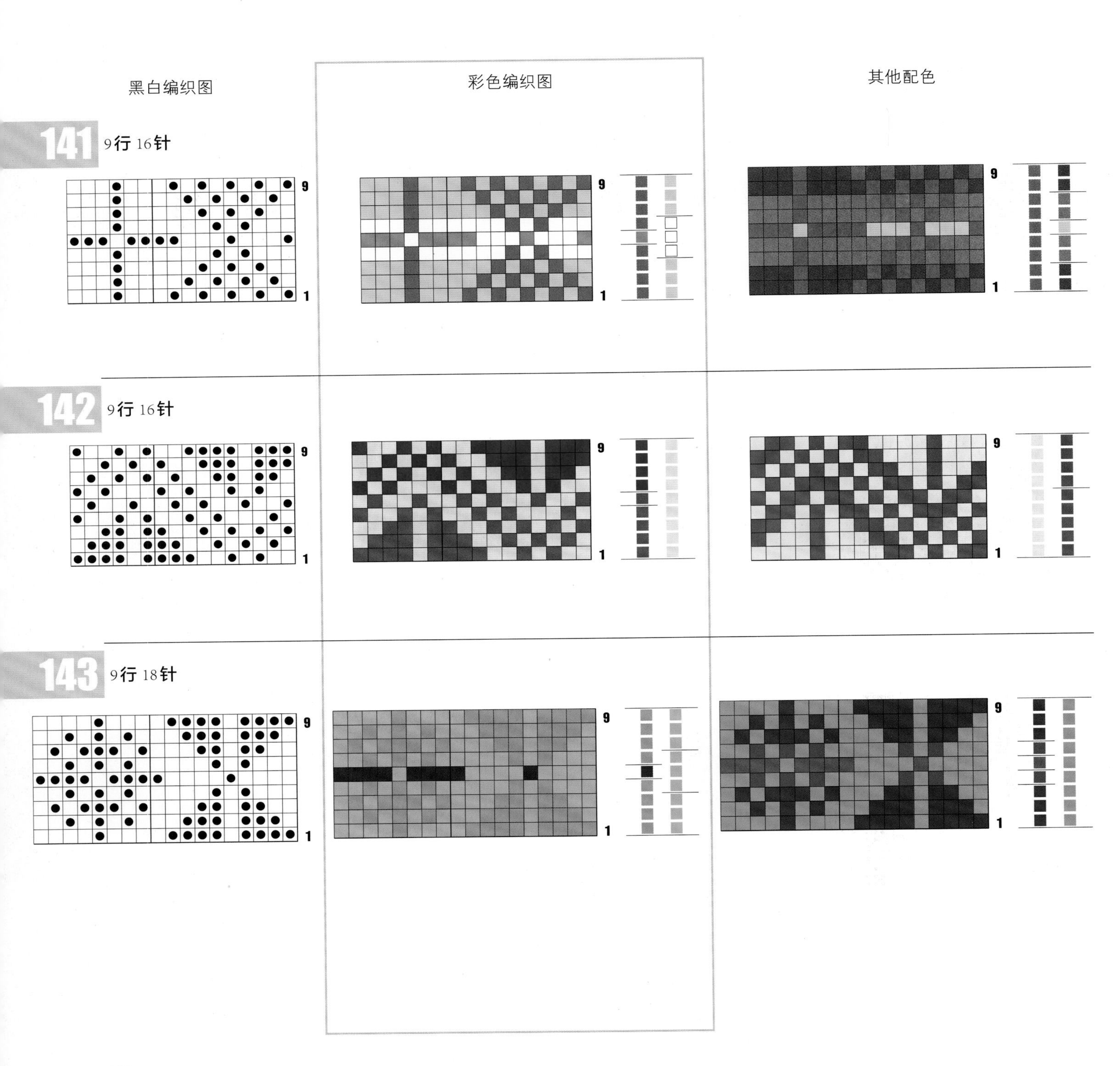
黑白编织图
彩色编织图
其他配色
141
9行 16针
142
9行 16针
143
9行 18针
9
1

连续花样

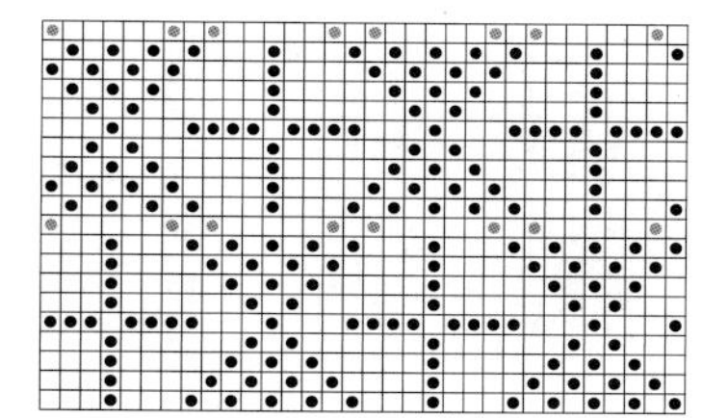
花样的衔接处增加了针数。

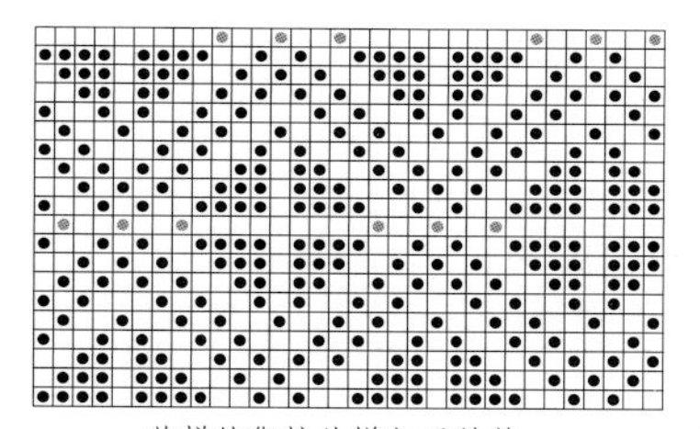
花样的衔接处增加了针数。

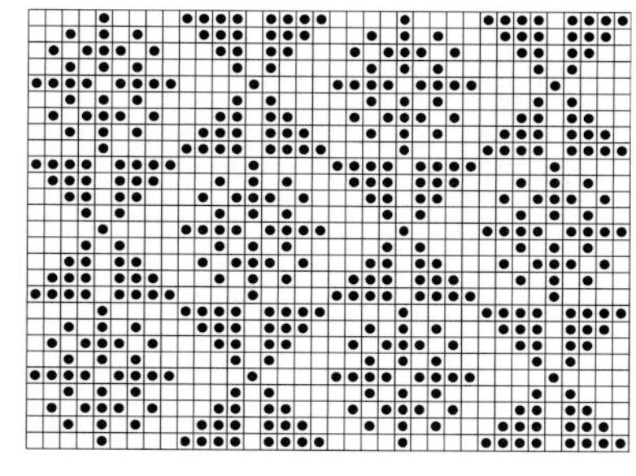

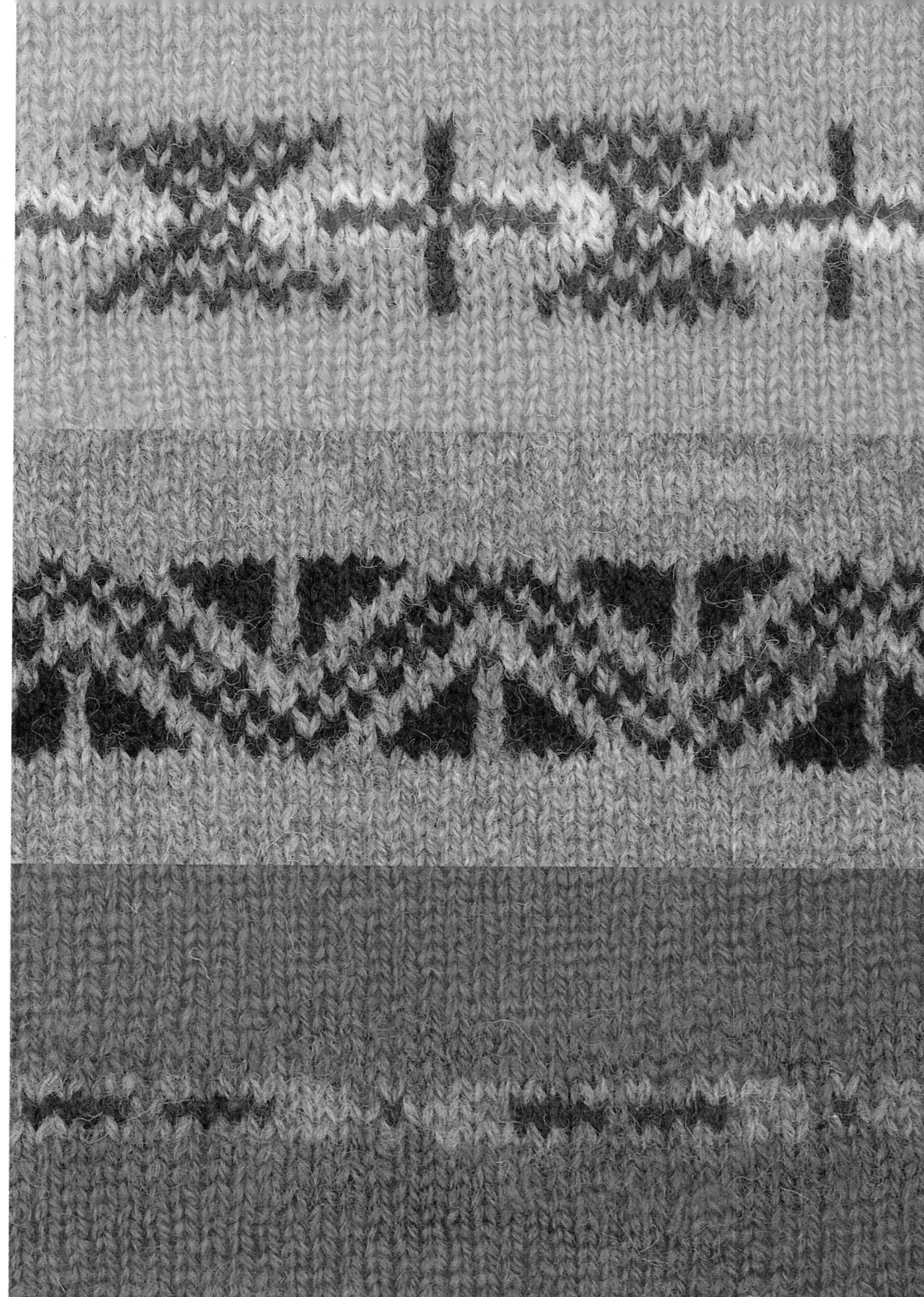

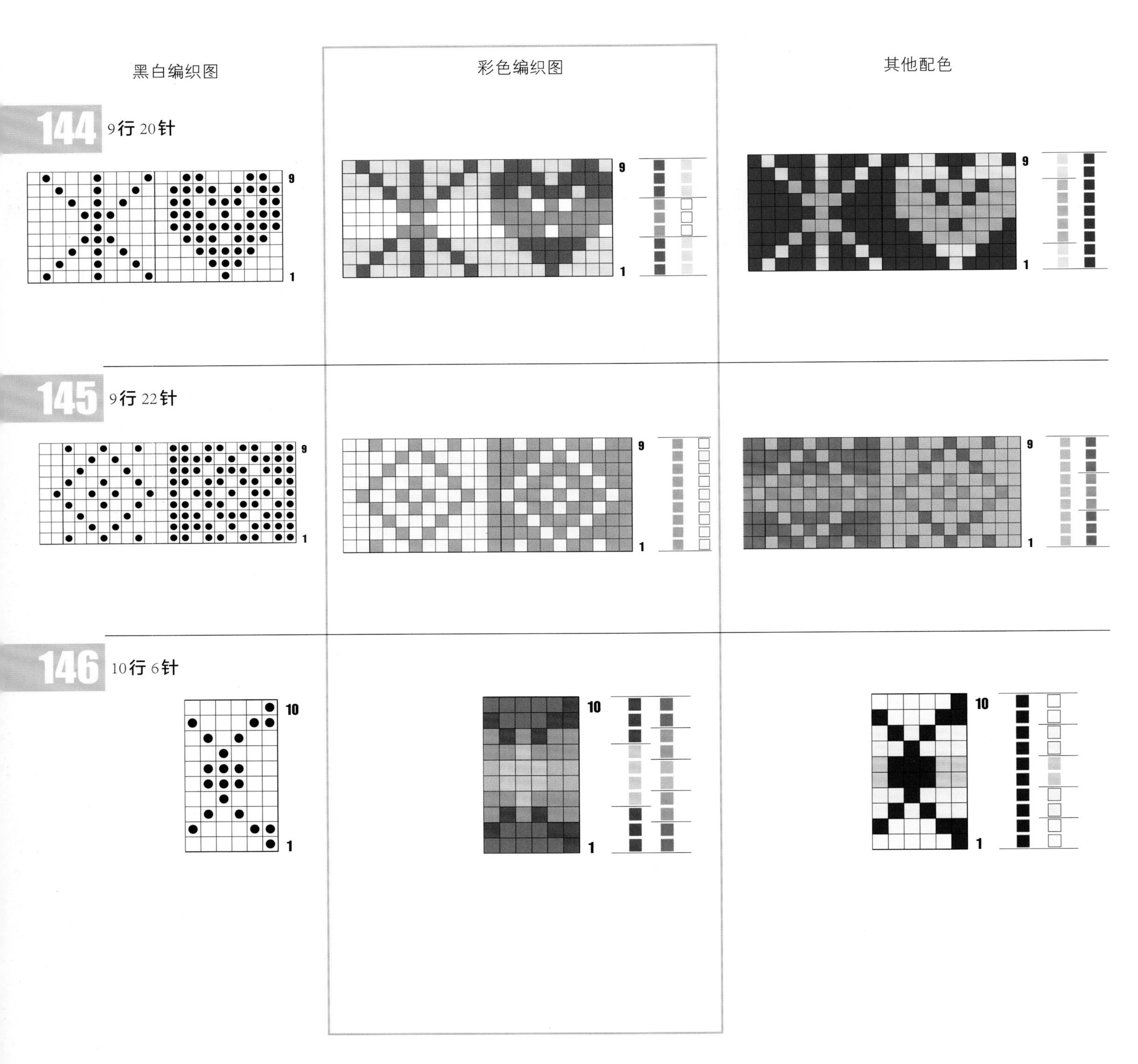

黑白编织图
彩色编织图
其他配色
144
9行 20针
145
9行 22针
146
10行 6针

连续花样

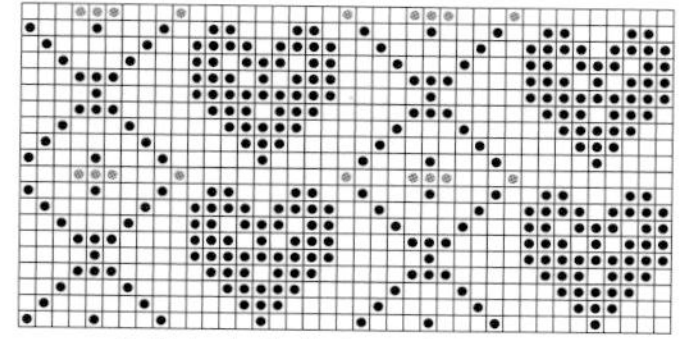

针数与织片的相比稍有调整。

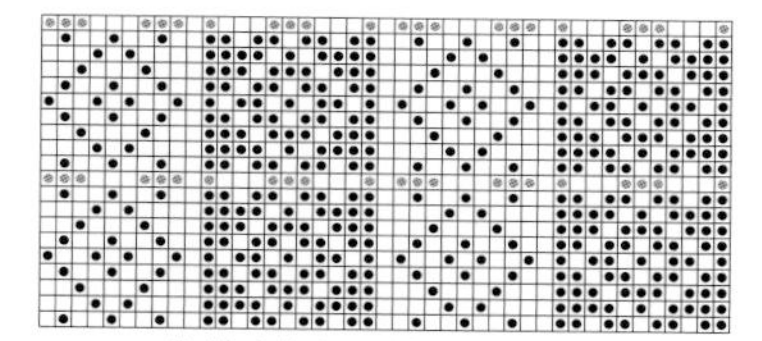

花样的衔接处增加了针数。

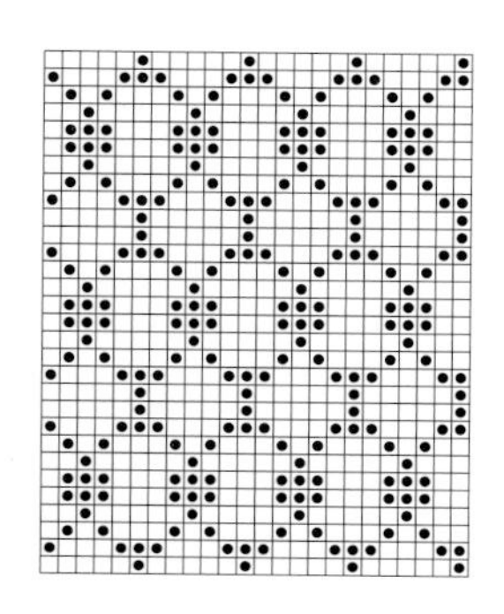

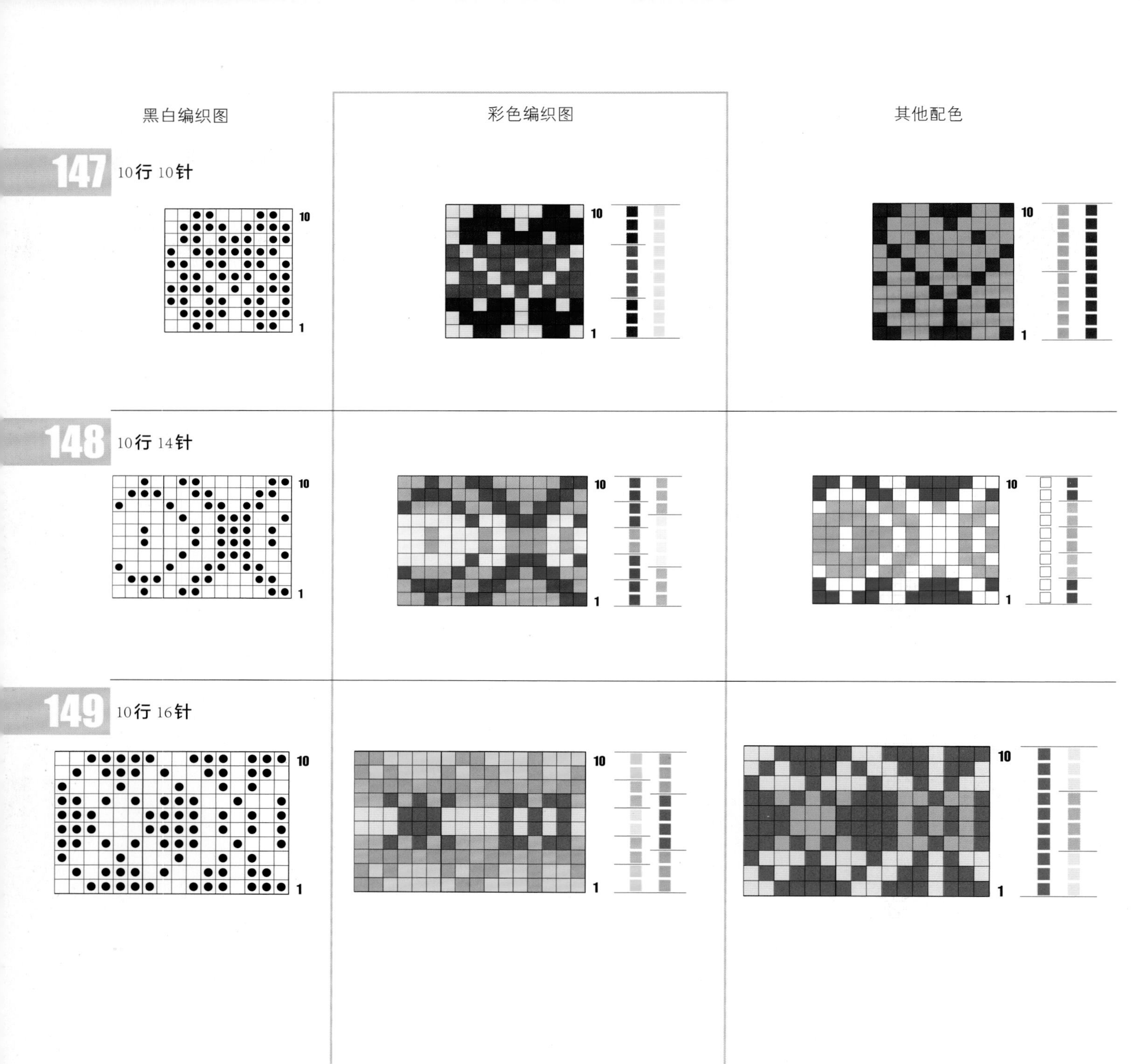
黑白编织图
彩色编织图
其他配色
147
10行 10针
148
10行 14针
149
10行 16针
10
1

连续花样

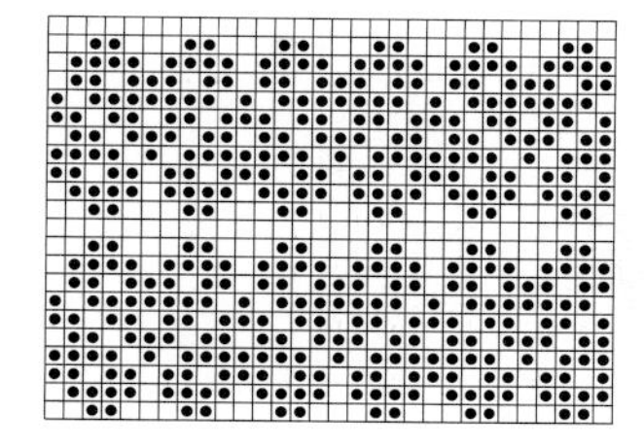

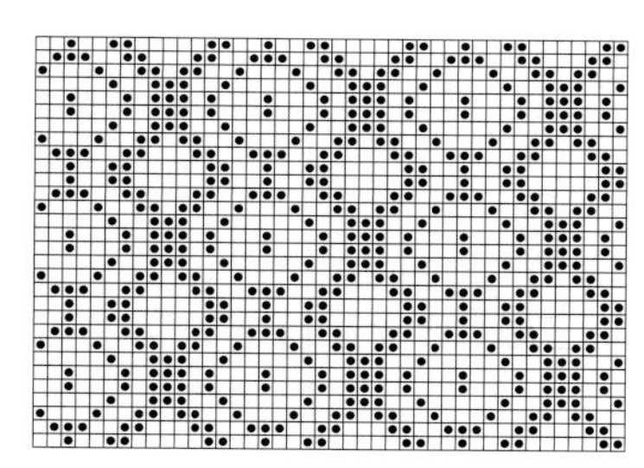

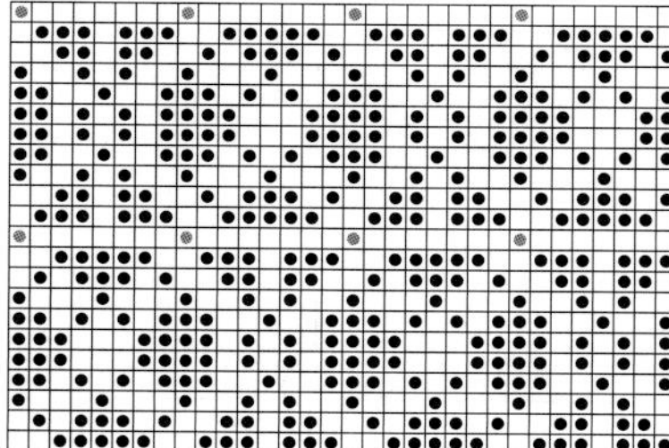

花样的衔接处增加了针数。

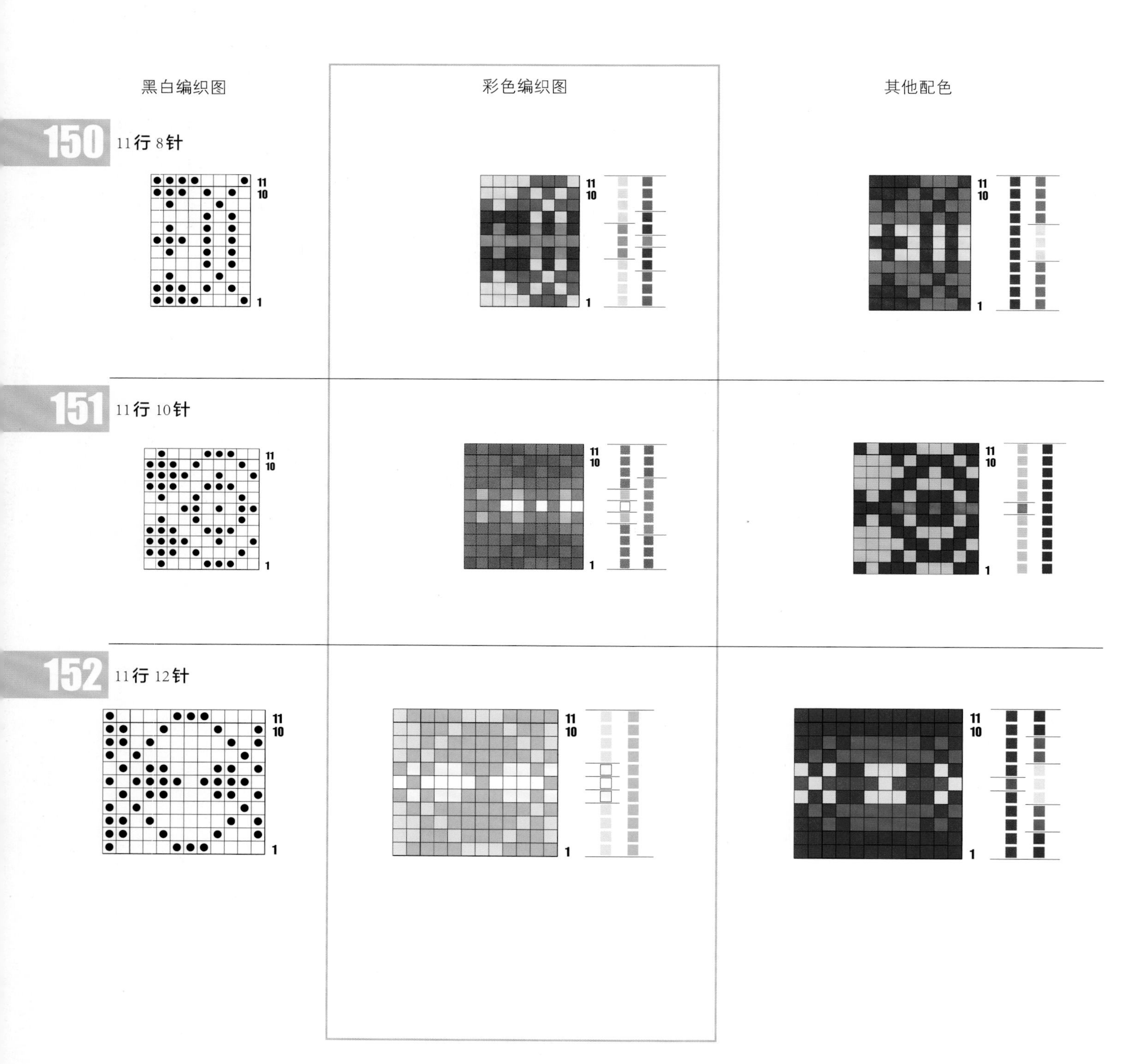

黑白编织图
彩色编织图
其他配色
150
11行 8针
11
10
1
151
11行 10针
11
10
1
152
11行 12针
11
10
1

连续花样

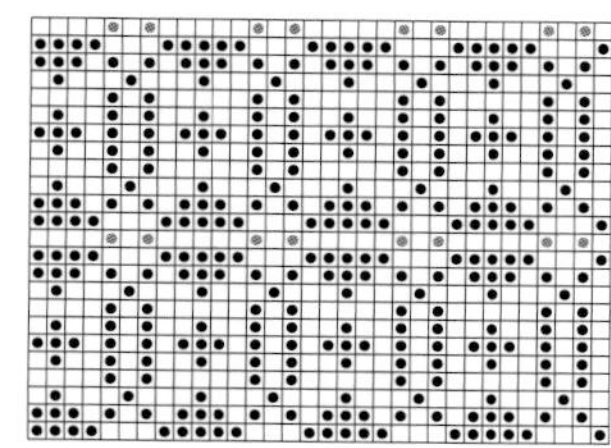

花样的衔接处增加了针数。

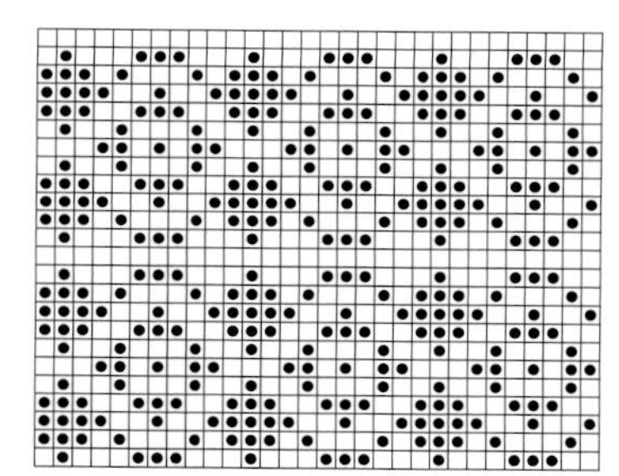

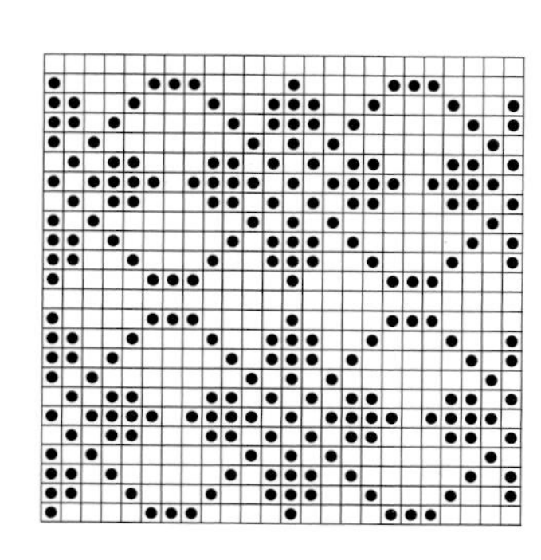

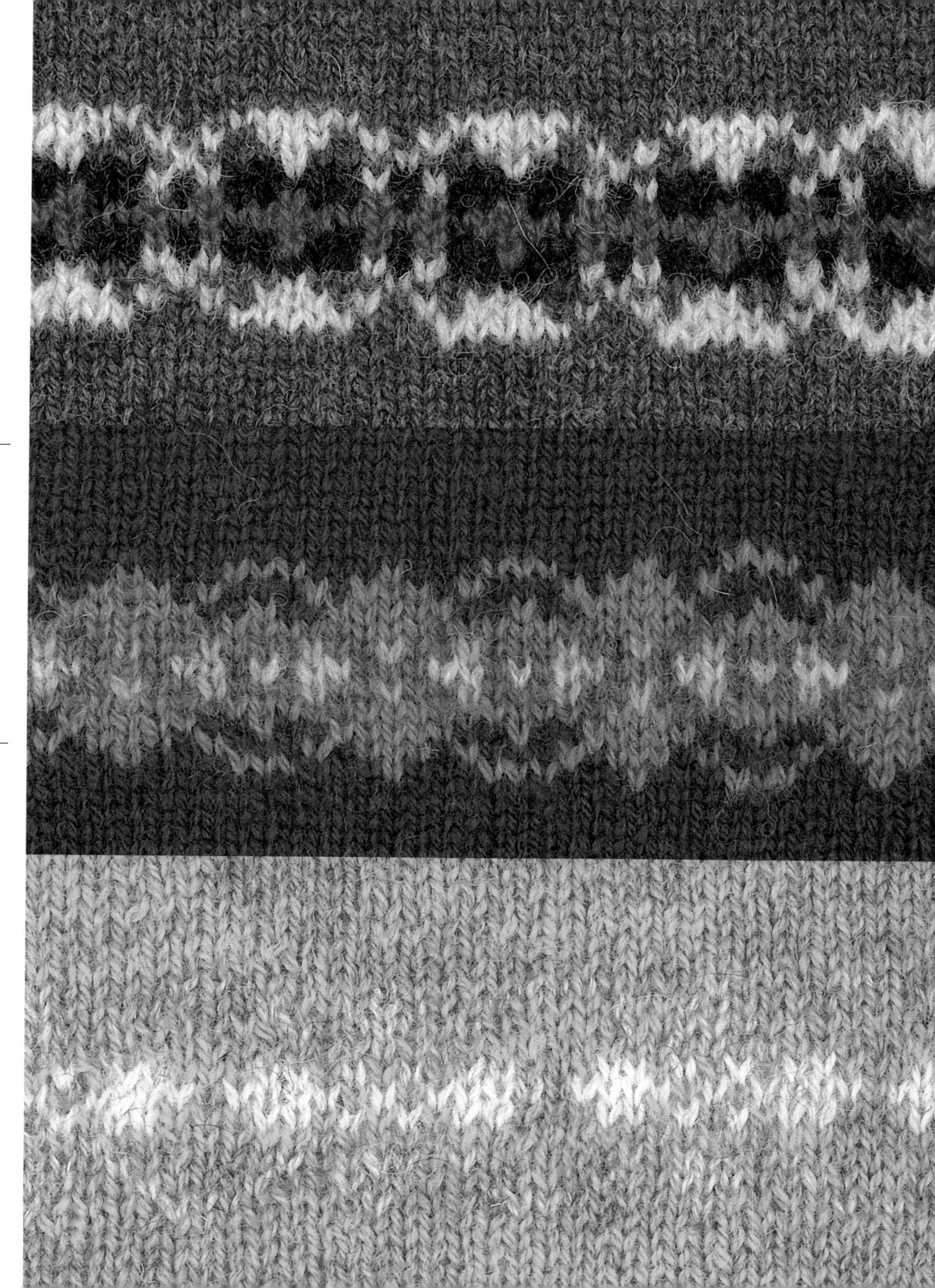

黑白编织图

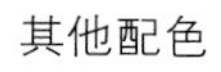

153

11行 12针

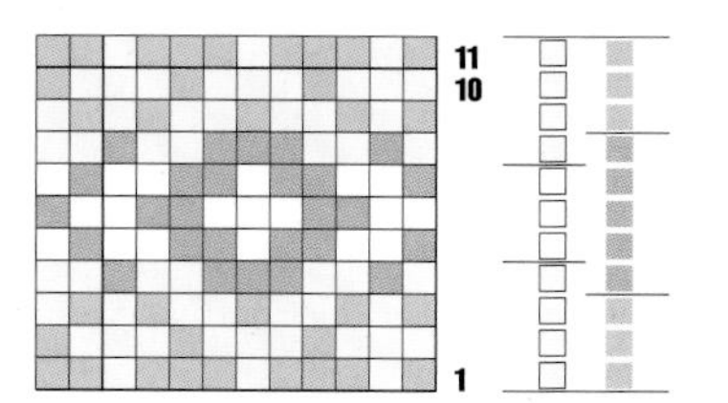

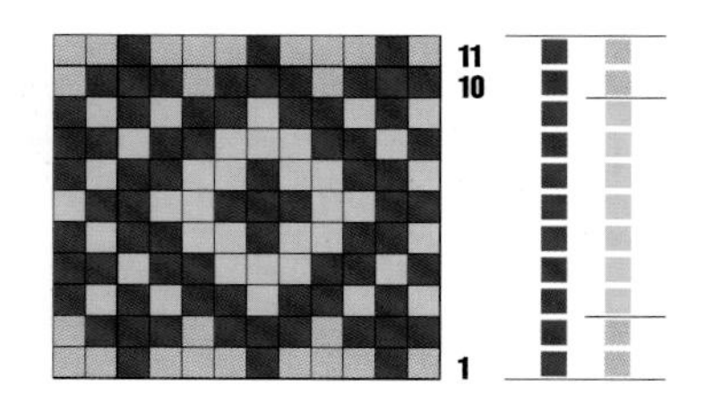

154

11行 13针

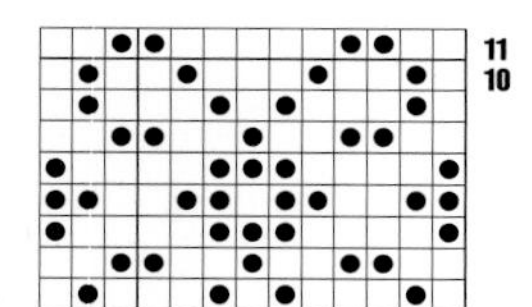

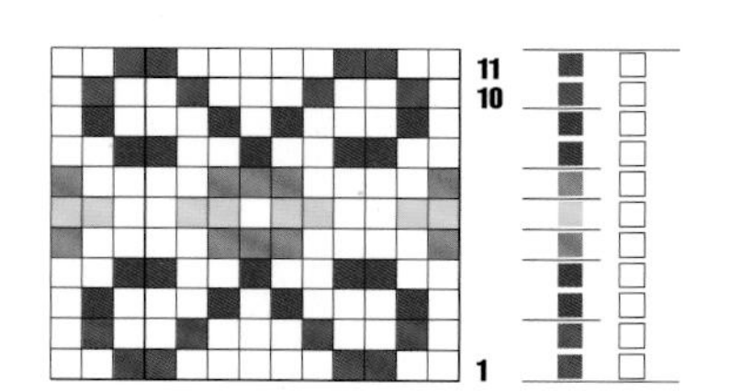

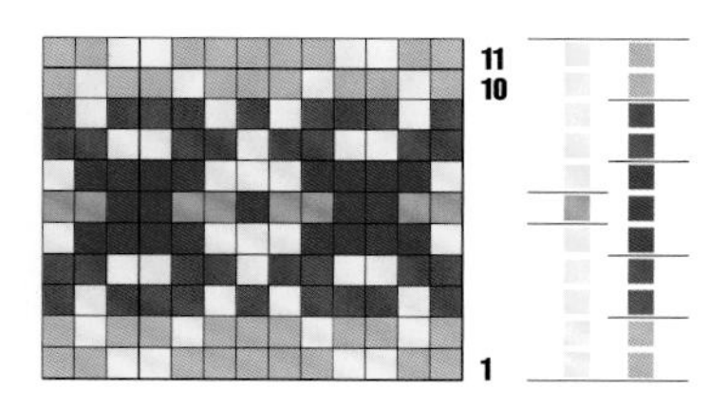

155

11行 14针

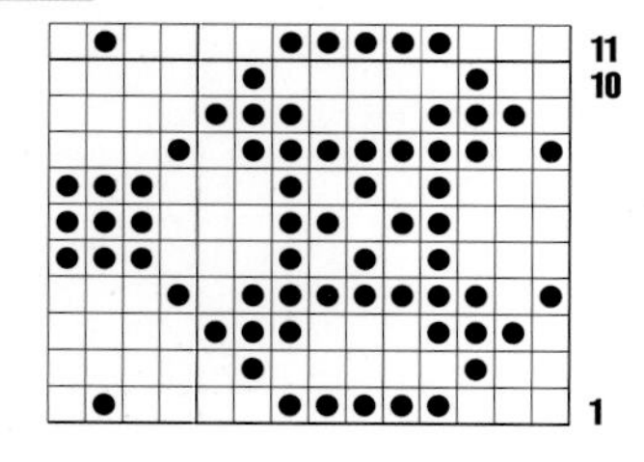

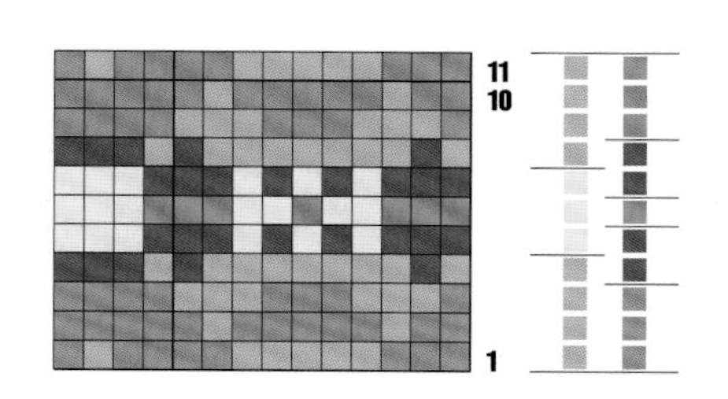

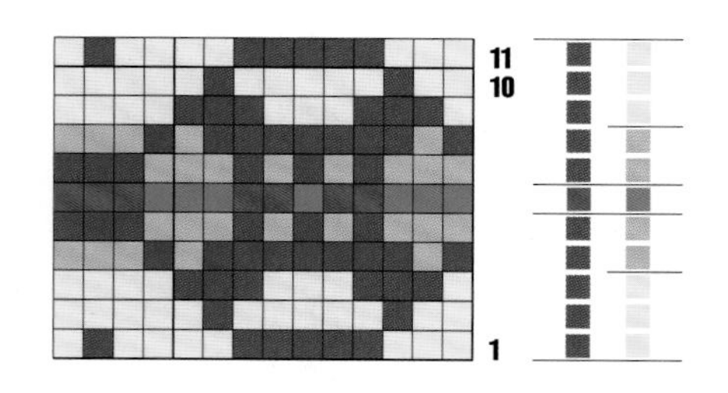

连续花样

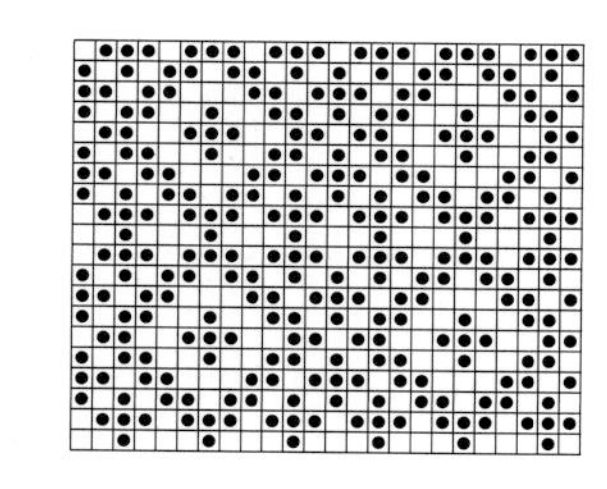

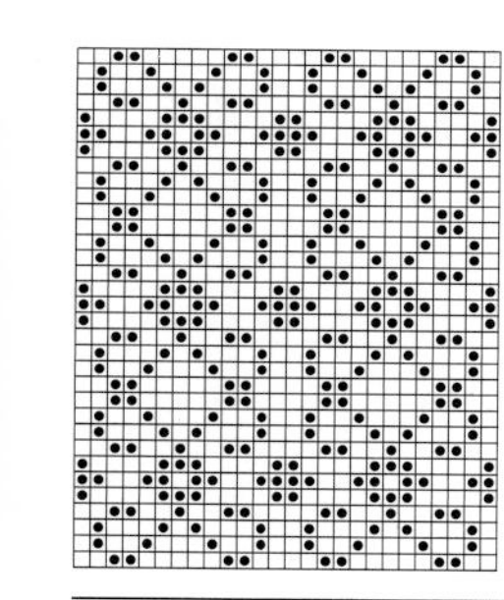

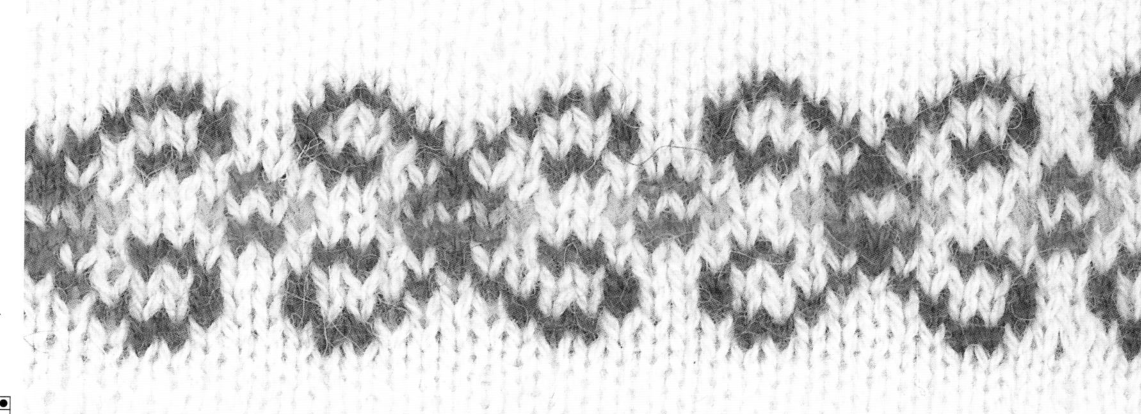

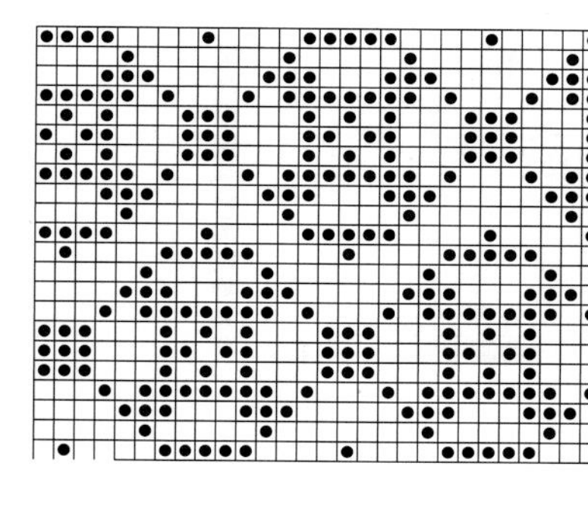

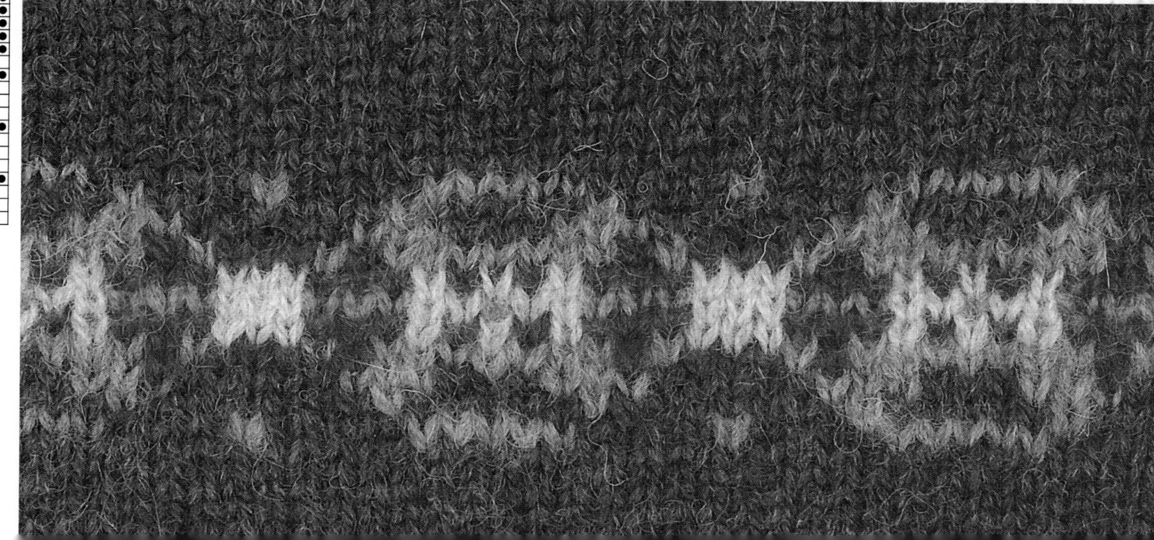

黑白编织图 | 彩色编织图 | 其他配色

156

11行 14针

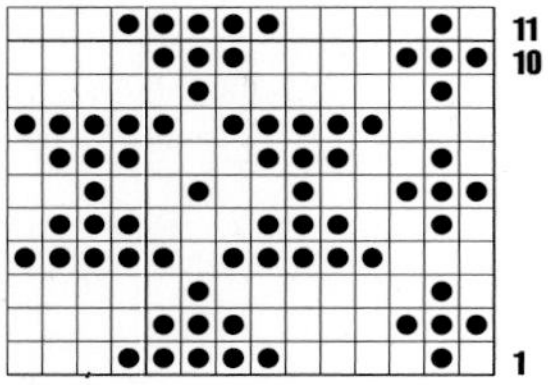

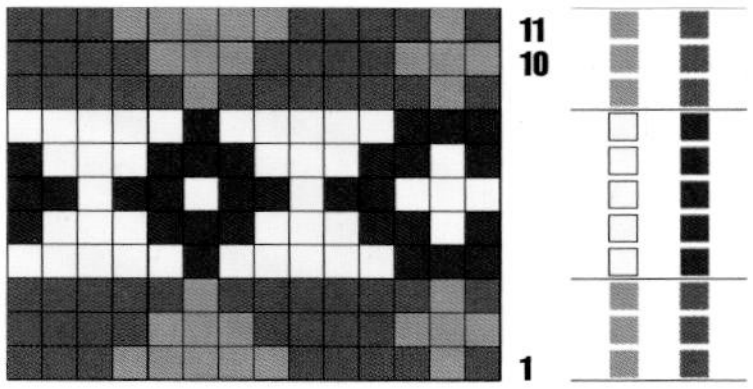

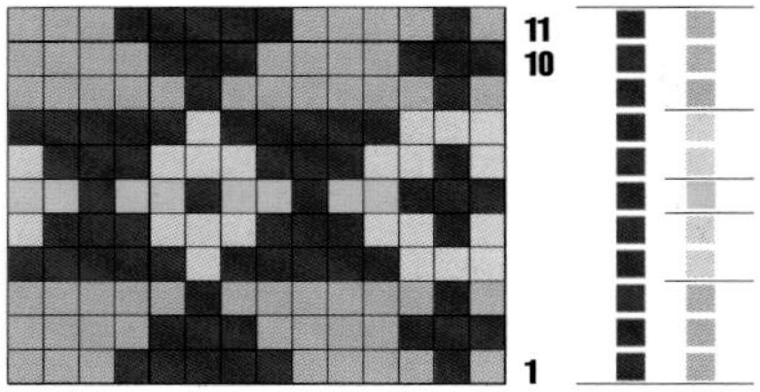

157

11行 14针

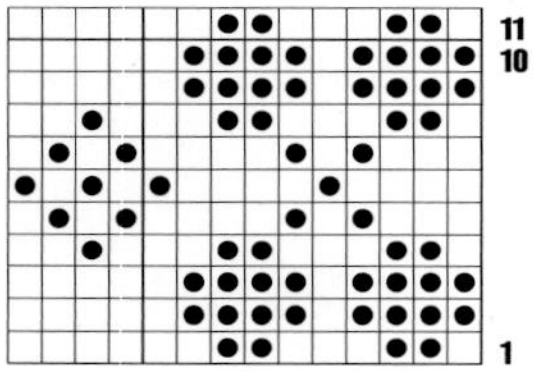

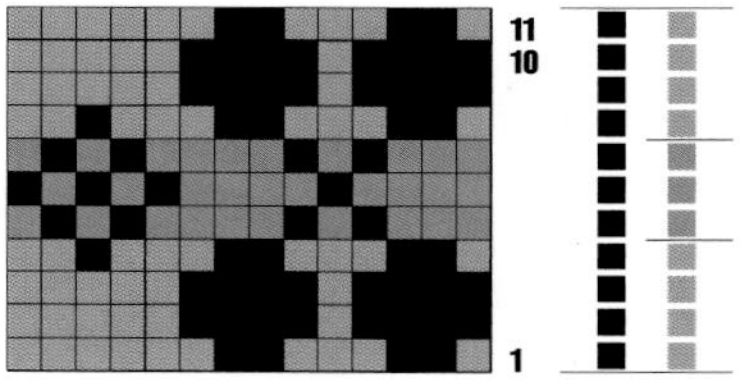

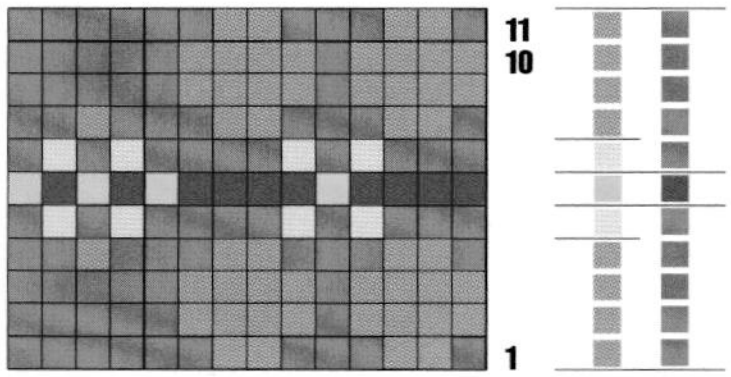

158

11行 16针

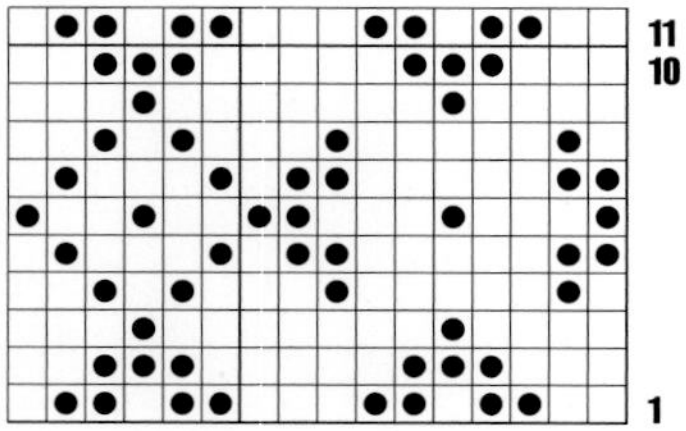

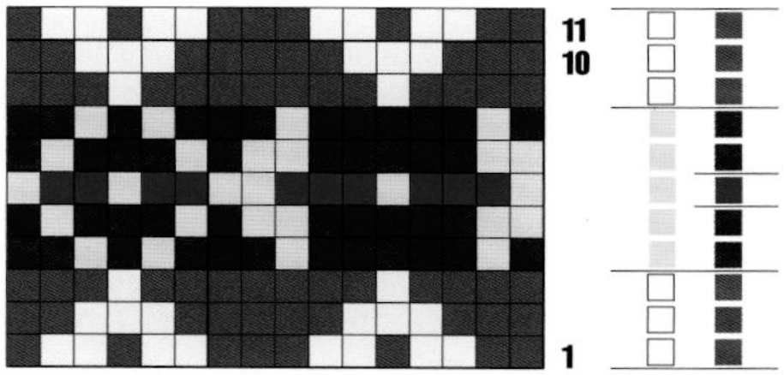

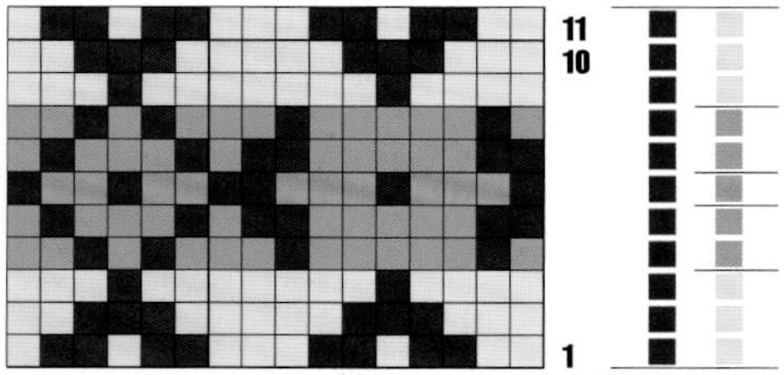

连续花样

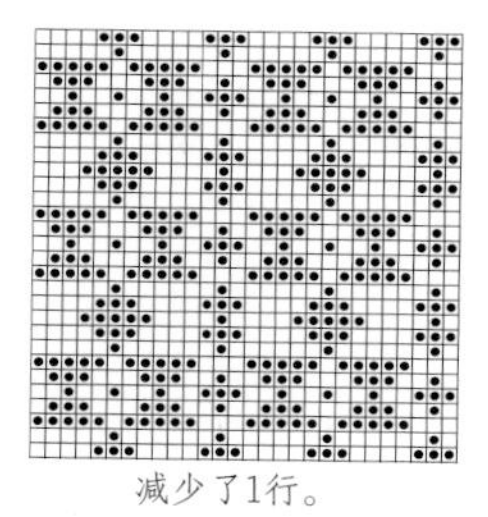
减少了1行。

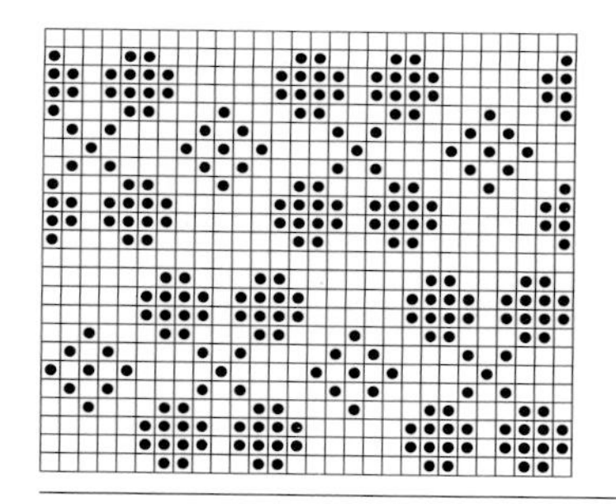

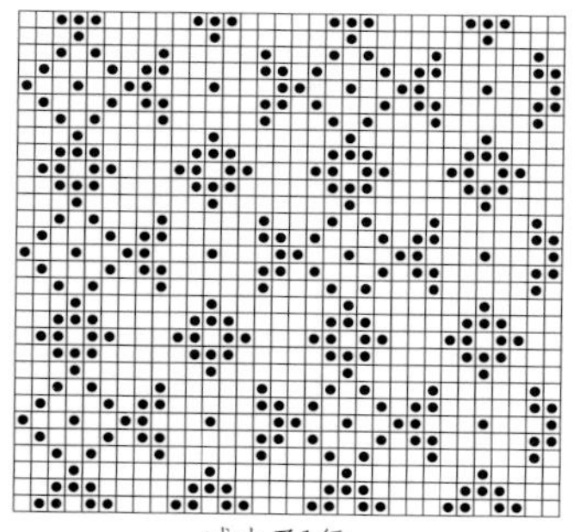
减少了1行。

黑白编织图

彩色编织图

其他配色

159

11行 16针

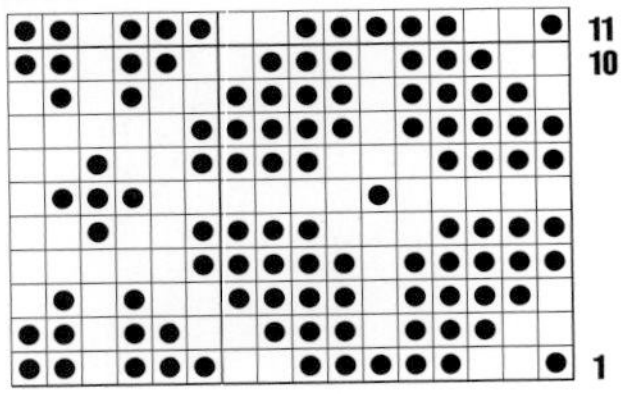

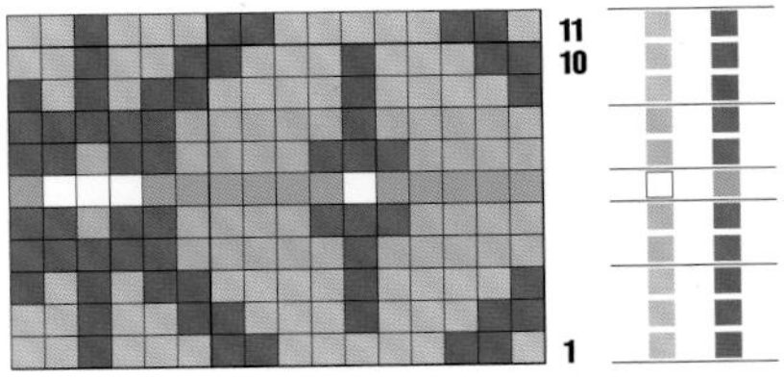

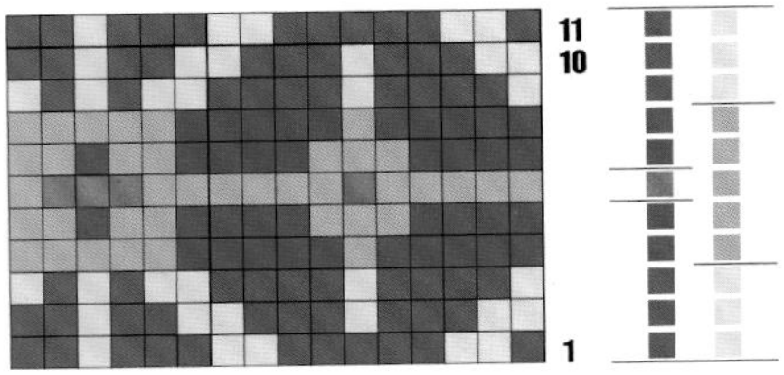

160

11行 17针

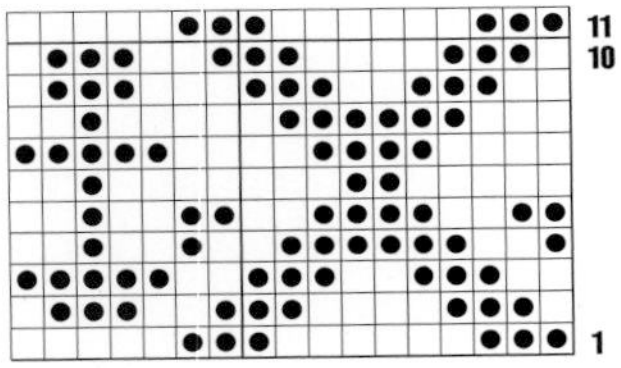

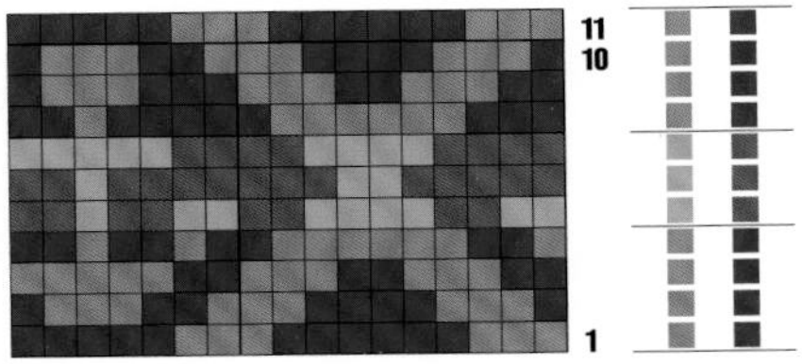

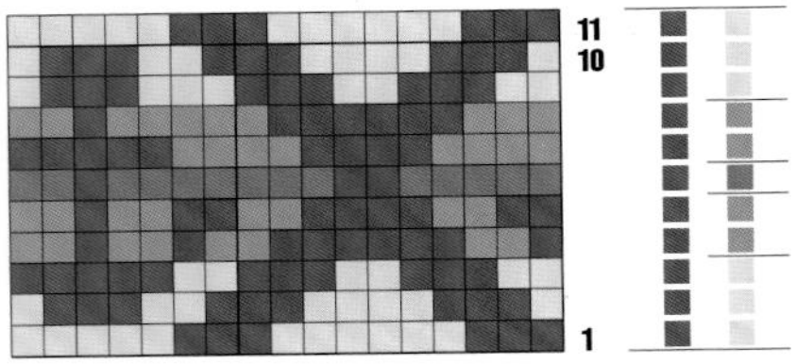

161

11行 18针

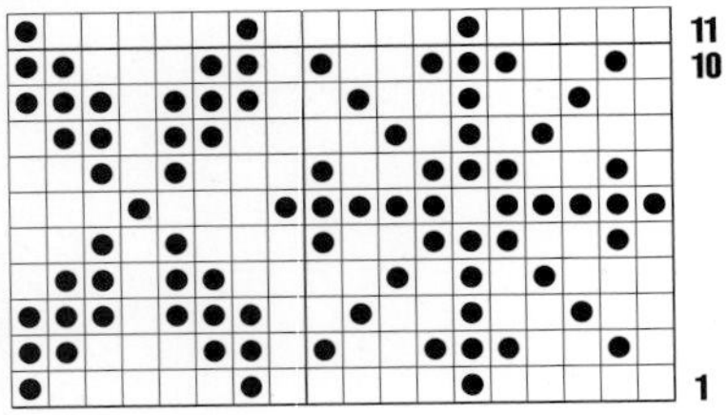

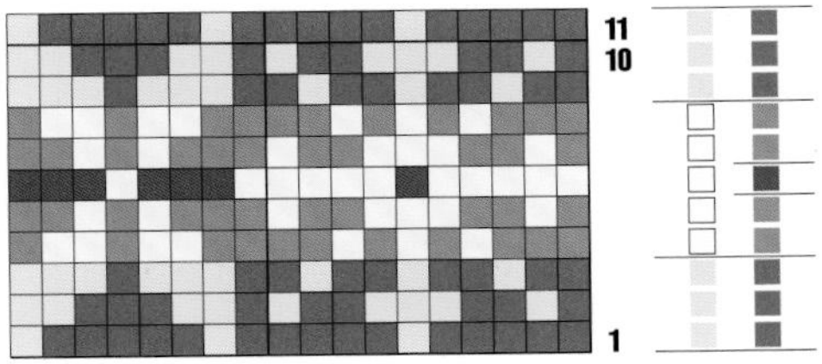

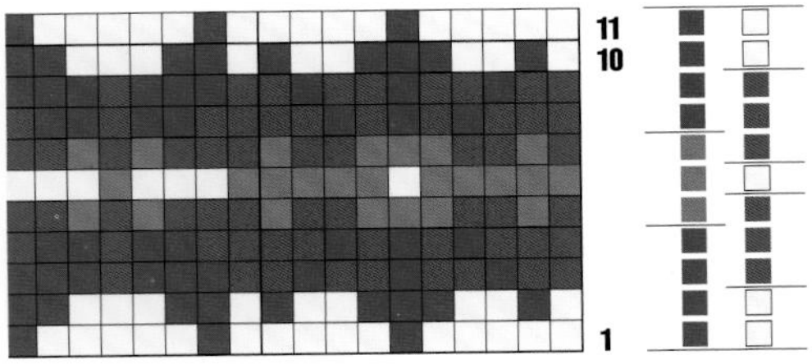

连续花样

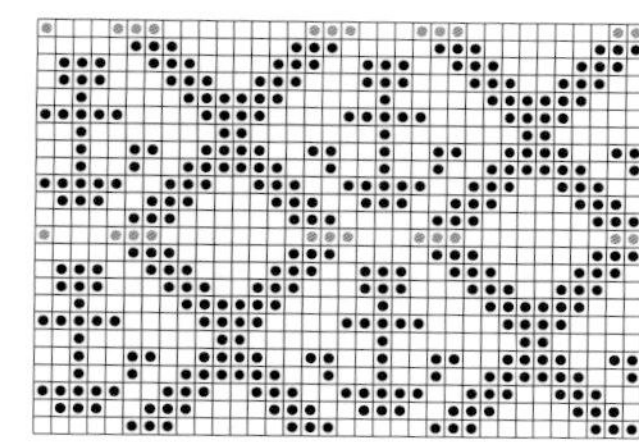

花样的衔接处增加了针数。

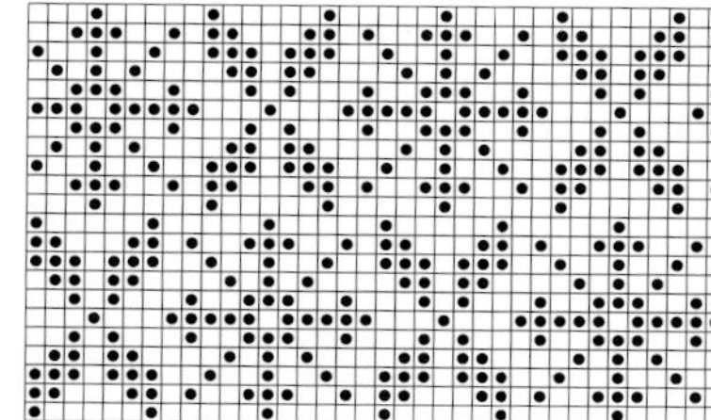

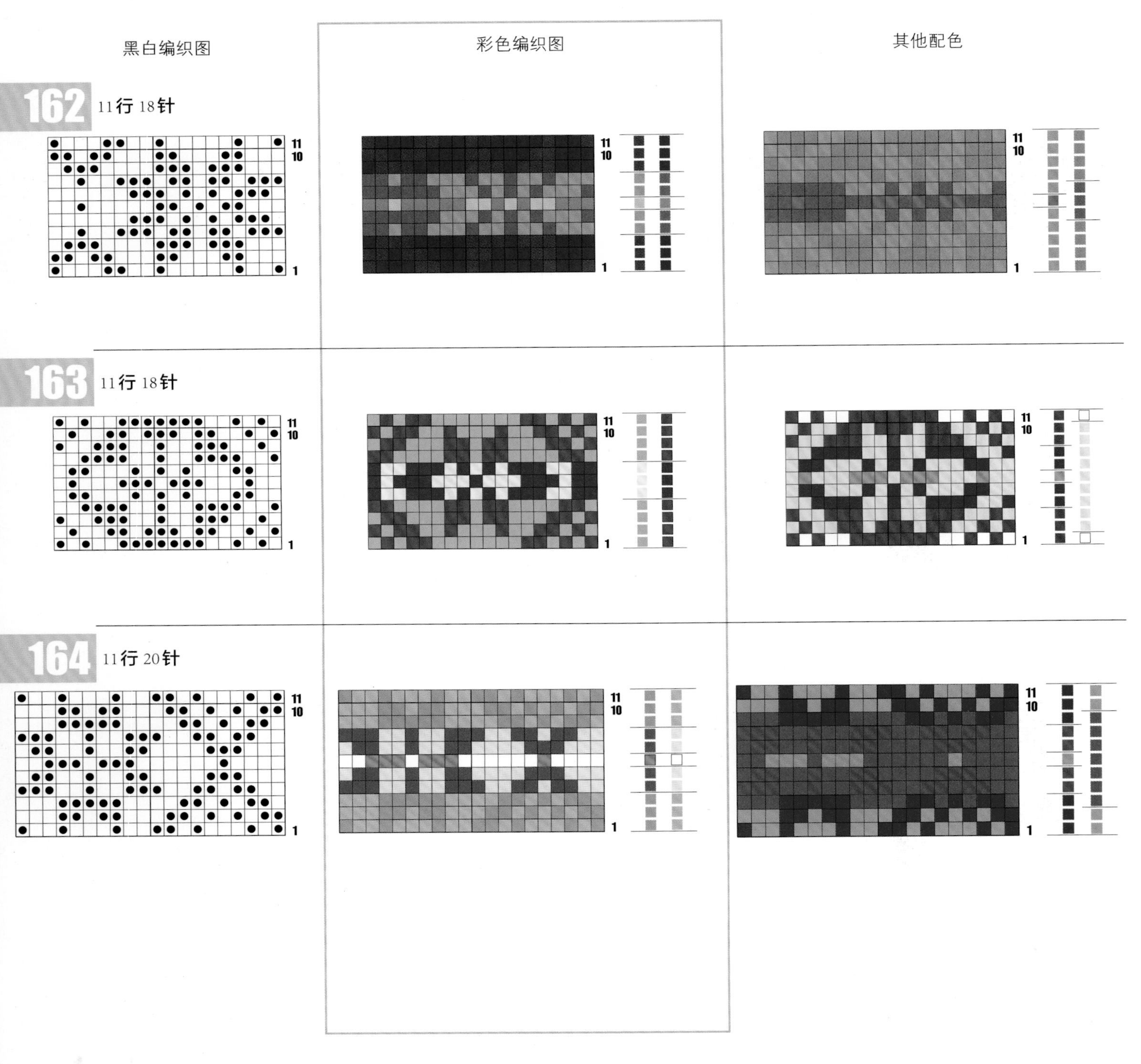
黑白编织图
彩色编织图
其他配色
162
11行 18针
163
11行 18针
164
11行 20针
11
10
1

连续花样

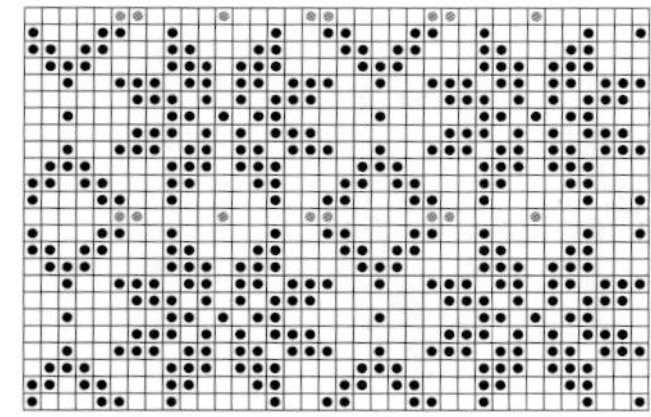
花样的衔接处增加了针数。

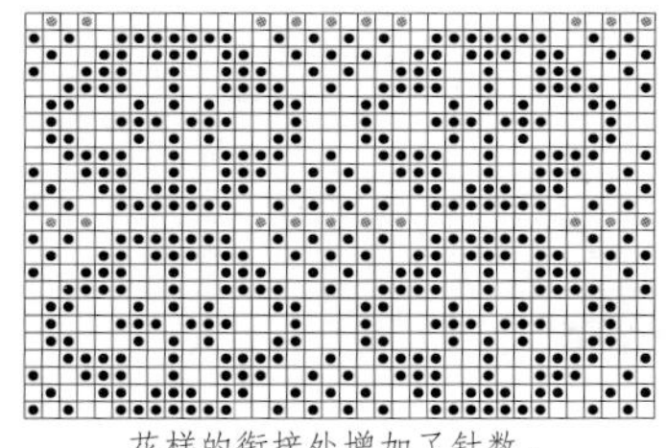
花样的衔接处增加了针数。

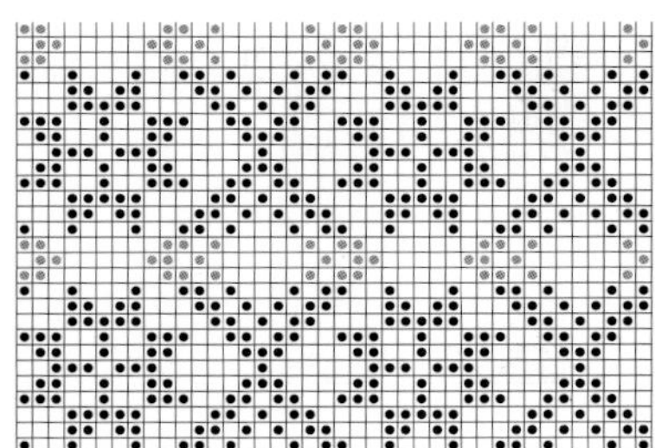
花样的衔接处增加了针数。

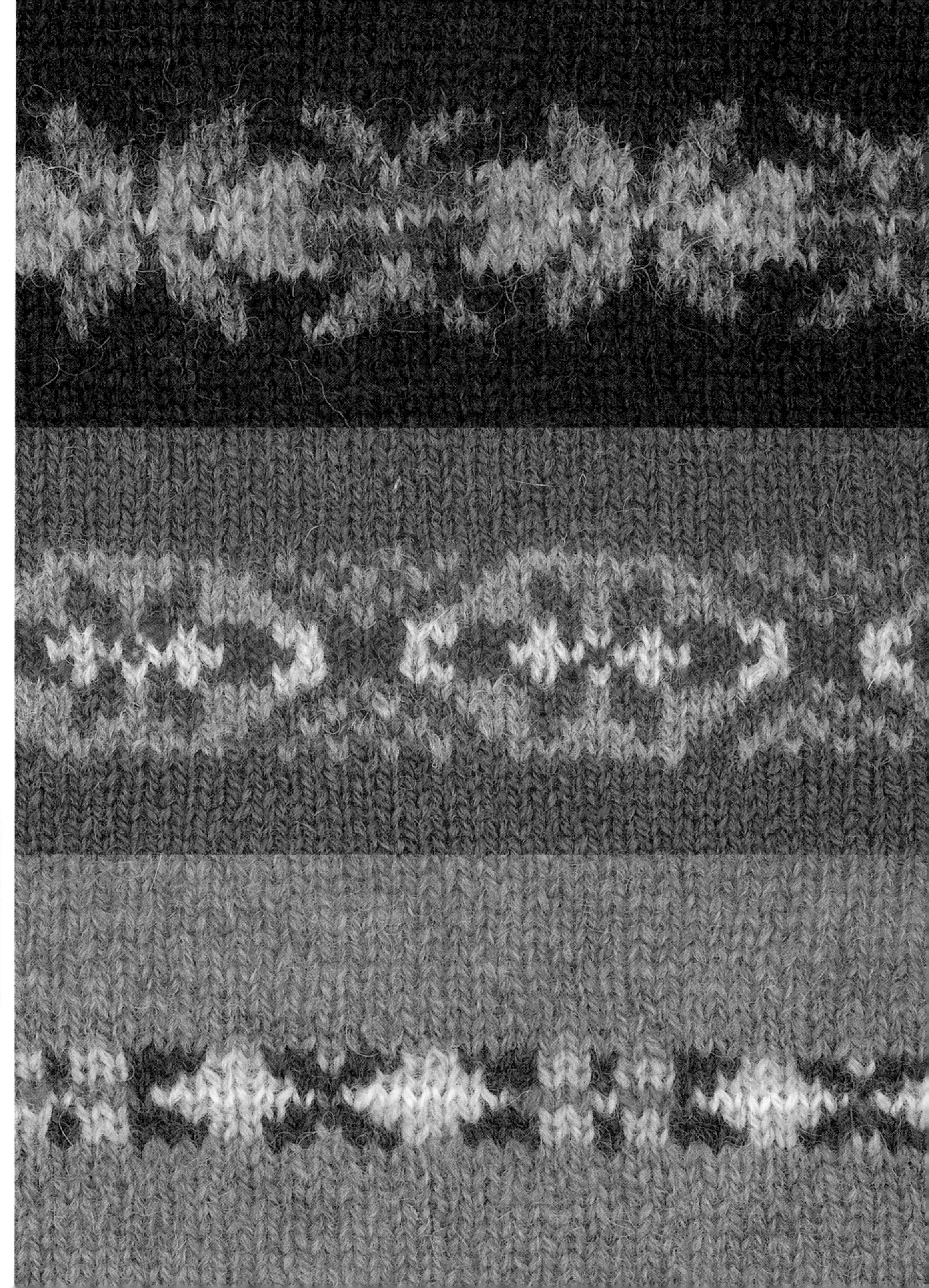

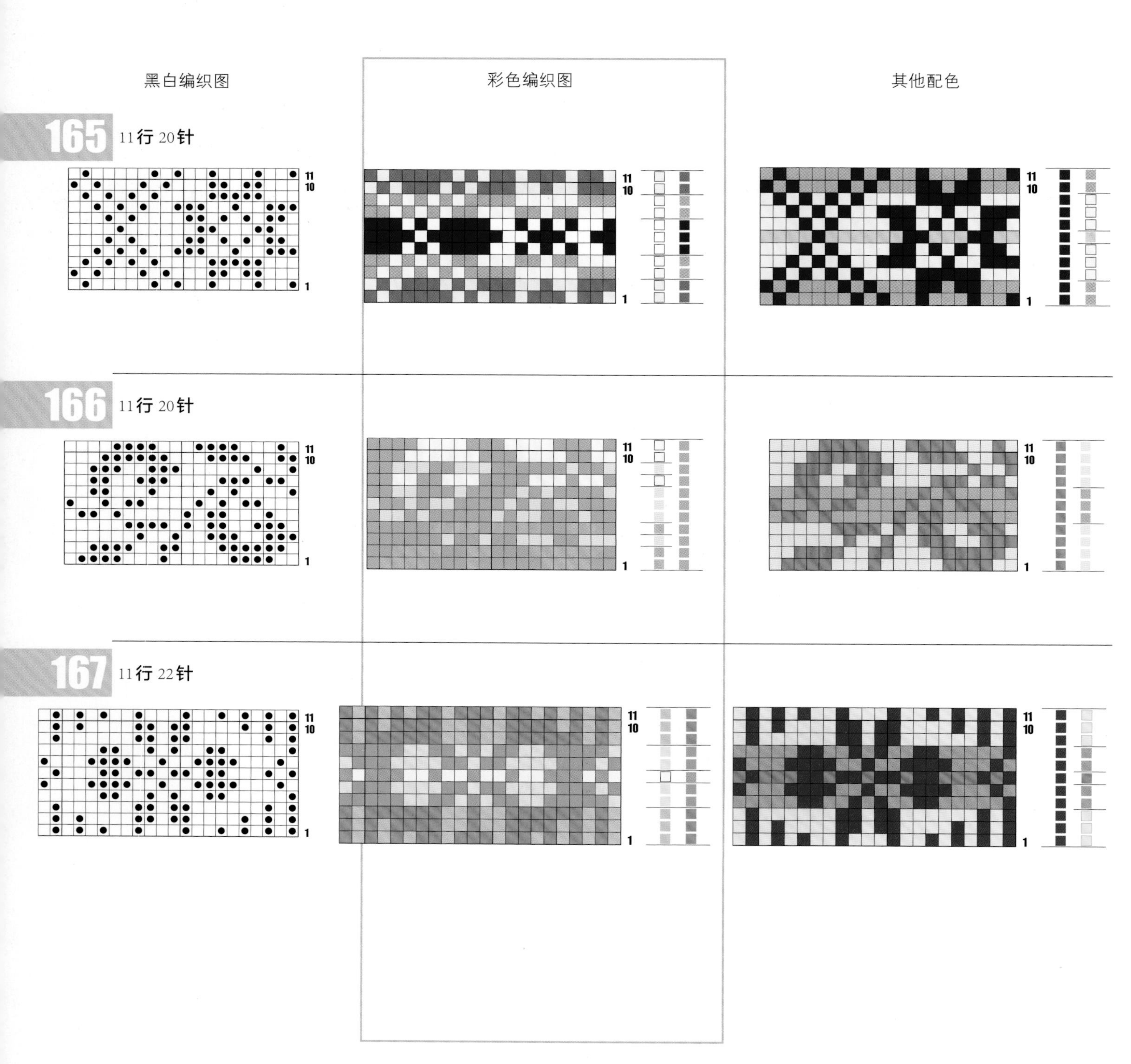
黑白编织图
彩色编织图
其他配色
165
11行 20针
166
11行 20针
167
11行 22针

连续花样

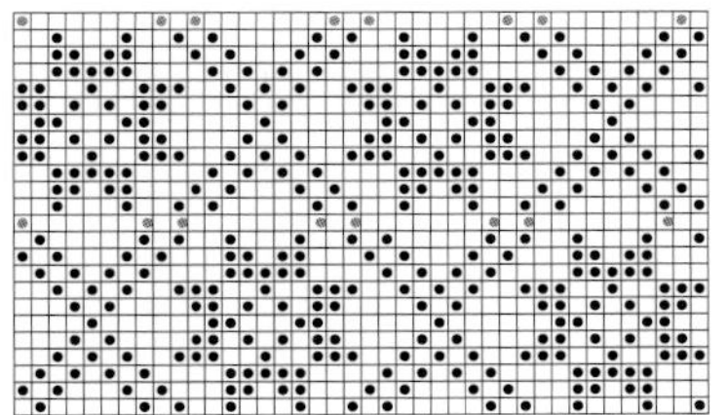

花样的衔接处增加了针数。

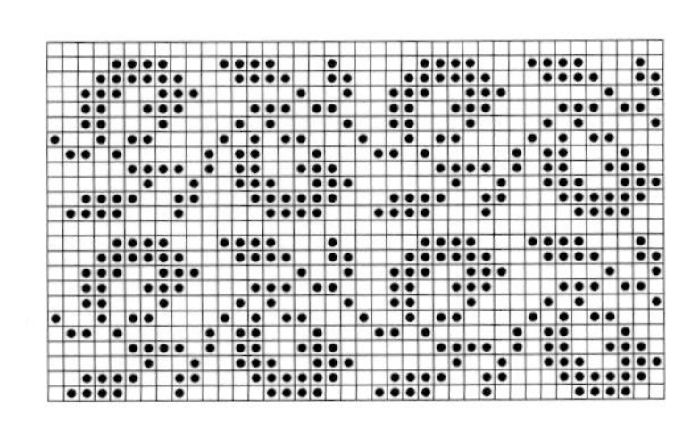

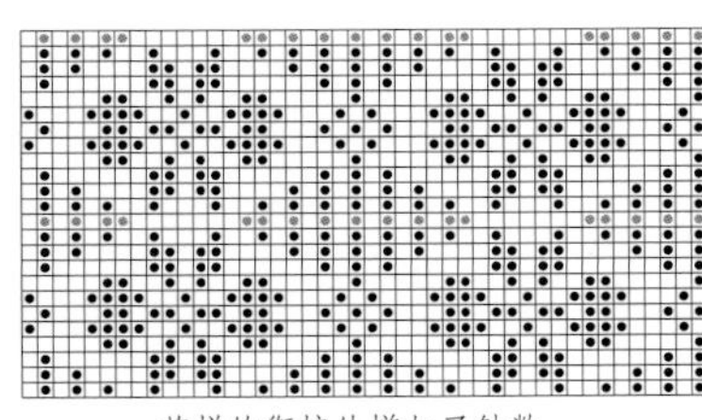

花样的衔接处增加了针数。

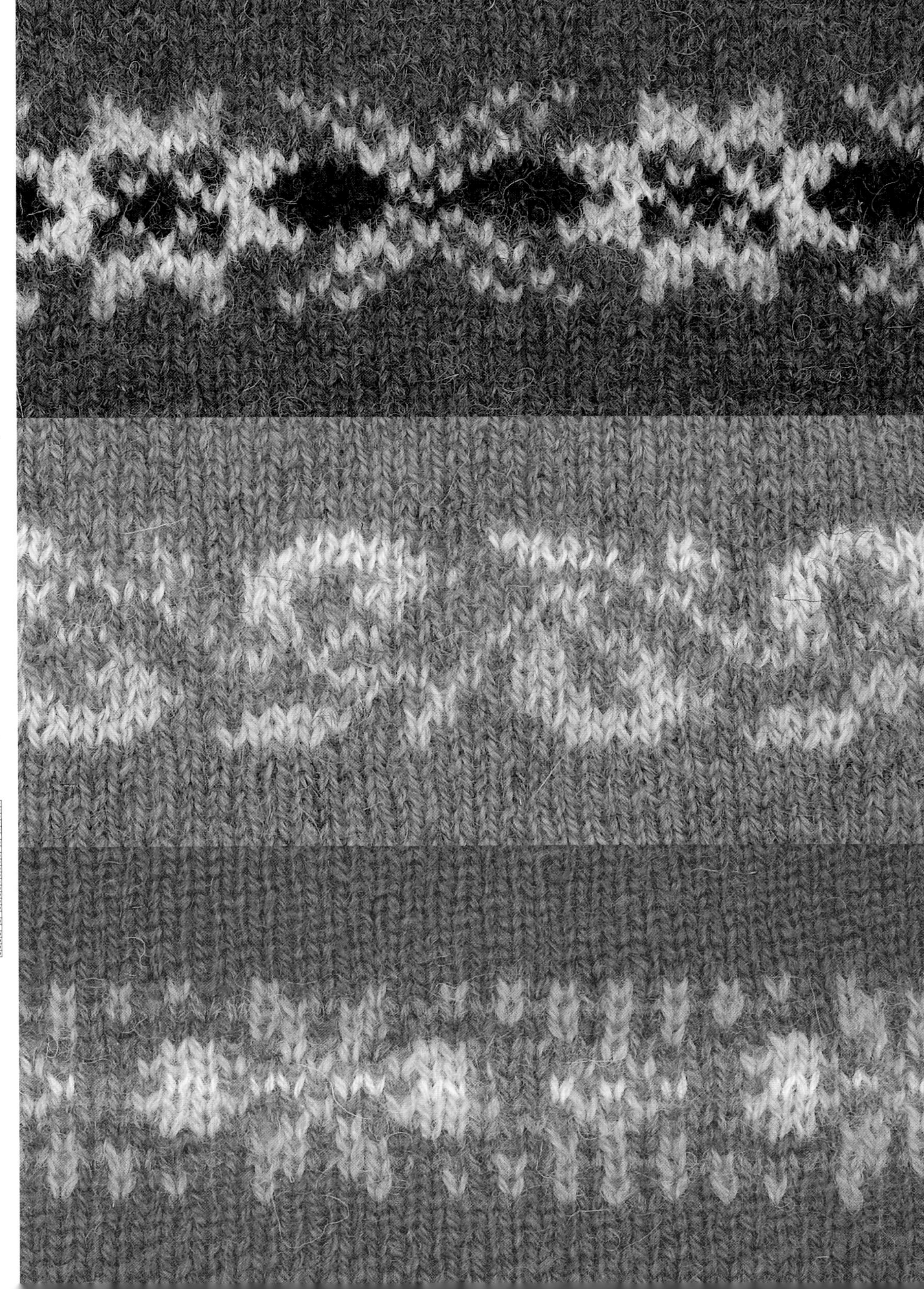

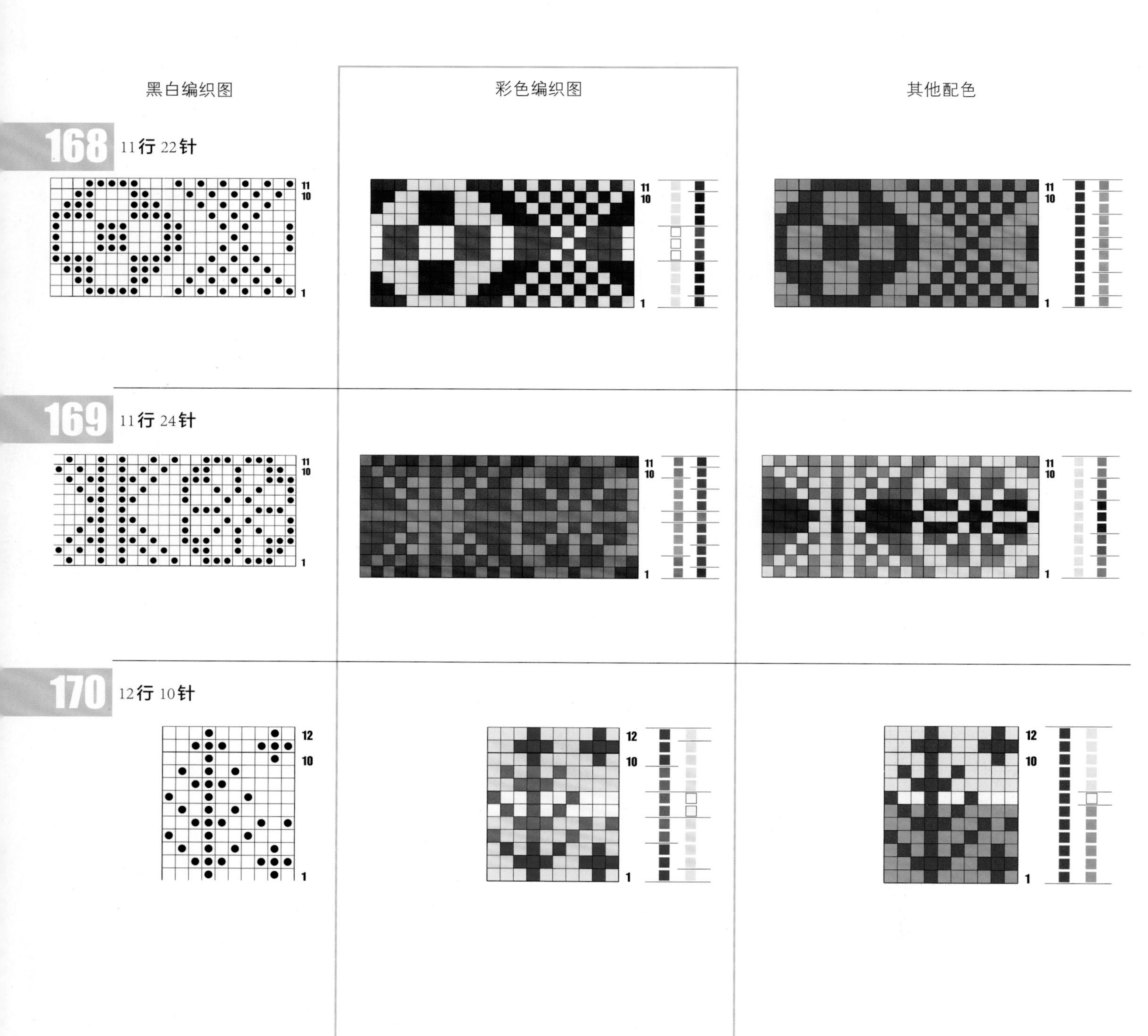
黑白编织图
彩色编织图
其他配色
168 11行 22针
11
10
1
169 11行 24针
11
10
1
170 12行 10针
12
10
1

连续花样

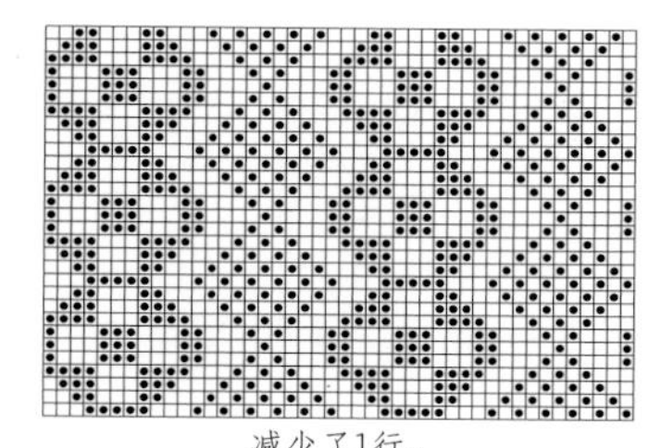

减少了1行。

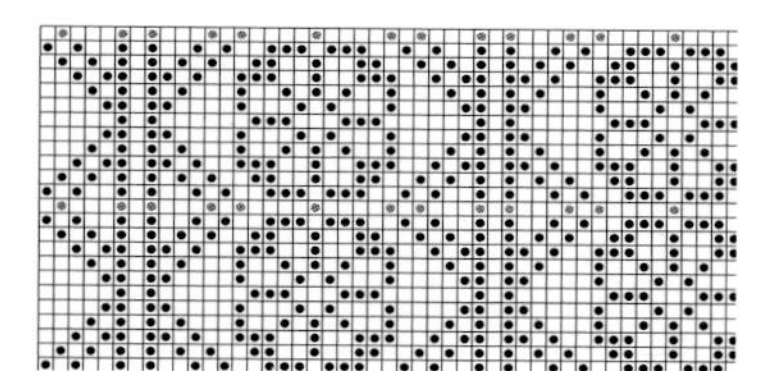

花样的衔接处增加了针数。

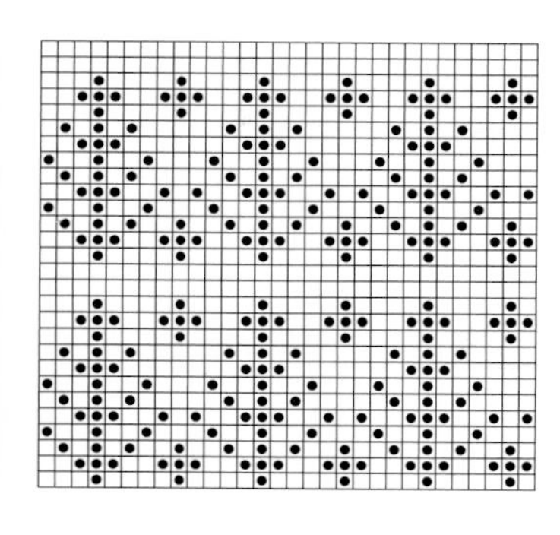

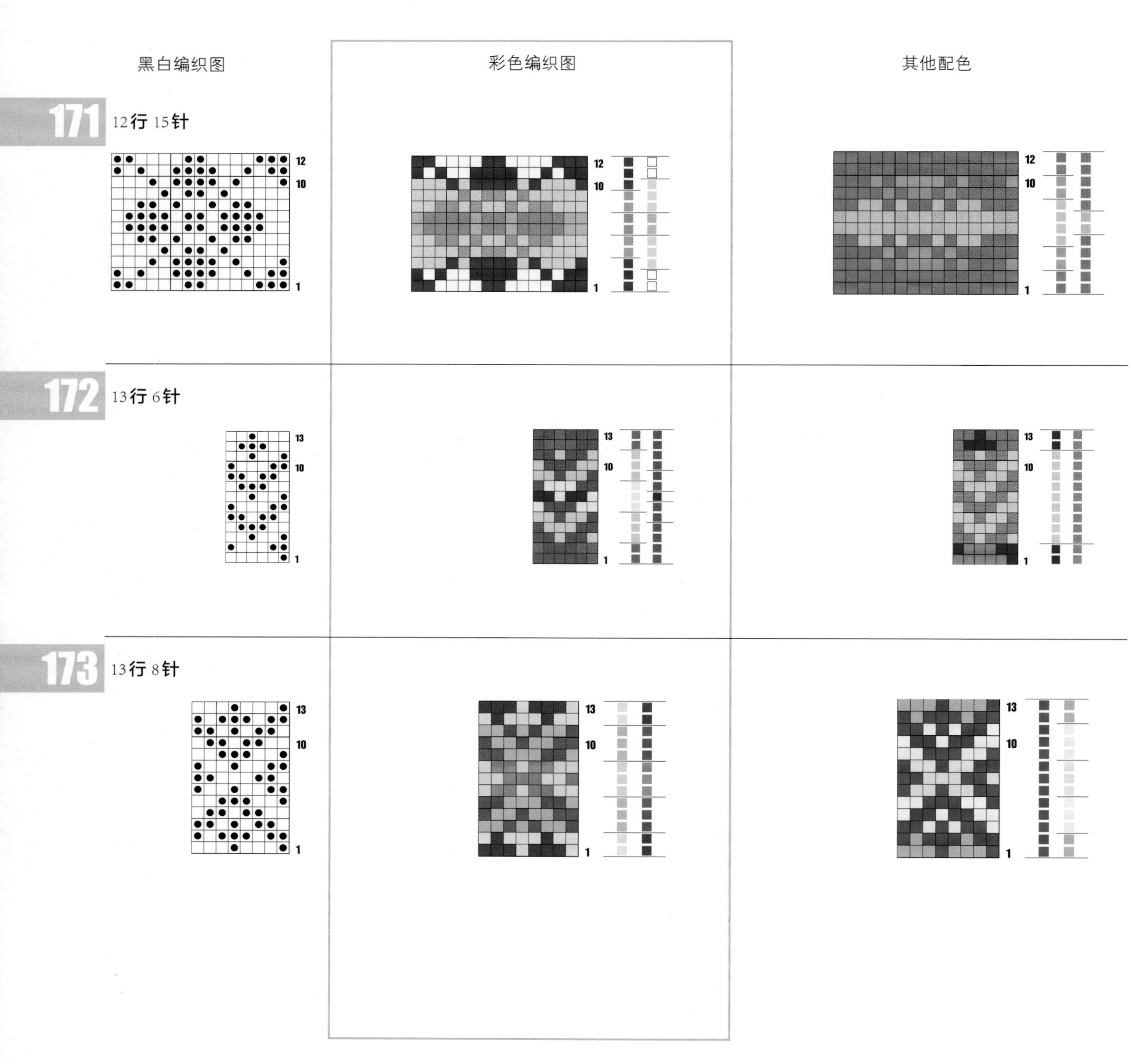
黑白编织图
彩色编织图
其他配色
171
12行 15针
12
10
1
172
13行 6针
13
10
1
173
13行 8针
13
10
1

连续花样

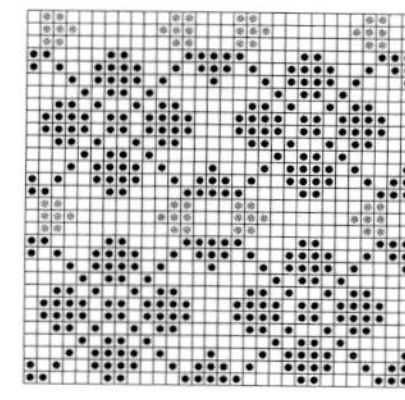

花样的衔接处增加了针数。

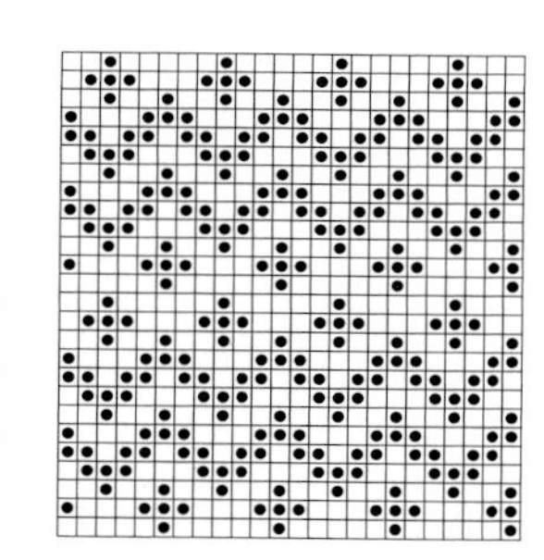

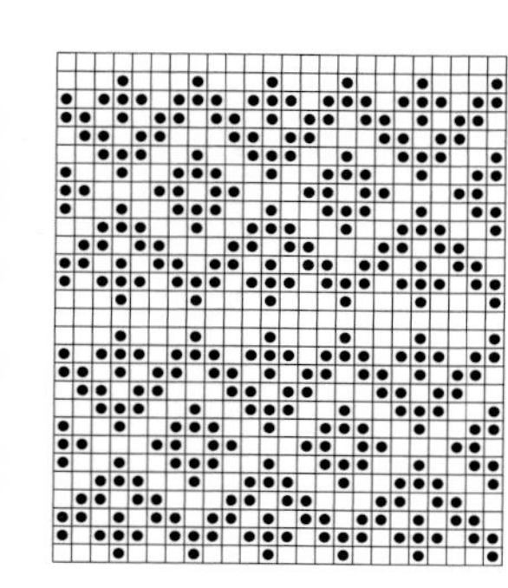

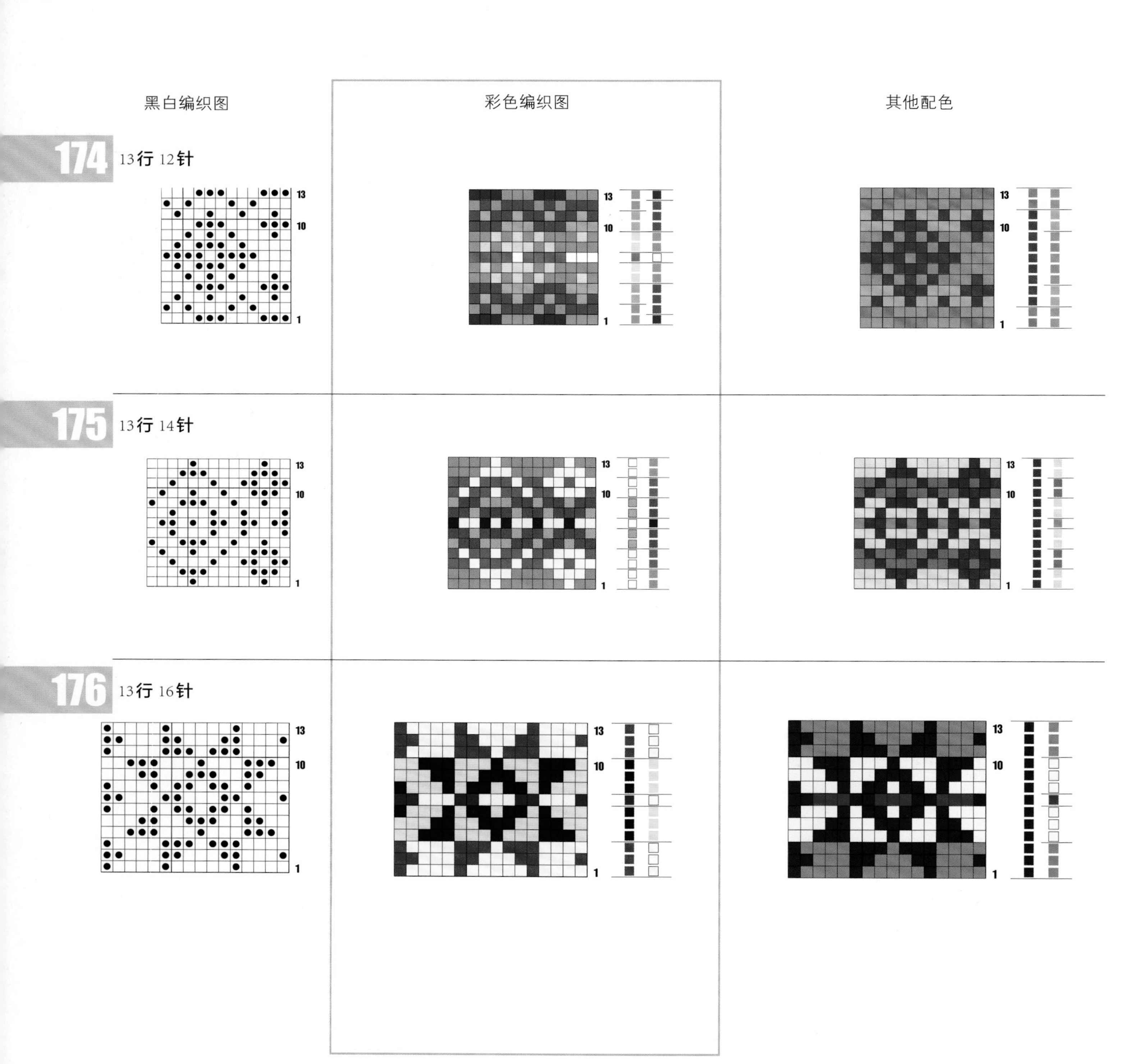
黑白编织图
彩色编织图
其他配色
174
13行 12针
175
13行 14针
176
13行 16针
13
10
1

连续花样

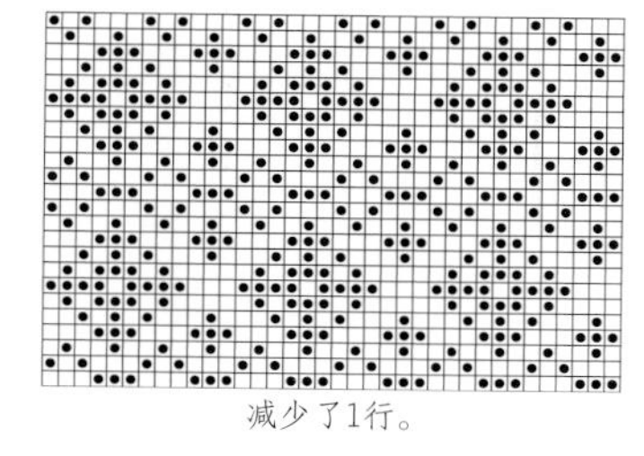

减少了1行。

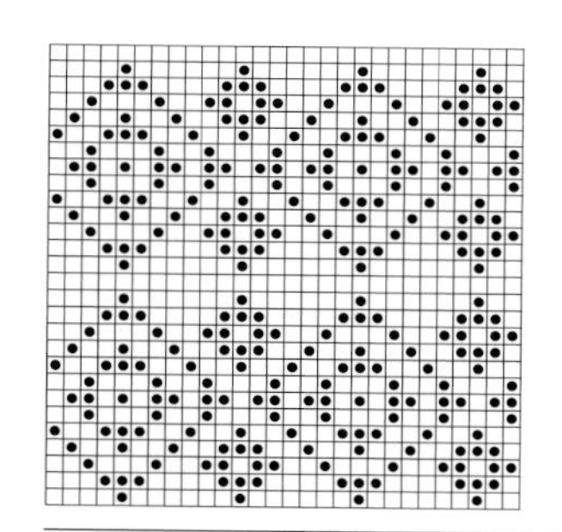

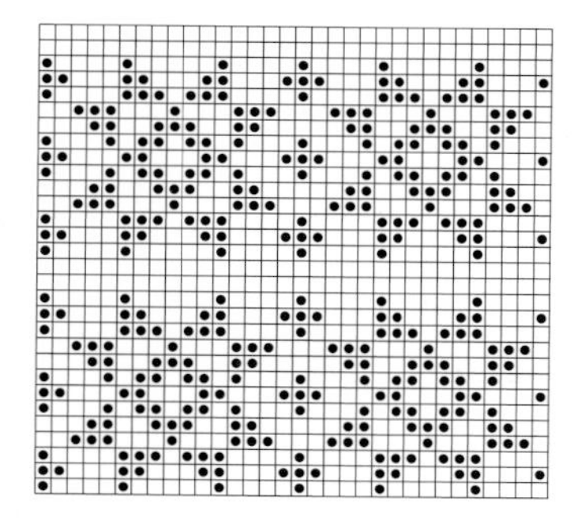

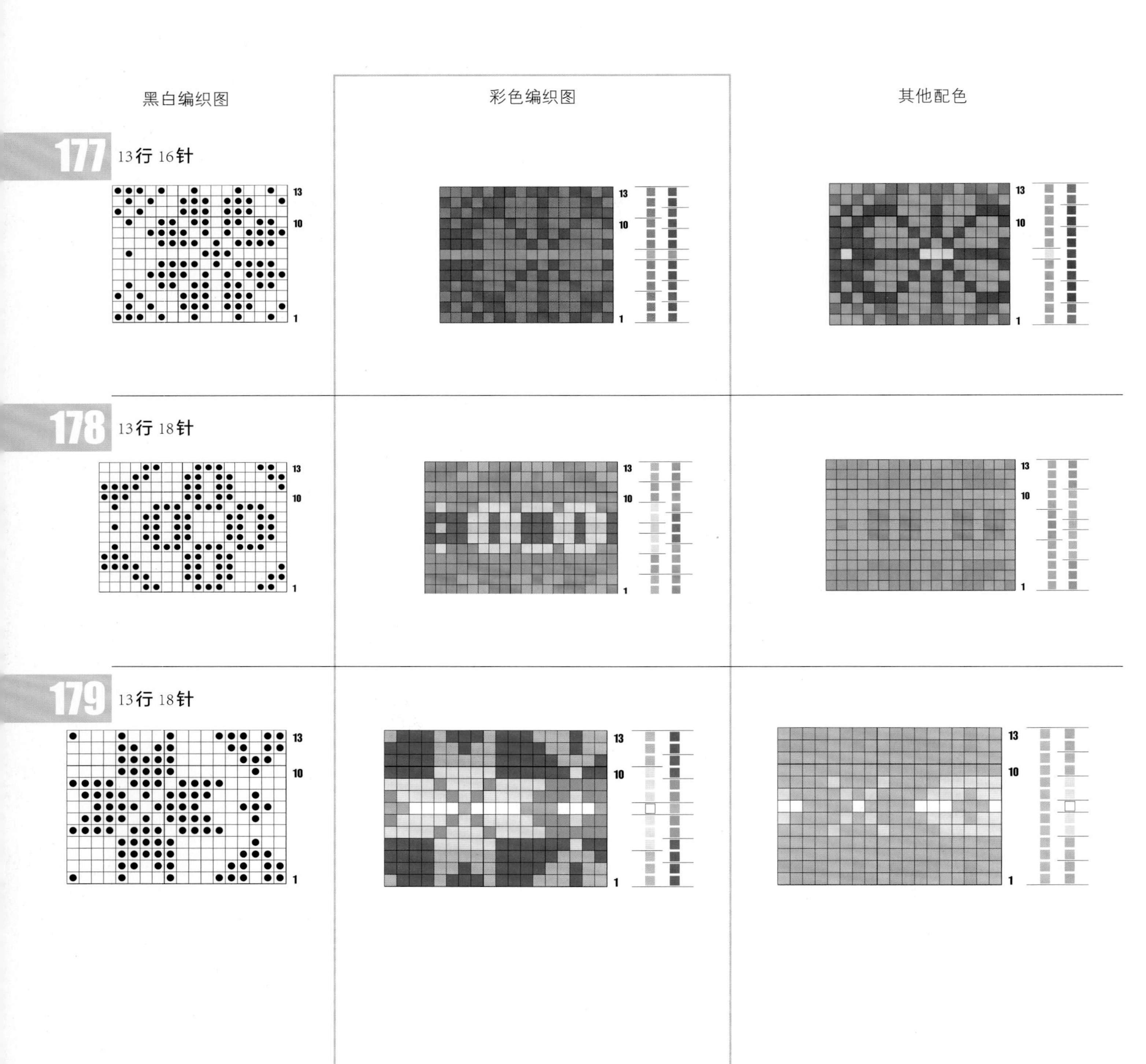
黑白编织图
彩色编织图
其他配色
177
13行 16针
178
13行 18针
179
13行 18针
13
10
1

连续花样

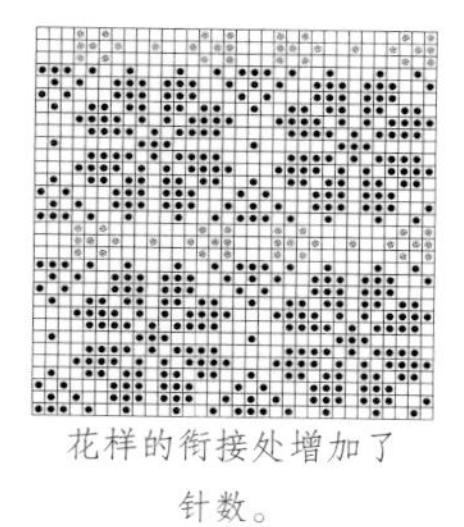

花样的衔接处增加了针数。

花样的衔接处增加了针数。

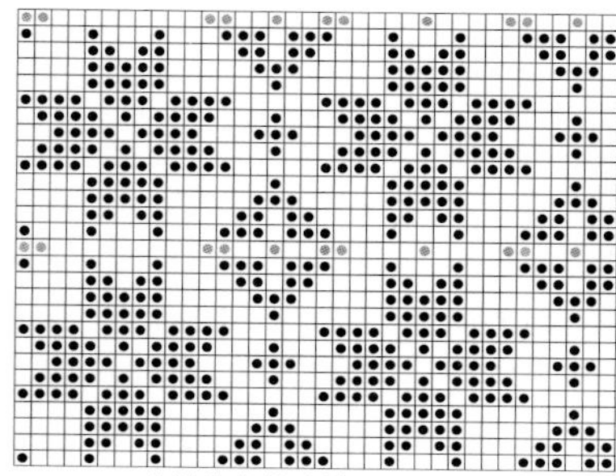

花样的衔接处增加了针数。

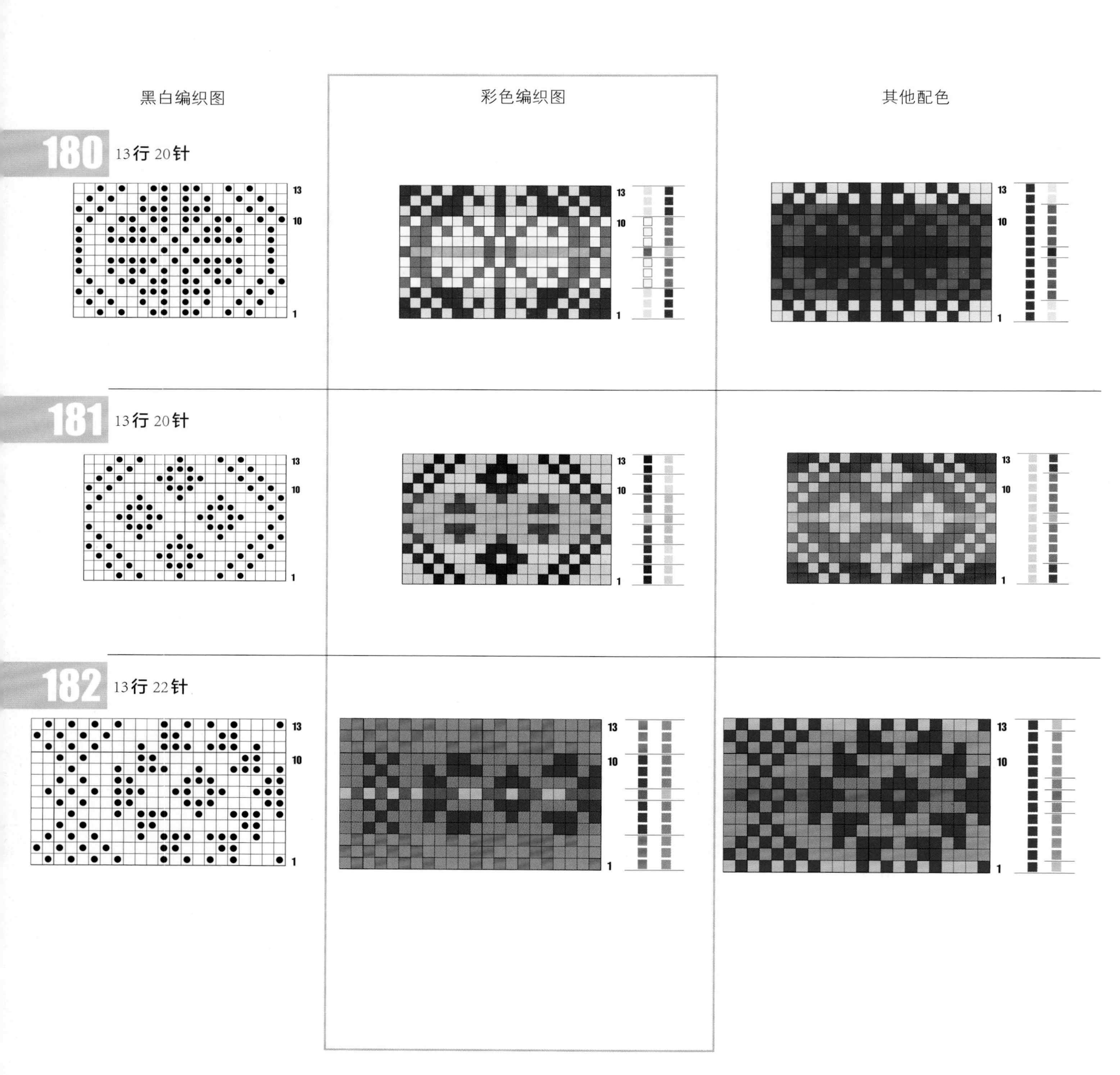
黑白编织图
彩色编织图
其他配色
180
13行 20针
181
13行 20针
182
13行 22针

连续花样

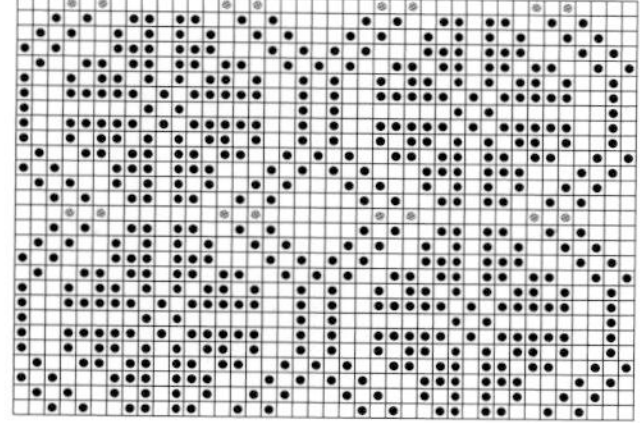
花样的衔接处增加了针数。

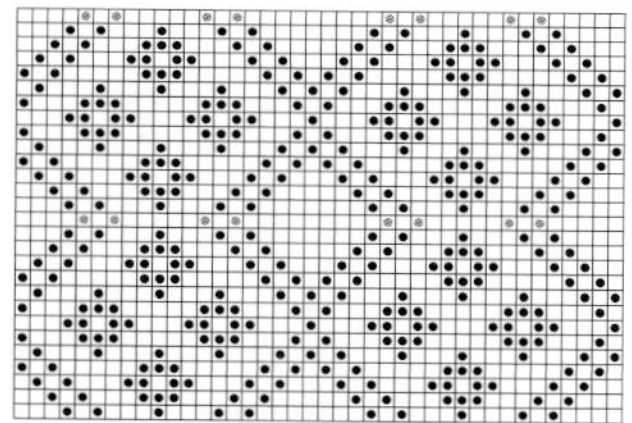
花样的衔接处增加了针数。

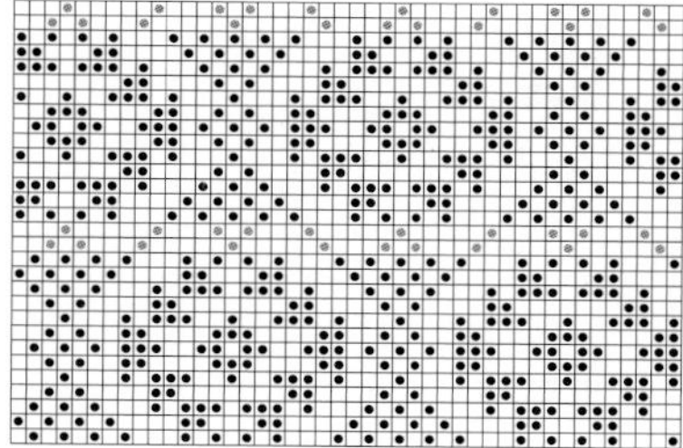
花样的衔接处增加了针数。

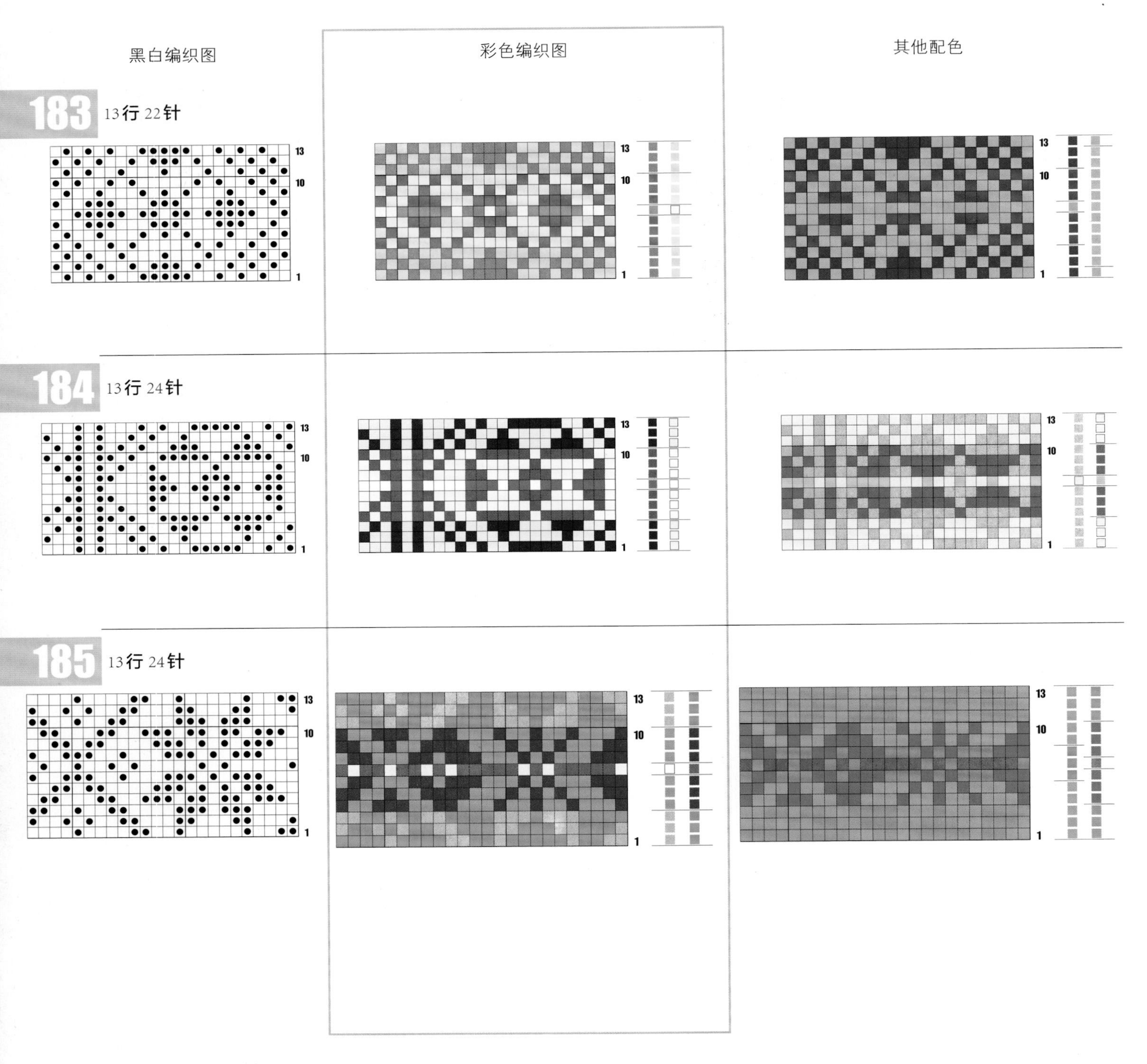
黑白编织图
彩色编织图
其他配色
183
13行 22针
13
10
1
184
13行 24针
13
10
1
185
13行 24针
13
10
1

连续花样

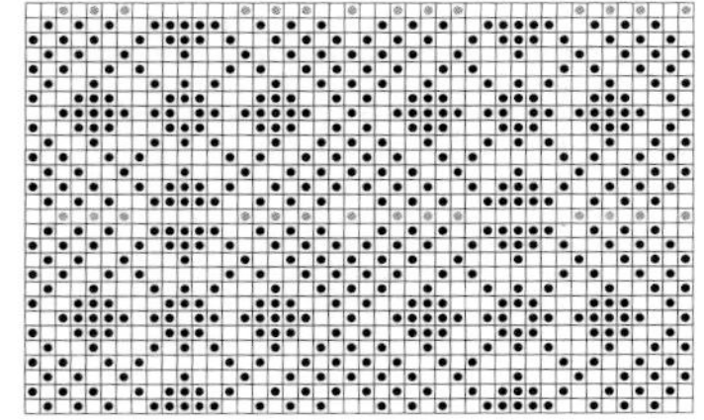

花样的衔接处增加了针数。

花样的衔接处增加了针数。

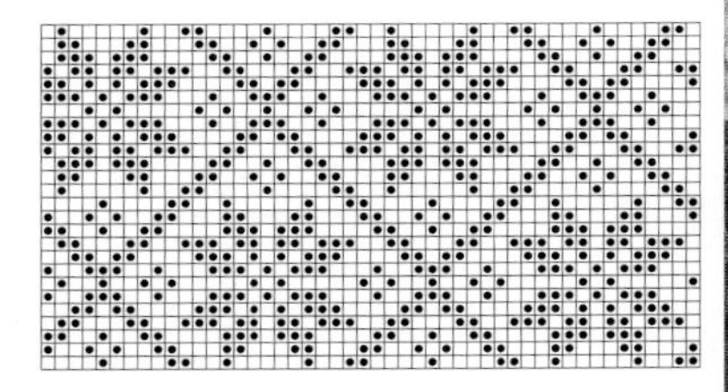

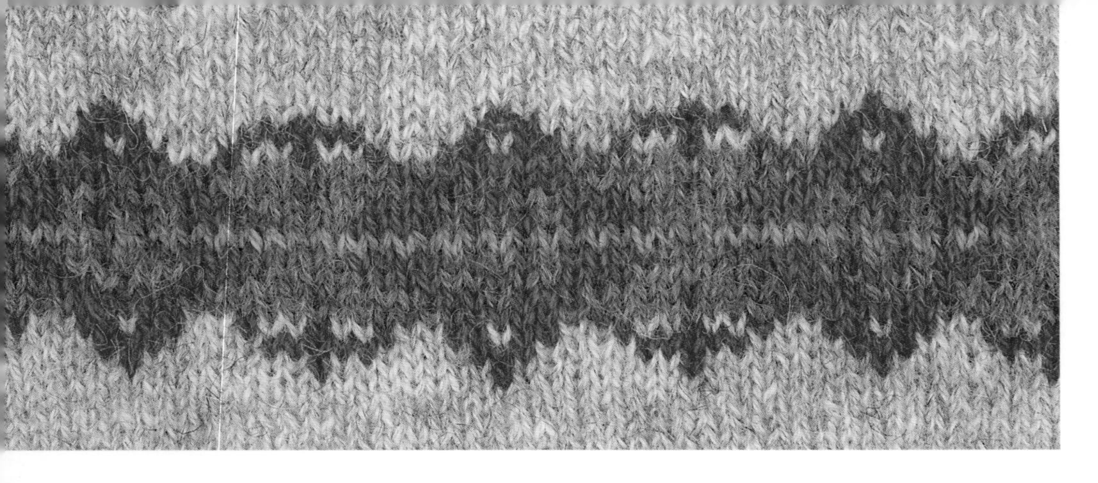

黑白编织图

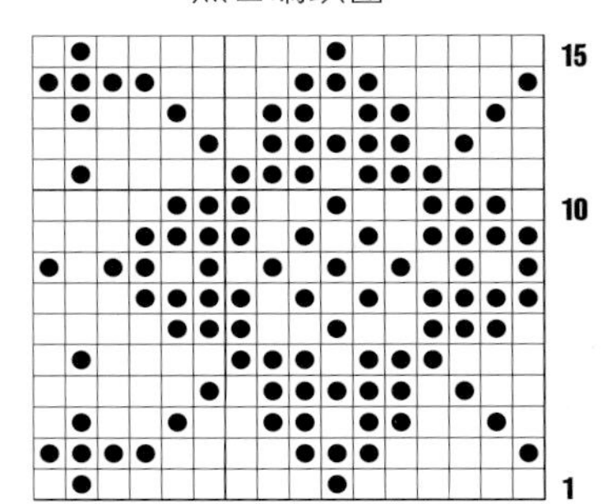

186 15行 16针

其他配色

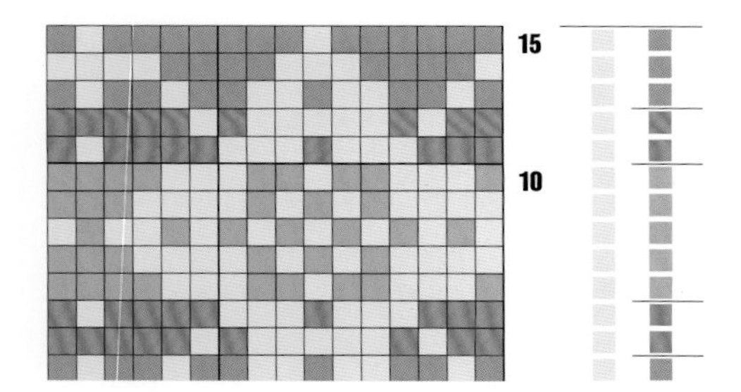

彩色编织图

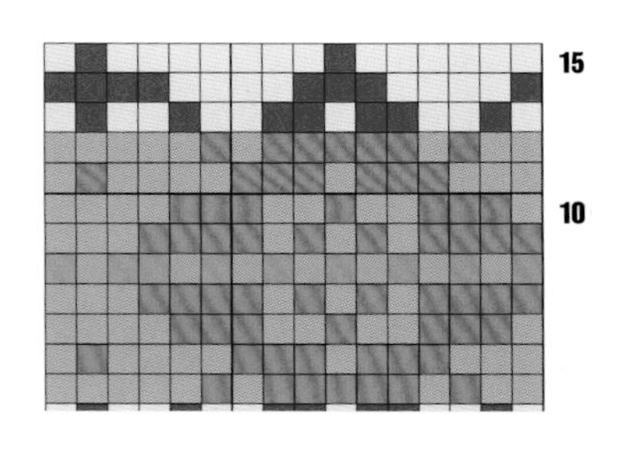

花样组合

186号花样是16针重复的花样，与4针重复的52号花样组合，意味着服饰的针数可以是16的倍数（见第37页）。186号花样的背景色与52号花样背景色的前3行相同。将52号花样水平翻转，相同的背景色部分重叠在一起，用来衬托186号花样，形成锯齿形边缘。

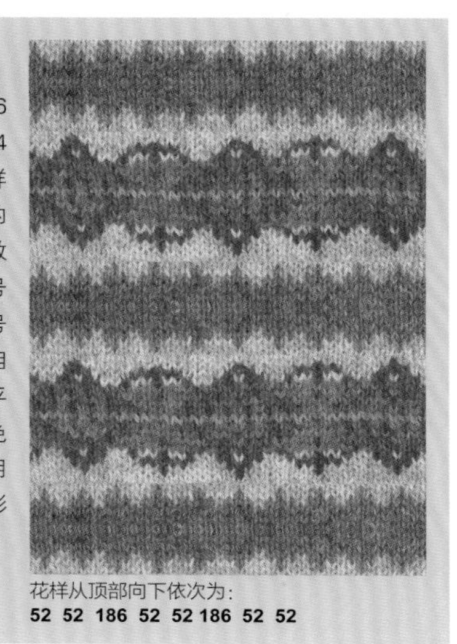

花样从顶部向下依次为：
52 52 186 52 52 186 52 52

连续花样

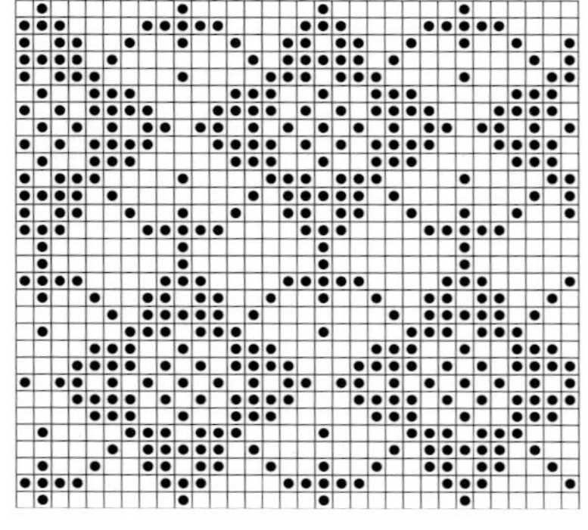

花样的衔接处增加了针数。

黑白编织图

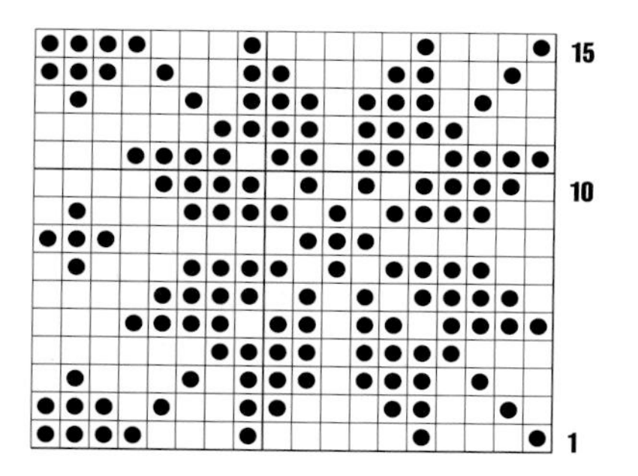

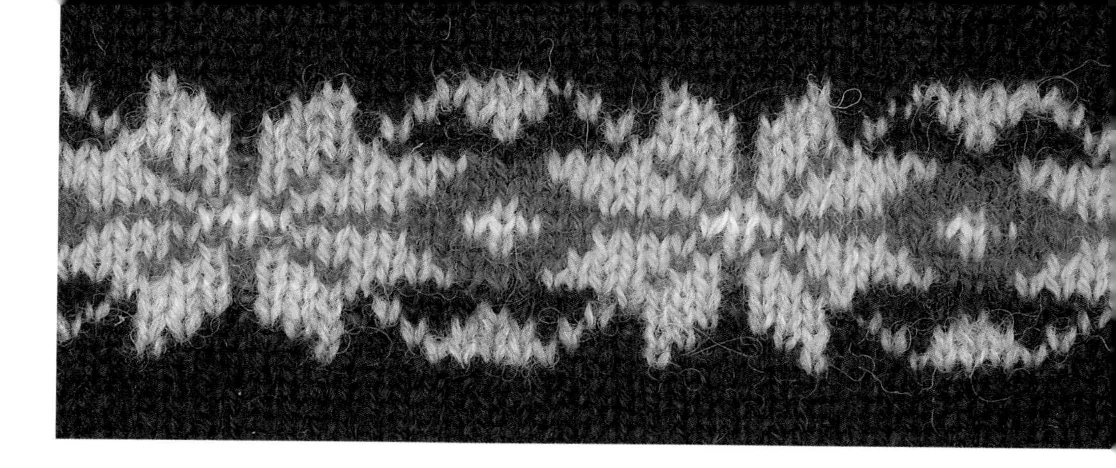

15行 18针 187

彩色编织图

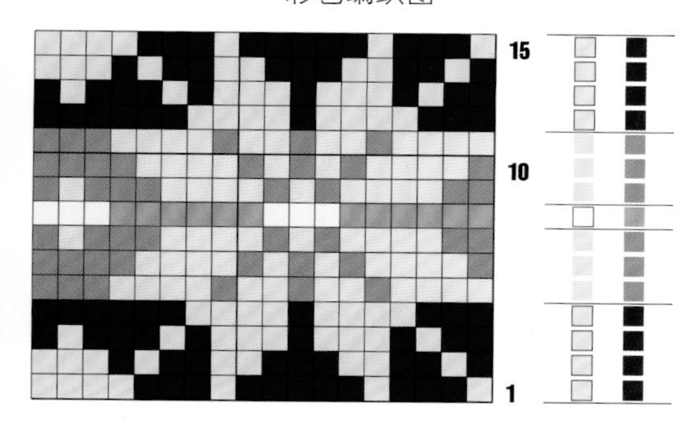

其他配色

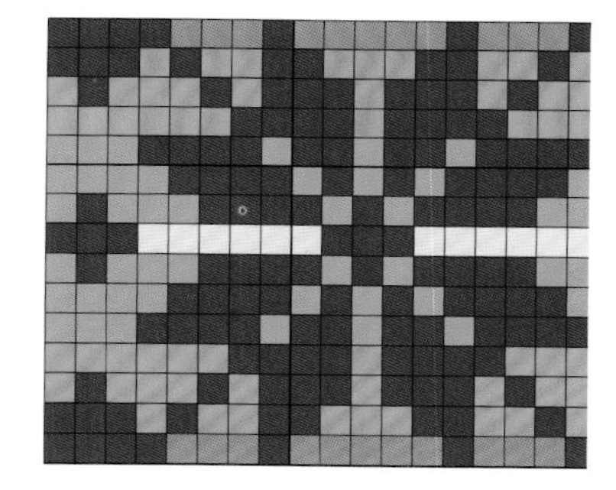

连续花样

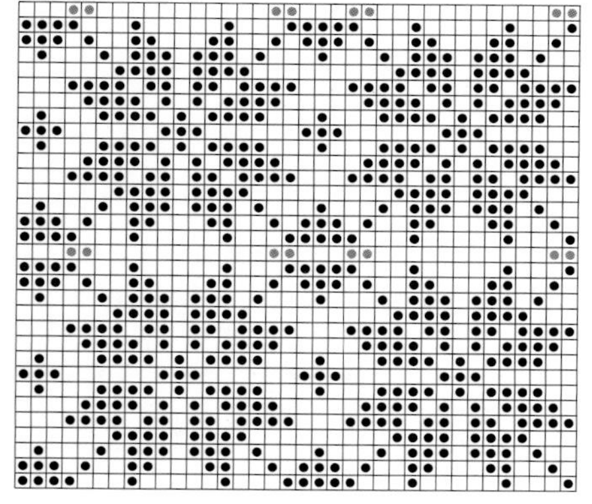

花样的衔接处增加了针数。

花样组合

187号和133号花样的背景在132号花样的点缀下变得明亮起来，132号花样中亮色的种子与浅蓝的背景和海军蓝的重色部分形成对比。在编织中把不同颜色的线用完也是有可能的，所以可以多染出一些深蓝色线，或者把不同花样的每种线都预留好。

花样从顶部向下依次为：
132 187 132 133 132 187

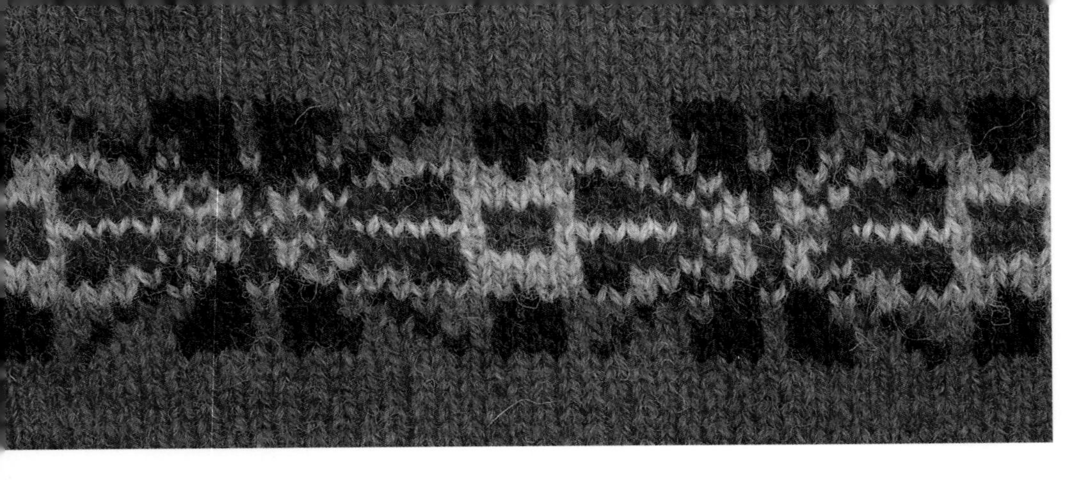

黑白编织图

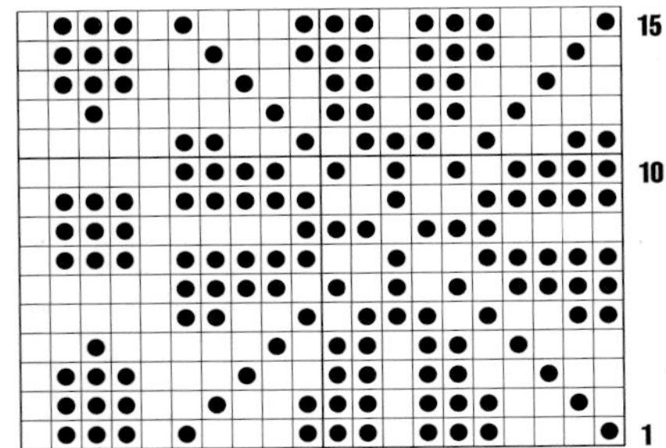

188 15行 20针

其他配色

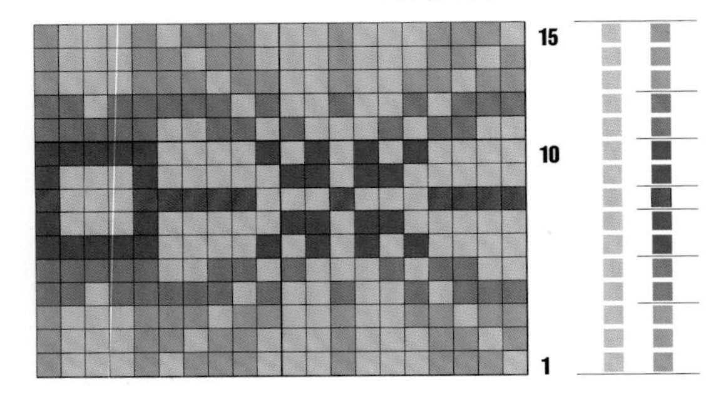

彩色编织图

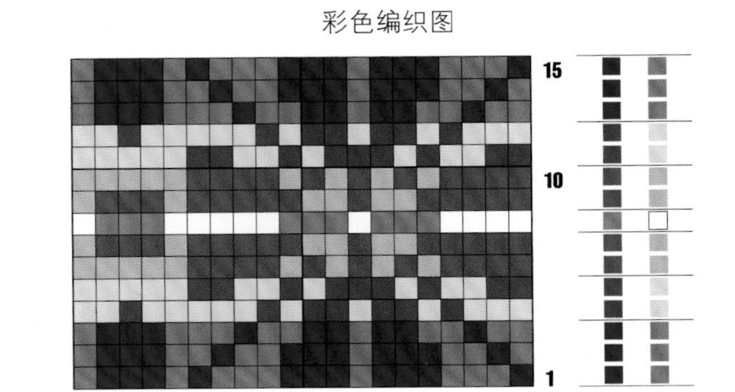

花样组合

188号花样是20针重复的花样，134号花样是10针重复的花样，它们通常都能搭配。63号花样是9针重复的花样，但是，因为它只有4行，不会影响编织的协调性，反倒给织片增添了醒目的效果。

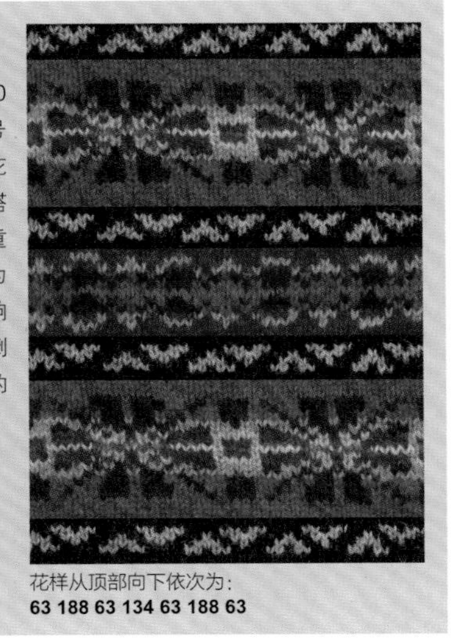

花样从顶部向下依次为：
63 188 63 134 63 188 63

连续花样

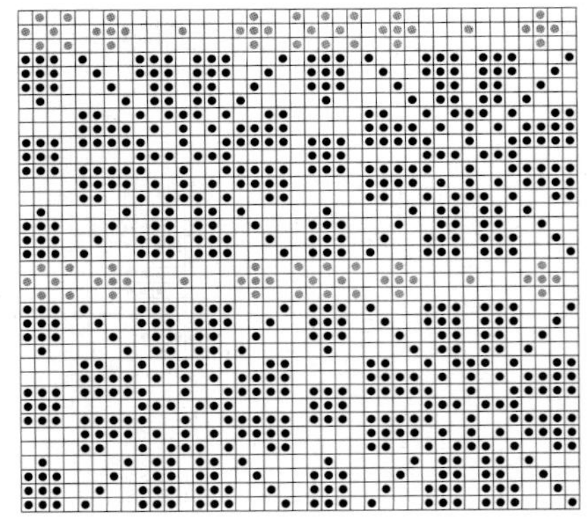

花样的衔接处增加了针数。

黑白编织图

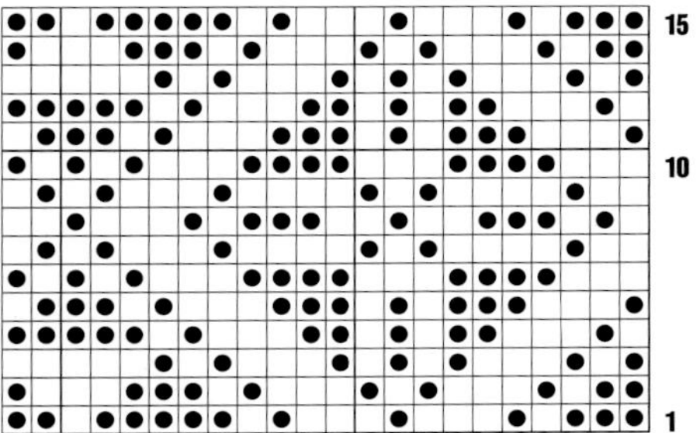

15行 22针 **189**

彩色编织图

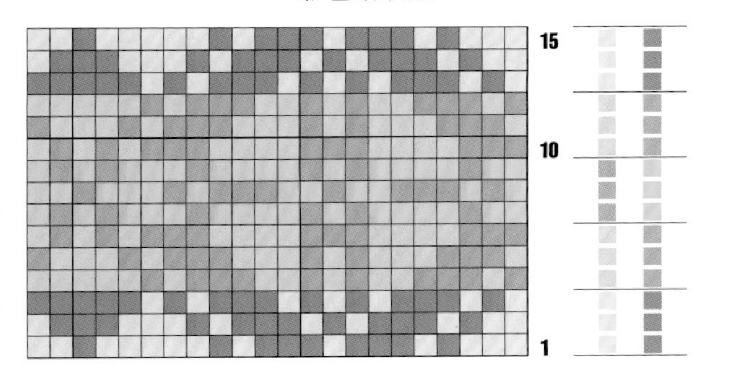

其他配色

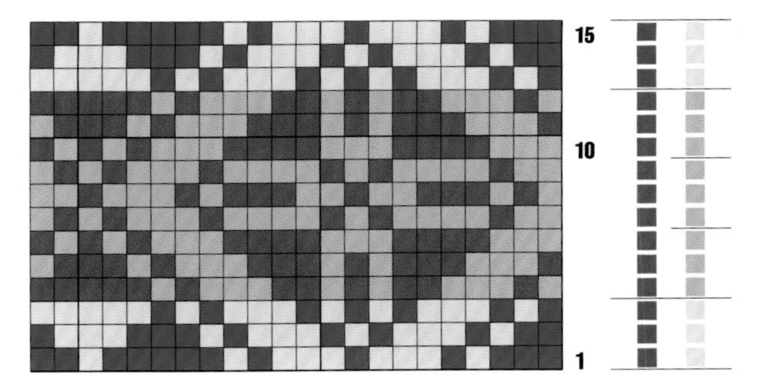

连续花样

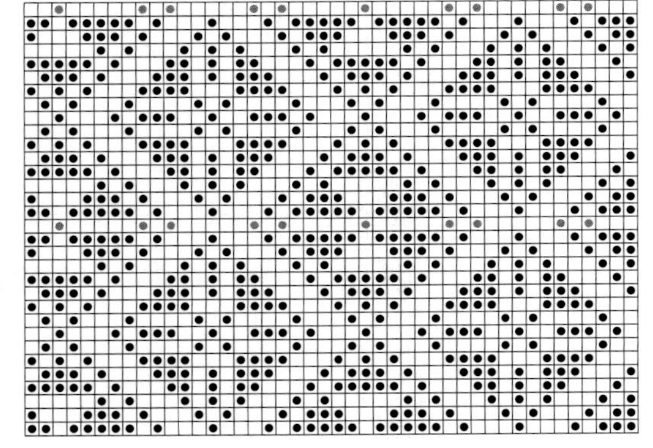

花样的衔接处增加了针数。

花样组合

22针重复花样（189号花样）、8针重复花样（129号花样）和6针重复花样（129号花样）在这件作品里都有体现。虽然看上去不好搭配，但是40号花样的流畅和129号花样的立体规律，使得该组合井然有序，不会有突兀的感觉。

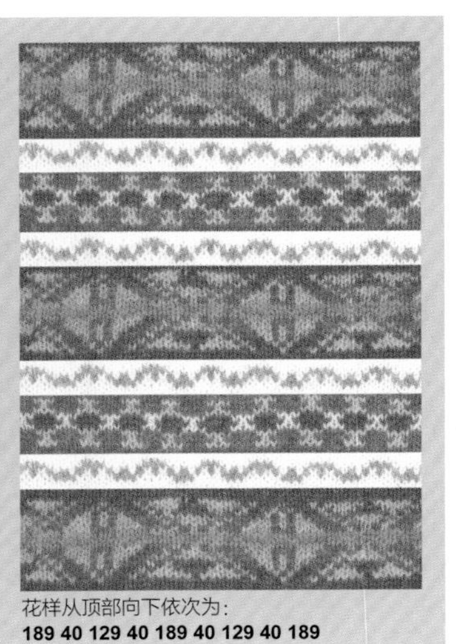

花样从顶部向下依次为：
189 40 129 40 189 40 129 40 189

黑白编织图

190 15行 24针

其他配色

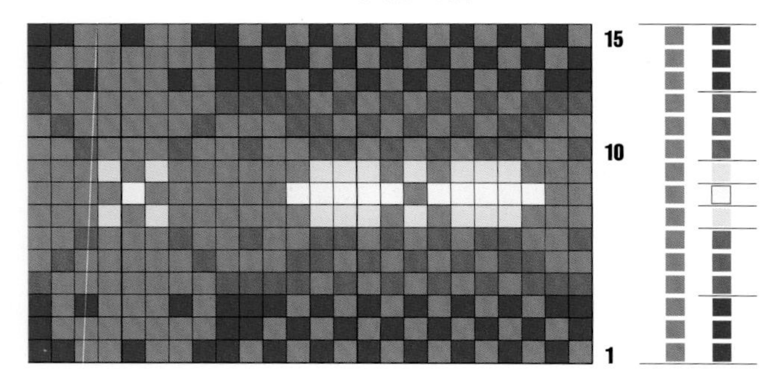

彩色编织图

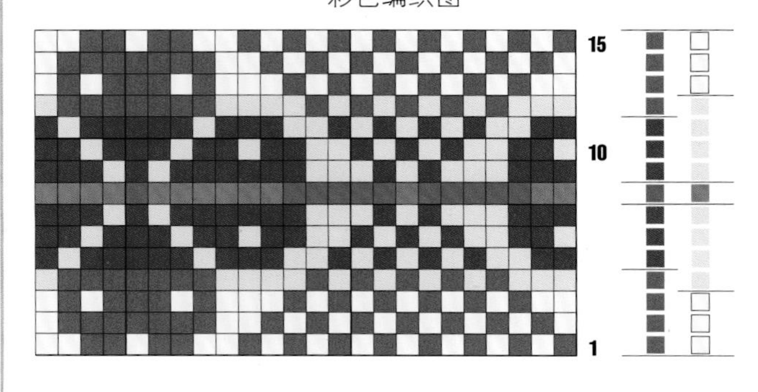

花样组合

65号花样中的曲线与190号花样中的爱心形状的花瓣完美地对应起来，而67号花样的迷你OXO花样给整个设计带来有规律的连续性，红色贯穿了所有的花样。

花样从顶部向下依次为：
67 65 190 65 67 190 67 65 190

连续花样

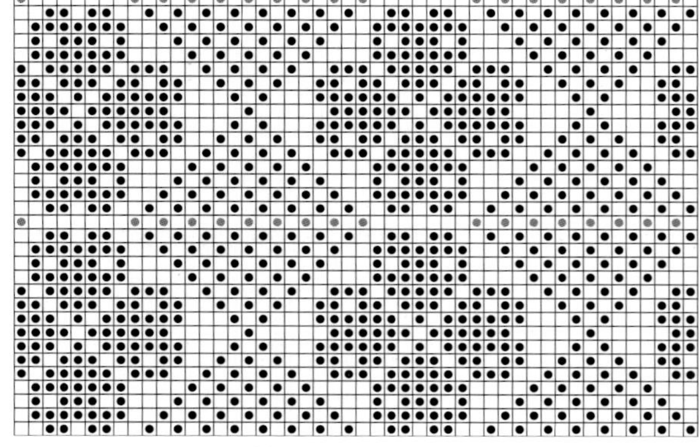

花样的衔接处增加了针数。

黑白编织图

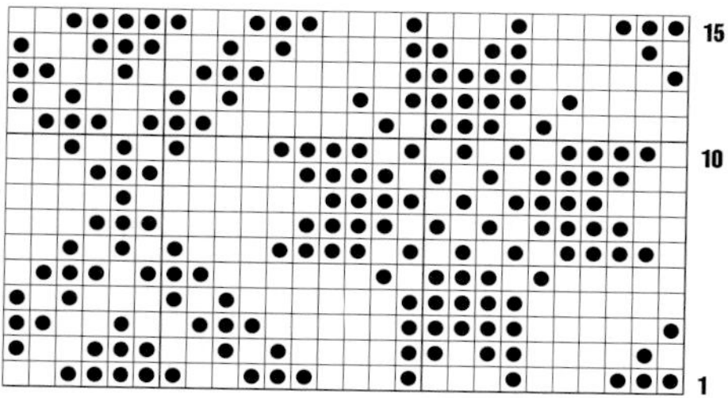

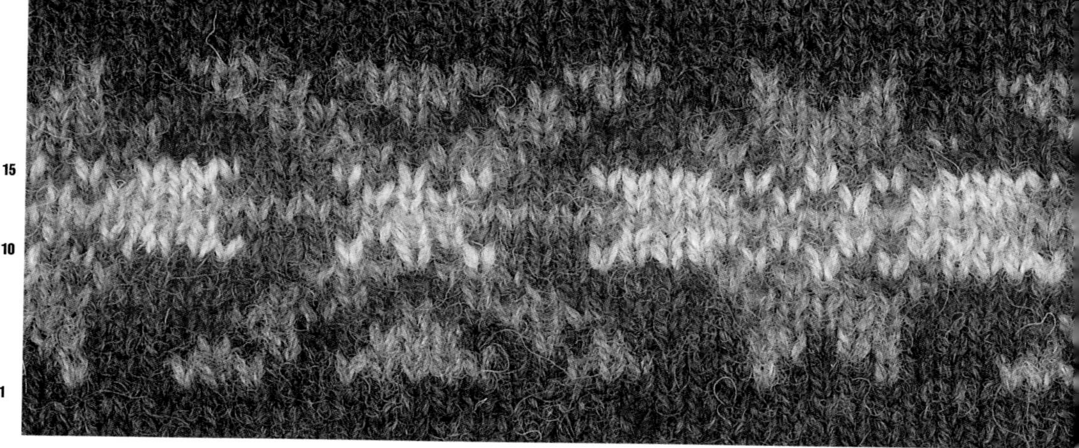

15行 26针 **191**

彩色编织图

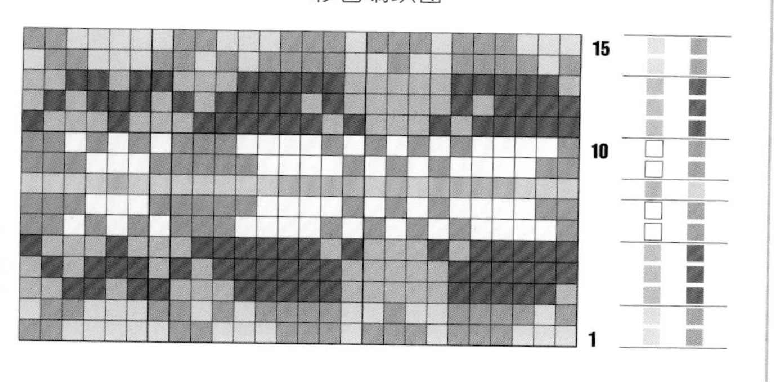

其他配色

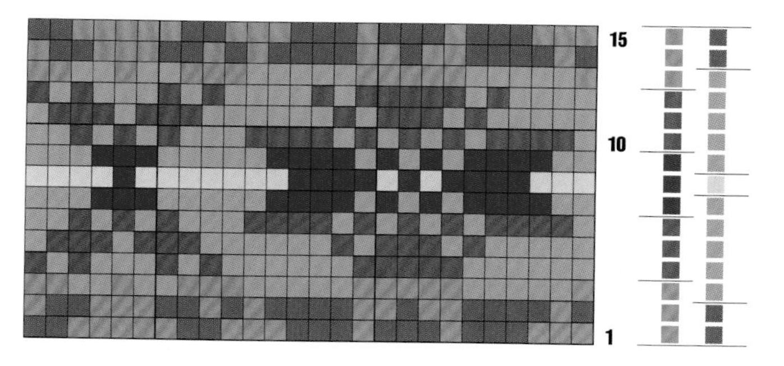

连续花样

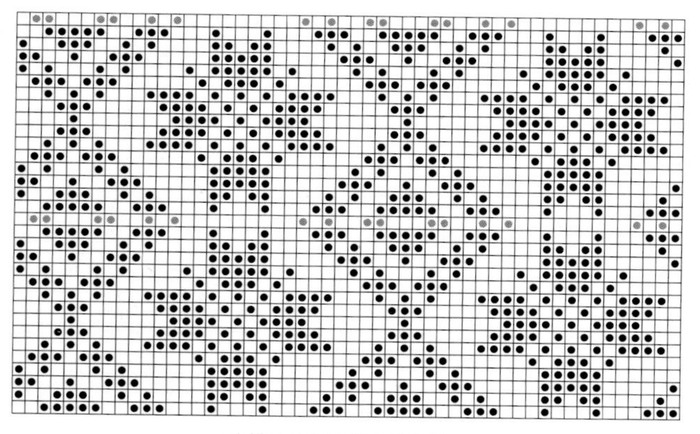

花样的衔接处增加了针数。

花样组合

在这个搭配中，两种浅色的花样（123号花样和153号花样）使背景色稍微偏暗的191号花样中明亮的花样色显现出来。相应的，191号花样中的雪花状图案使另外两种生硬的几何形小花样变得柔和。

花样从顶部向下依次为:
123 191 153 191 123 191 153

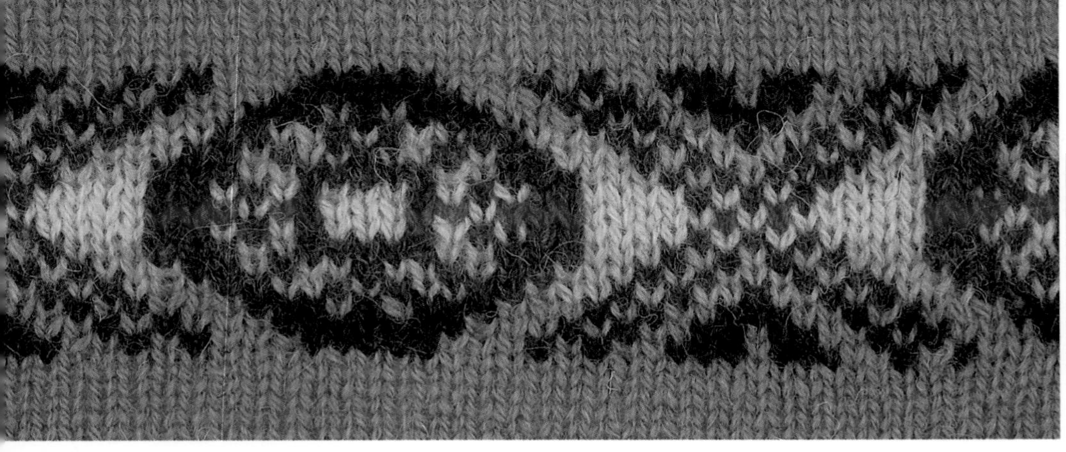

黑白编织图

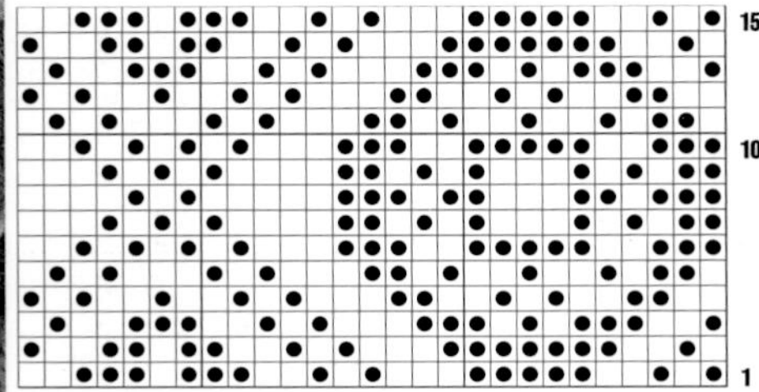

192 15行 27针

其他配色

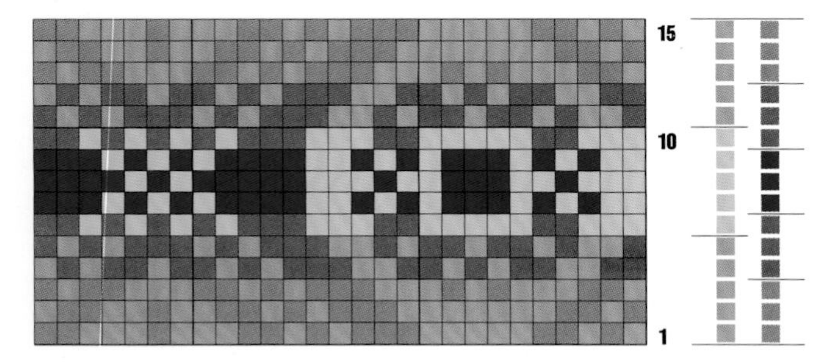

彩色编织图

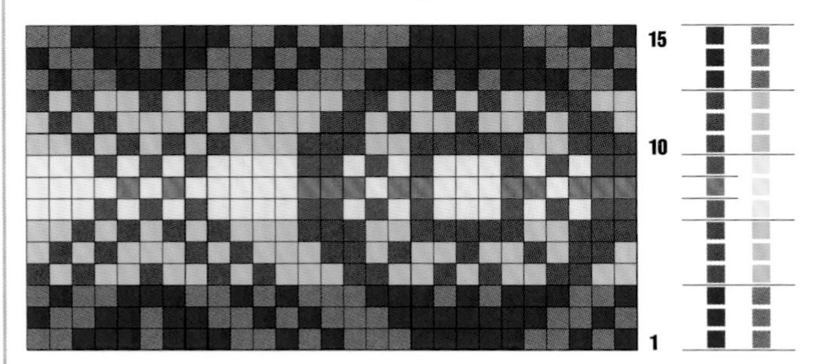

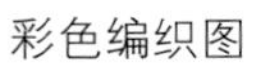

花样组合

活泼的小花样和另一种色彩柔和的花样形成强烈的对比，给这组花样带来了跳跃感。小花样是2～3针（如7号花样和10号花样），因为花样非常的小，所以即使针数有略微的差异也不会被注意到。

花样从顶部向下依次为：
7 192 7 10 192 10 7 192 7 10 192 10

连续花样

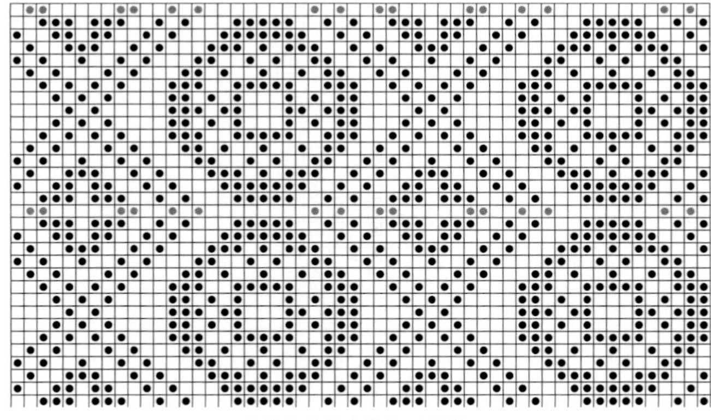

花样的衔接处增加了针数。

黑白编织图

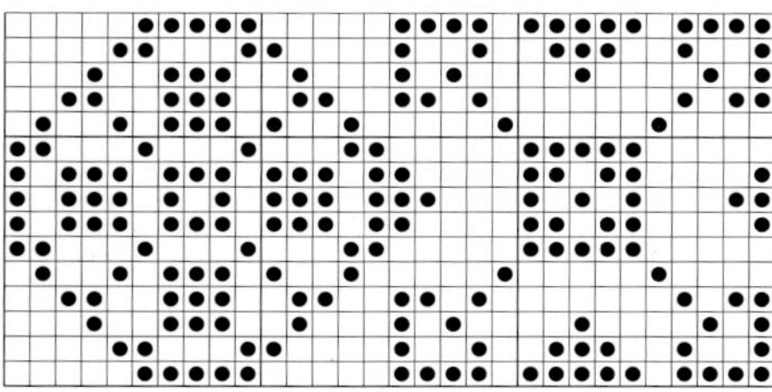

15行 30针 193

彩色编织图

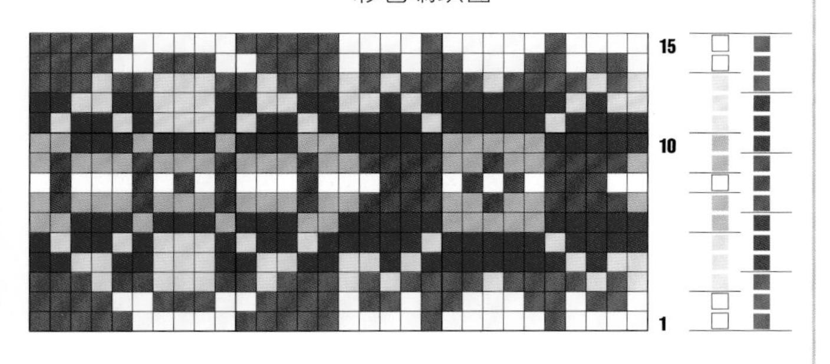

其他配色

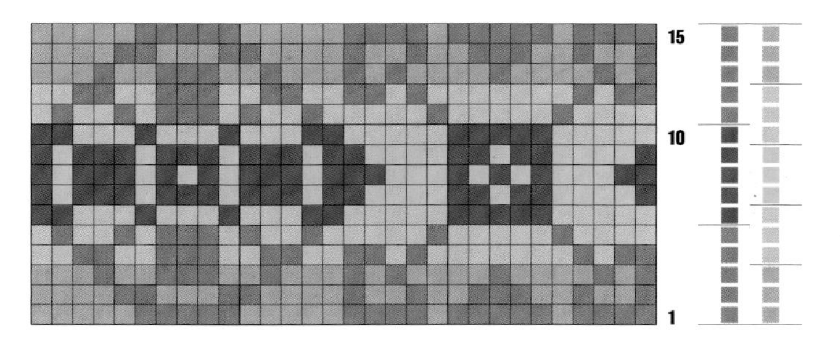

连续花样

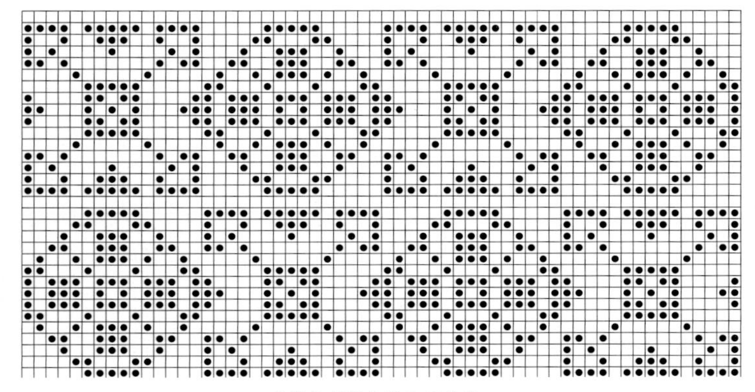

花样的衔接处增加了针数。

花样组合

193号花样是30针连续重复的花样，与6针重复的120号花样正好相配，所以总针数应该是30的倍数（见第37页）。为了使花样更富有生气，120号花样被水平翻转，呈现出一种戏剧性的生动效果。

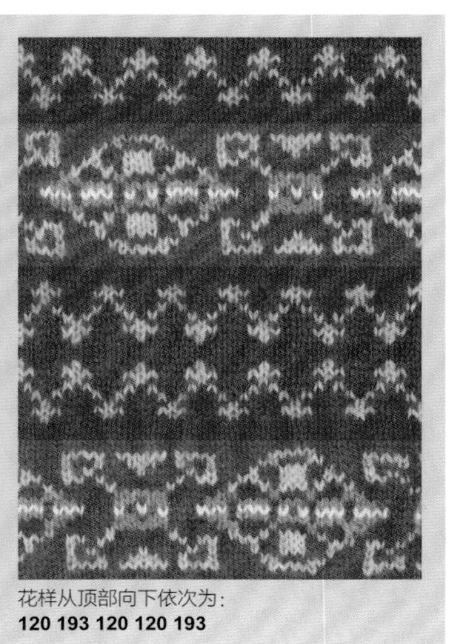

花样从顶部向下依次为：
120 193 120 120 193

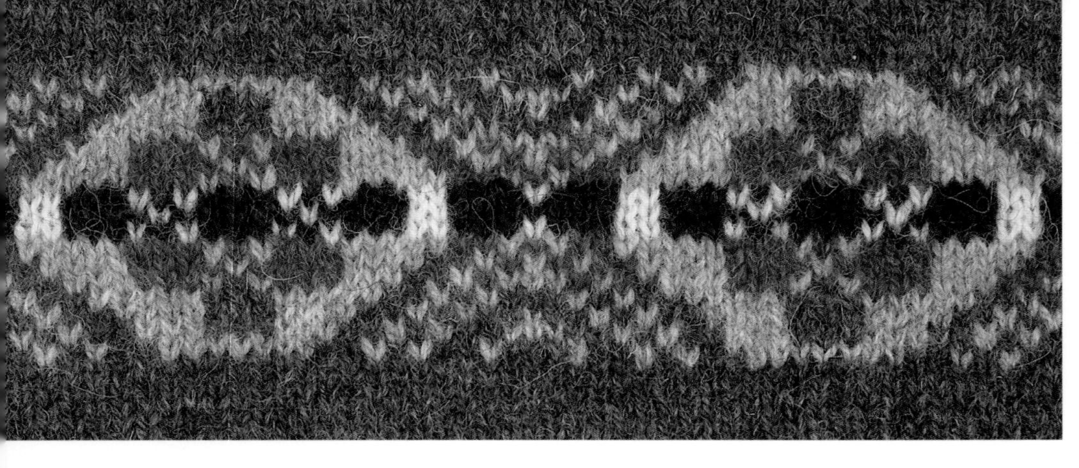

黑白编织图

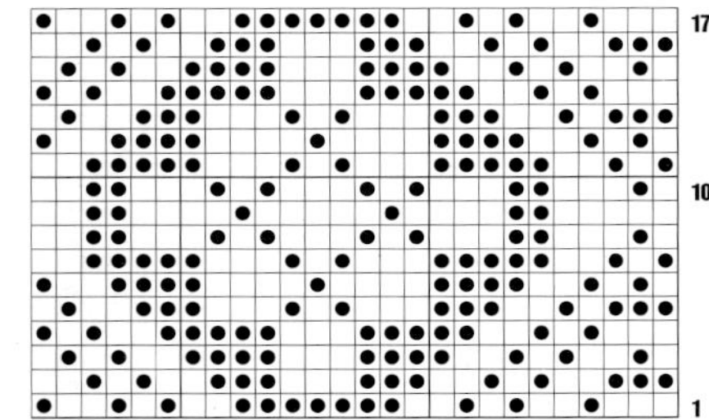

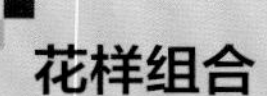

194 17行 26针

其他配色

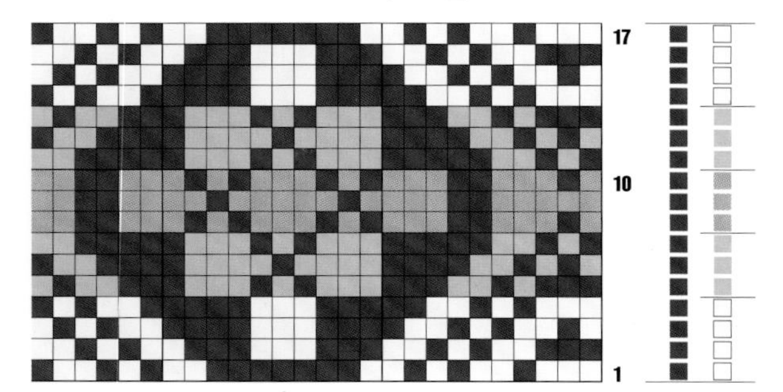

彩色编织图

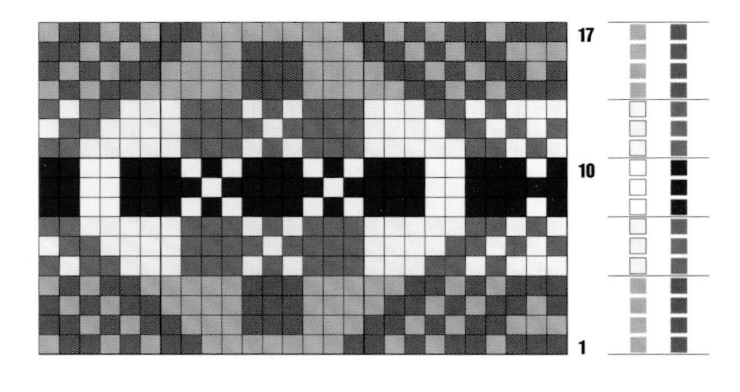

花样组合

使用羊毛的本色创造了美丽而又意外出令人意外的精美服饰。微妙的阴影增添了深邃感，黑色羊毛灵活多变的运用点缀了整件服饰。当编织花样的针数略有不同时，要将花样的中心对齐服饰的正中，或者对花样进行微调以使针数对应（见第36页）。

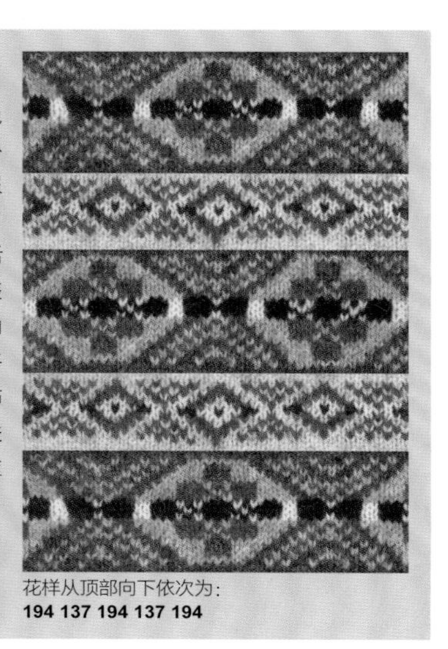

花样从顶部向下依次为:
194 137 194 137 194

连续花样

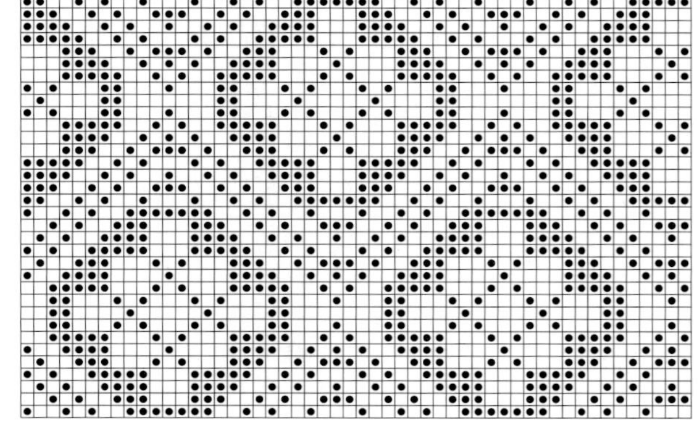

花样的衔接处增加了针数。

黑白编织图

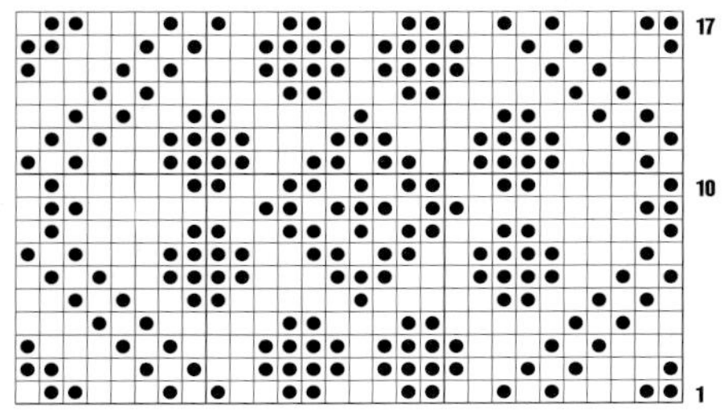

17行 28针 **195**

彩色编织图

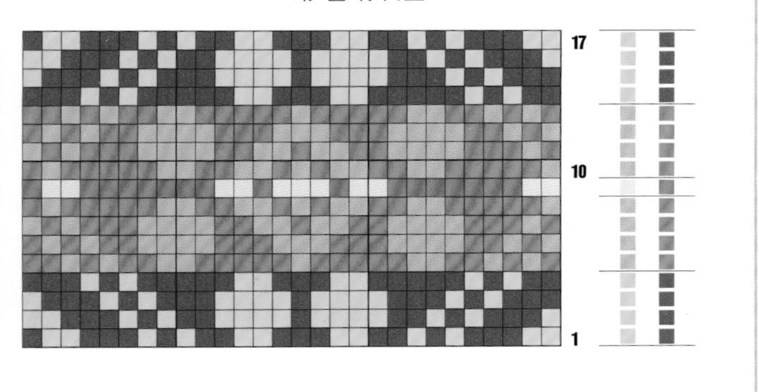

其他配色

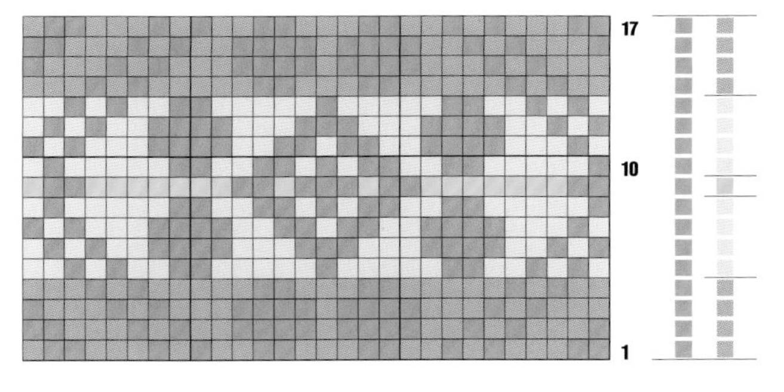

连续花样

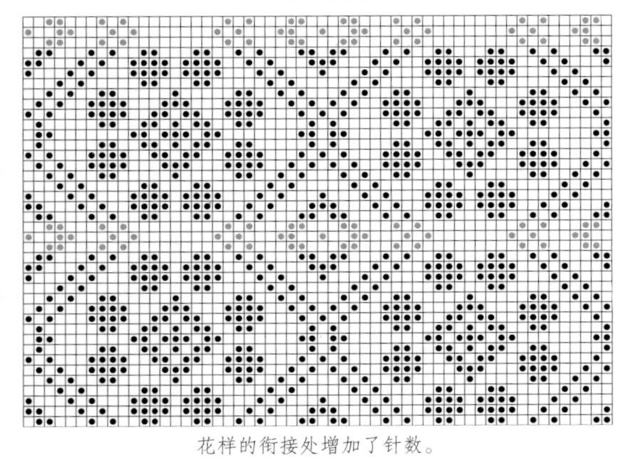

花样的衔接处增加了针数。

花样组合

即使是最明亮的色调，如果堆放在一起，看起来也会显得单调，将195号花样和50号花样组合起来就会犯这种错误。然而，加入49号的紫红色花样后，就增添了明亮、欢快的味道。121号花样中青绿的冷色调平衡了这种搭配，作为互补的195号花样使视线转移，形成活泼而不僵硬的配色。

花样从顶部向下依次为：
50 195 50 121 50 49 50 195 50 121 50 49 50 195

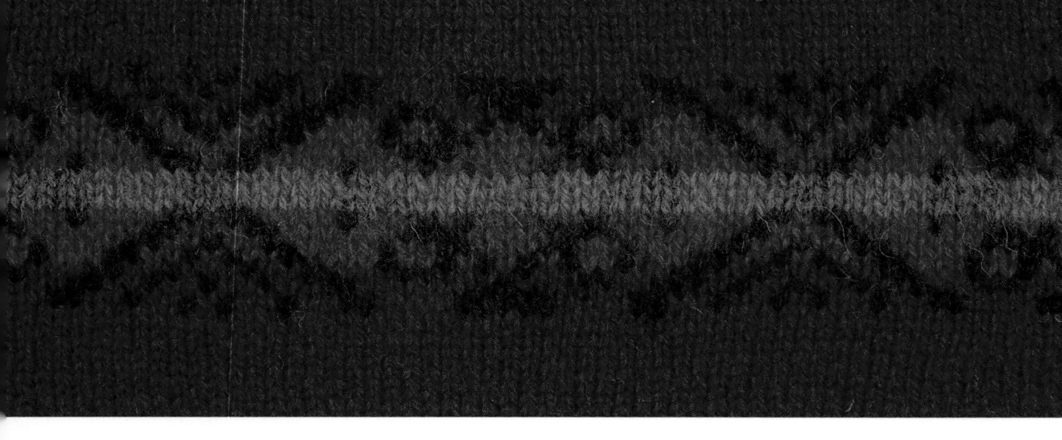

黑白编织图

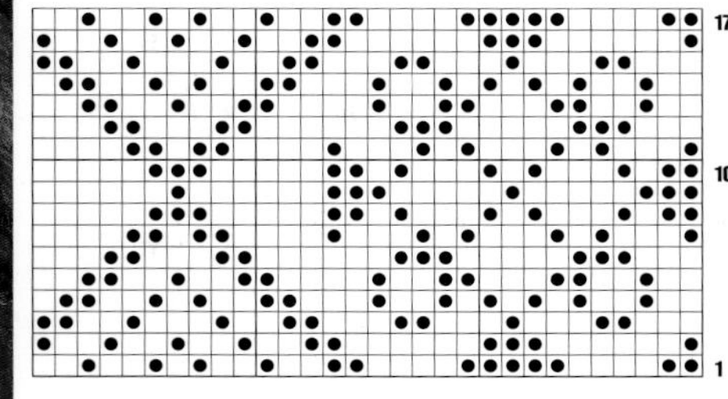

196 17行 30针

其他配色

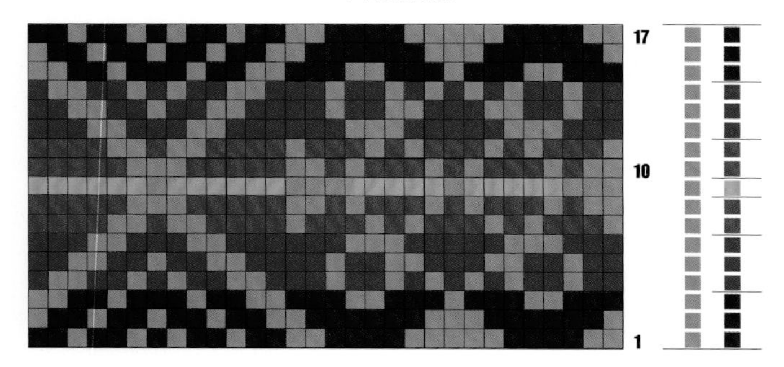

彩色编织图

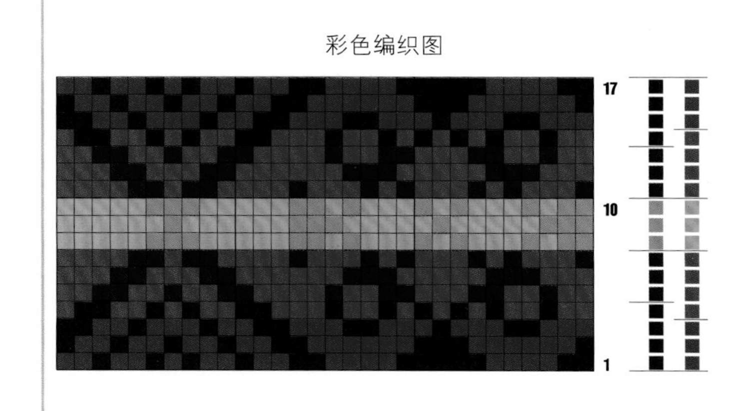

花样组合

196号花样与两组小花样搭配，并以两种不同方式组合起来贯穿整件毛衣。55号的红色花样与红色背景相得益彰，而99号花样则以蓝色为基调。用细心的排列代替僵硬的重复，使织片生动有趣。

花样从顶部向下依次为:
99 55 196 99 55 99 196 55 99 55 196

连续花样

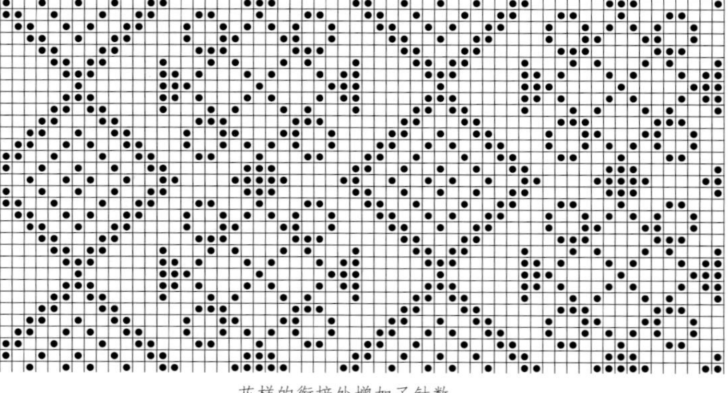

花样的衔接处增加了针数。

黑白编织图

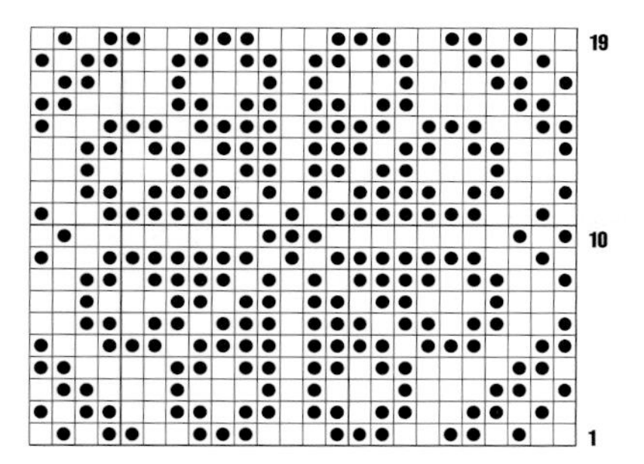

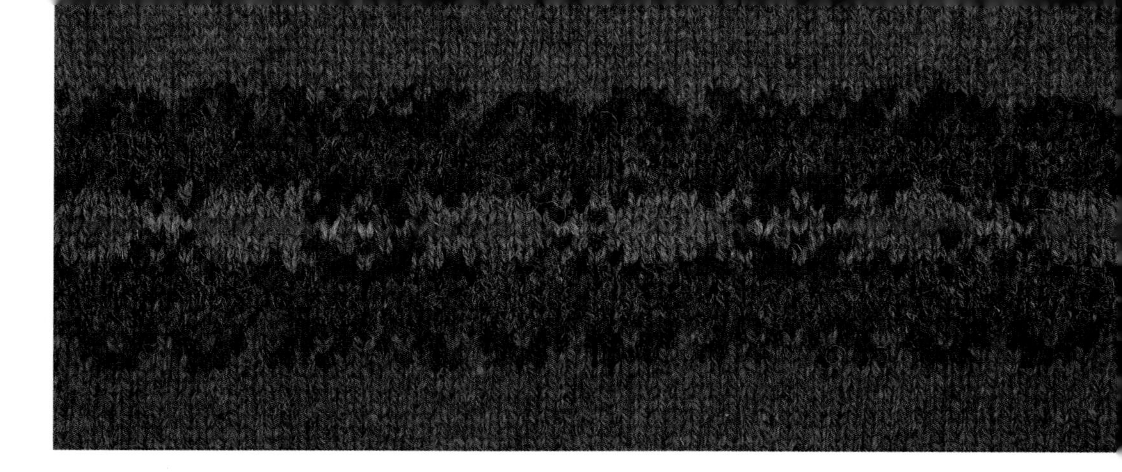

19行 24针

彩色编织图

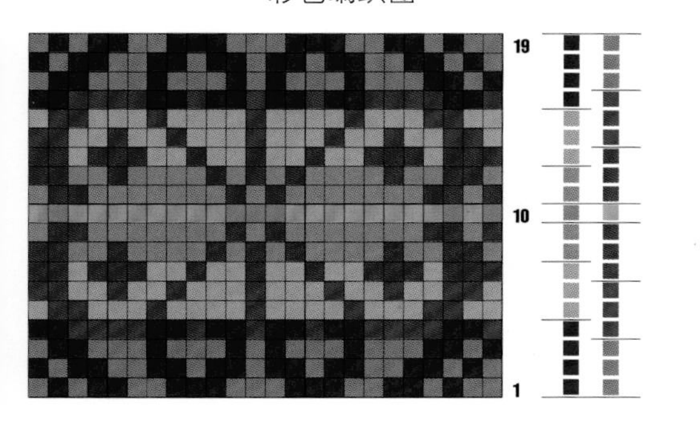

其他配色

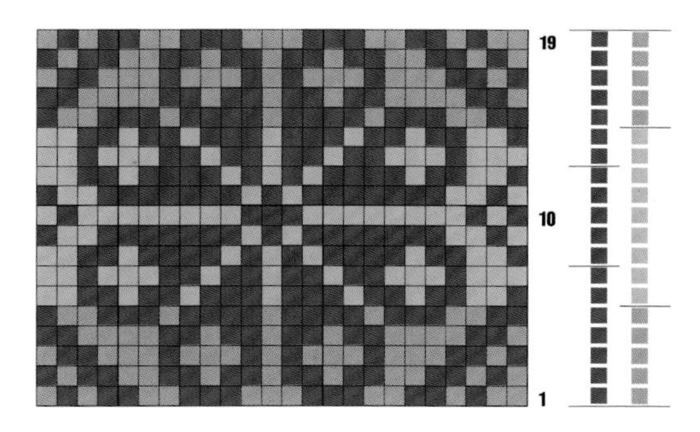

连续花样

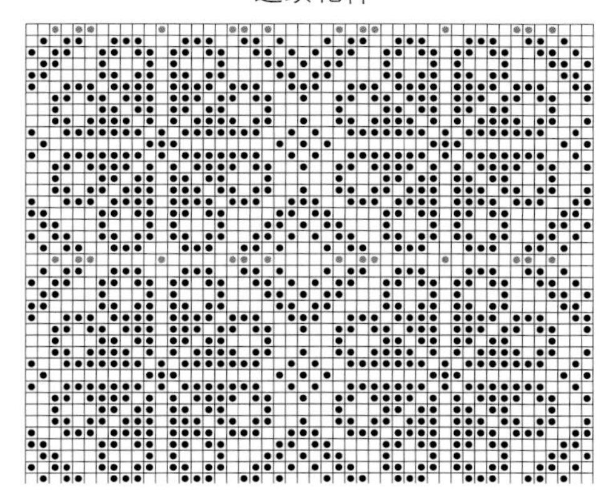

花样的衔接处增加了针数。

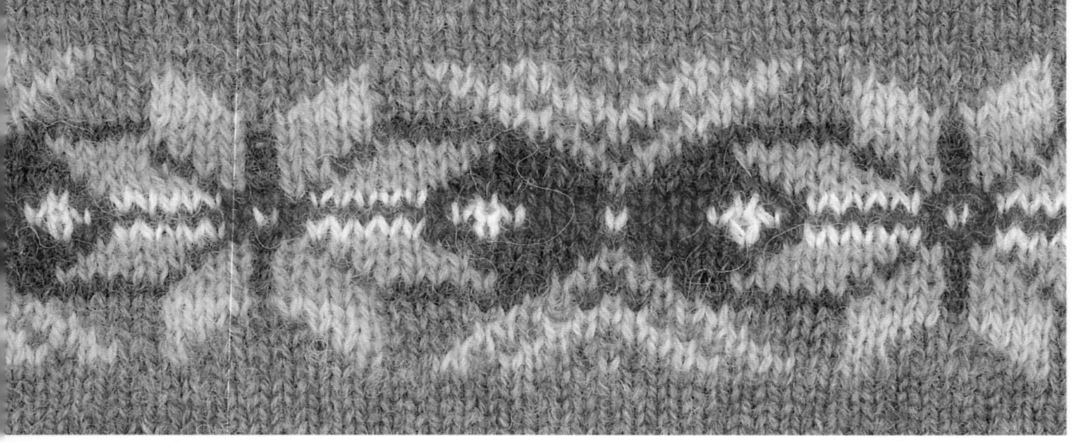

黑白编织图

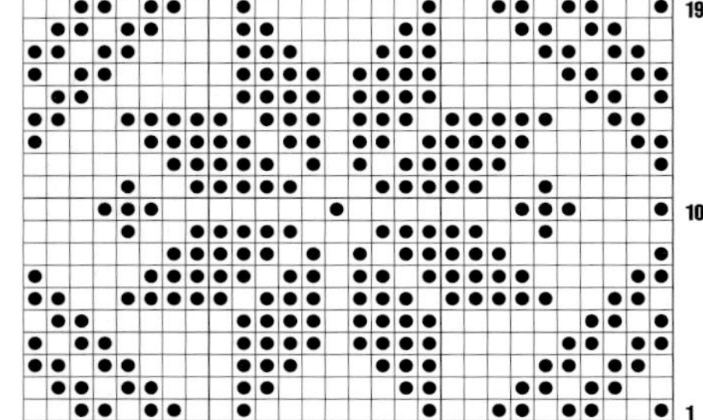

198 19行 28针

其他配色

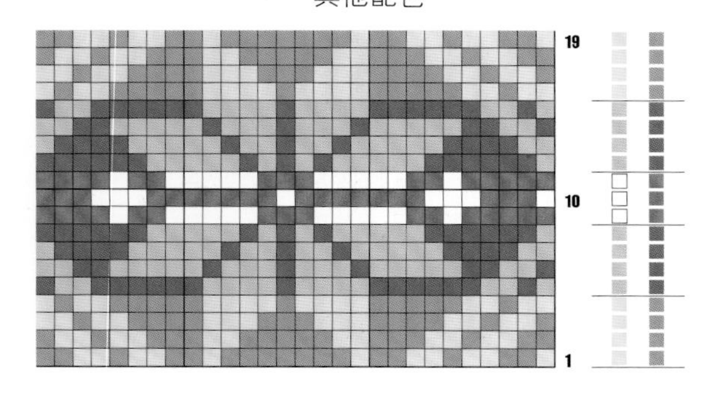

彩色编织图

连续花样

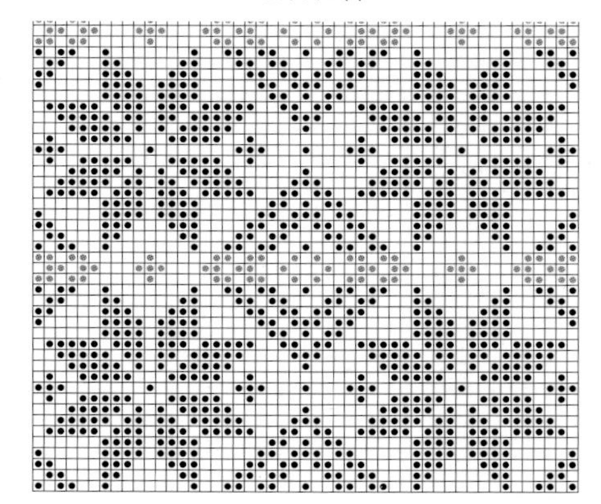

花样的衔接处增加了针数。

黑白编织图

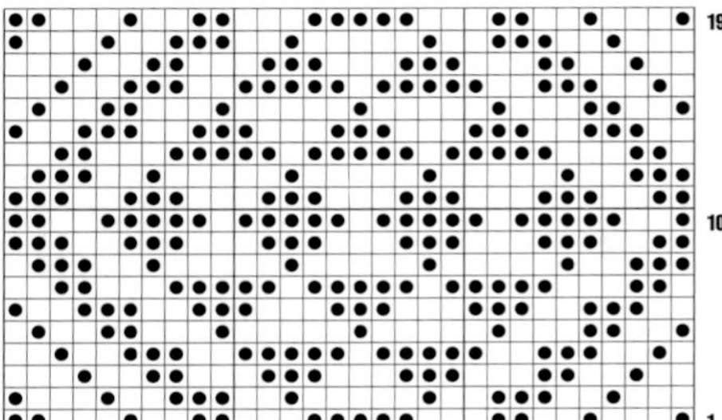

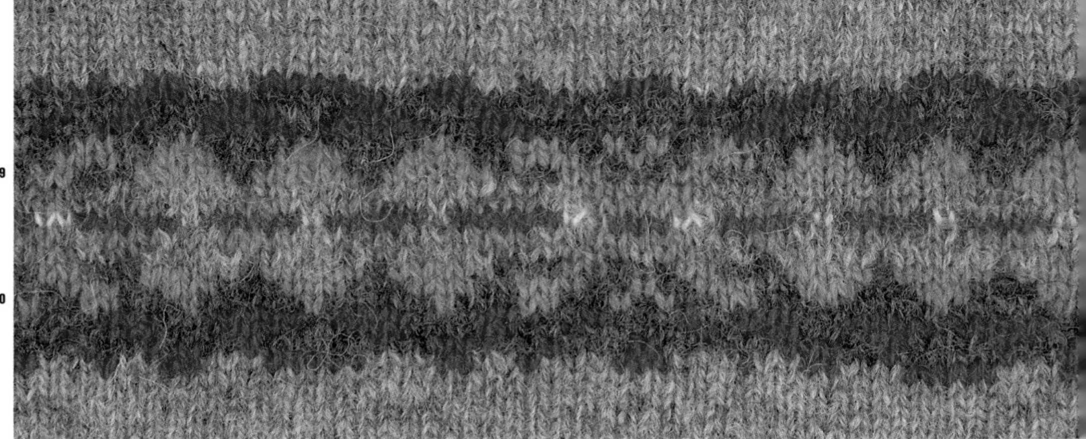

19行 30针

彩色编织图

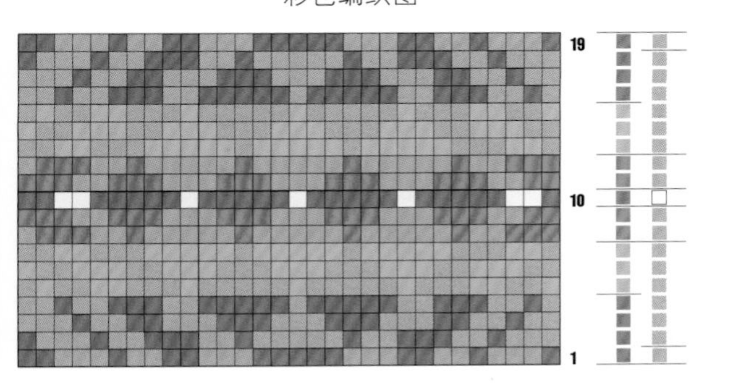

其他配色

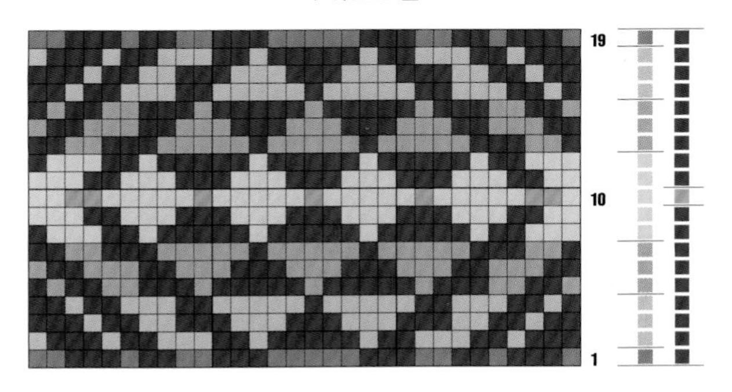

连续花样

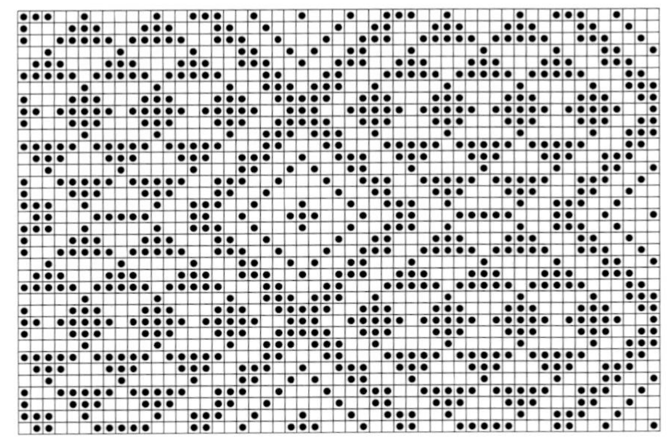

花样的衔接处增加了针数。

黑白编织图

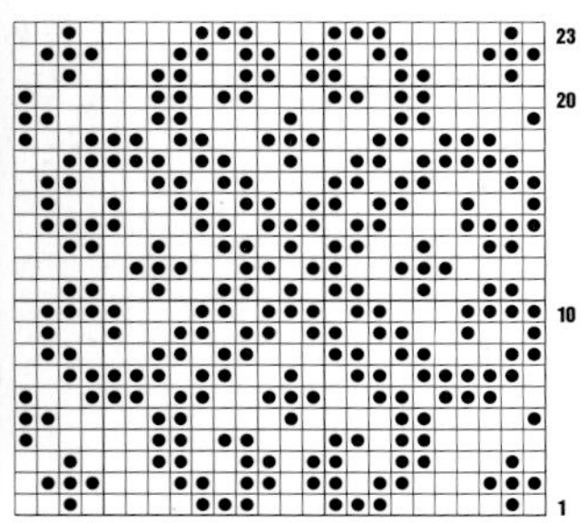

200 19行 24针

其他配色

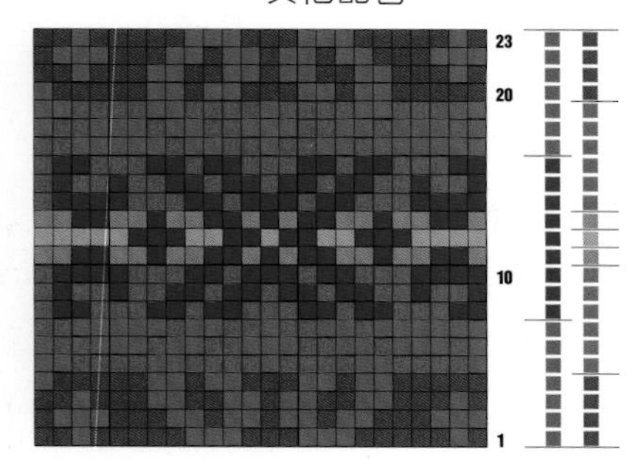

彩色编织图

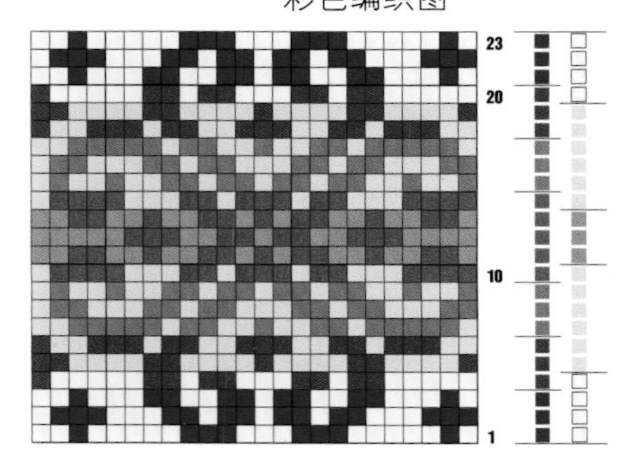

连续花样

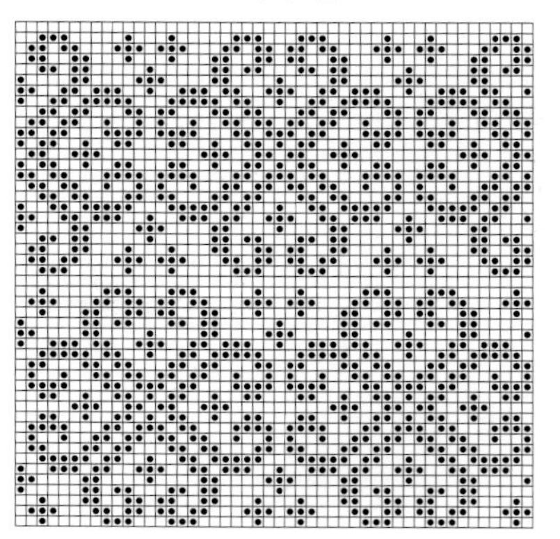

花样的衔接处增加了针数。